U0187606

网络科学与网络大数据结构挖掘

刘伟 / 著

NETWORK SCIENCE AND
STRUCTURE MINING OF
NETWORK BIG DATA

北京大学出版社
PEKING UNIVERSITY PRESS

图书在版编目(CIP)数据

网络科学与网络大数据结构挖掘/刘伟著. —北京:北京大学出版社,
2023.9

ISBN 978-7-301-33983-1

Ⅰ.①网⋯ Ⅱ.①刘⋯ Ⅲ.①数据采掘 Ⅳ.①TP311.131

中国国家版本馆 CIP 数据核字(2023)第 080399 号

书　　　名	网络科学与网络大数据结构挖掘
	WANGLUO KEXUE YU WANGLUO DASHUJU JIEGOU WAJUE
著作责任者	刘　伟　著
责 任 编 辑	姚文海
标 准 书 号	ISBN 978-7-301-33983-1
出 版 发 行	北京大学出版社
地　　　址	北京市海淀区成府路 205 号　100871
网　　　址	http://www.pup.cn 新浪微博:@北京大学出版社
电 子 邮 箱	zpup@pup.cn
电　　　话	邮购部 010-62752015　发行部 010-62750672
	编辑部 021-62071998
印 　刷 　者	北京虎彩文化传播有限公司
经 　销 　者	新华书店
	965 毫米×1300 毫米　16 开本　19.25 印张　250 千字
	2023 年 9 月第 1 版　2024 年 8 月第 2 次印刷
定　　　价	78.00 元

前　言

　　当前,人类社会进入大数据时代。现在流行一句话"大数据让我们相遇",而这种"相遇"需要借助一定的"网络"来实现。在错综复杂的人类社会关系下,这种网络必然是复杂的,我们称之为"复杂网络",随着人们对复杂网络研究的深入,诞生了一门新的学科——网络科学。2010 年之后,网络科学进入快速发展的黄金时期,这引起了不同研究领域科研人员的注意,他们开始在各自研究领域引入网络科学方法,并取得了很多显著的研究成果。

　　网络科学之所以能够进入高速发展的快车道,得益于"网络大数据"的涌现,它为网络科学提供了基础数据。网络大数据的涌现不仅改变着人们的生活、工作与思维方式,也深刻地改变了科学研究方式。网络大数据中包含大量有价值的信息,如何将这些有价值的信息挖掘出来,网络科学思维提供了一种有效的方式帮助人们认知这些复杂数据。

　　网络科学作为一门新兴的交叉学科,受到了人们越来越多的关注,国内已有很多专家学者出版了关于网络科学的著作,如汪小帆、李翔和陈关荣教授编著的《复杂网络理论及其应用》和《网络科学导论》,郭雷和许晓鸣教授主编的《复杂网络》,何大韧、刘宗华和汪秉宏教授编著的《复杂系统与复杂网络》以及毕桥和方锦清研究员著的《网络科学与统计物理方法》等,较为详尽地介绍了网络科学的基本理论、方法以及国内外的研究成果。通过多年的探索,笔者发现网络科学在其他研究领域的应用主要集中在网络拓扑性质的分析方面。基于这个背景,本书结合网络大数据思想,聚焦于网络中心性与社团结构分析方法的研究与应用,可以作为相关领域研究生以及科研人员的参考书。由于网络科学所涉及的理论和知识非常广泛,并且经历着日新月异的发展,本书可为不同学科的读者将网络科学与各领域紧密结合提供参考,并为深入学习和研究奠定基础。

本书致力于系统介绍网络中心性与社团结构发现的基础知识和研究进展,并融合了笔者近年来在这两个方向的研究成果。网络拓扑性质的两个关键要素分别是:点和边。基于这个理念,本书在进行网络中心性分析时按照点中心性和边中心性展开介绍,关于社团结构发现也同样按照点社团和边社团展开分析。另外,本书还介绍了这些方法在生物网络和医学网络中的一些应用,基本上涵盖了这两个研究方向重要的研究成果,让读者可以了解网络中心性和社团结构发现的基本理论和方法,以及它们在相关领域的应用。

本书能够出版首先要感谢汪小帆教授在笔者攻读博士学位期间给予笔者的诸多指导和帮助,以及上海交通大学复杂网络与控制研究室同门的帮助与鼓励;其次要感谢妻子和女儿长期以来对笔者研究工作的支持和理解。

本书在材料取舍和组织上不可避免反映了笔者的偏好和学术背景,限于笔者的水平,本书尚存一些不足之处,不能满足读者的期望,敬请不吝指正。

刘伟

2023 年 7 月

目　录

第一章　网络科学

1.1　网络科学的发展

史蒂芬·威廉·霍金（Stephen William Hawking）在 2000 年指出："在我看来,下个世纪将是复杂性的世纪。"如今,复杂性科学已经得到人们的高度关注,事实上,我们可以把人类社会看作一个由许多复杂系统构成的超级社会网络。这些复杂系统在各自独立运作的同时,又很好地融入大的超级网络中,形成一个有机的整体。这些复杂系统在人们的日常生活、工作和社会活动过程中扮演着重要角色,只有深入了解这些复杂系统,才能进一步了解这个超级网络。因此,对这些复杂系统的理解、描述、预测和控制是 21 世纪人们面对的主要科学挑战之一。人们发现虽然这些复杂系统形式多样,但这些系统背后的网络,无论是结构还是演化方面,都由一些共同的基本规律和原理所支配,它们都遵循着相同的组织原则。[1]因此,每一个复杂系统又可以看作超级社会网络的子网络,一种隐身于系统背后可以控制该系统正常运作的大规模复杂网络。

21 世纪初,这些发现催生了一门独立学科:网络科学（network science）。网络科学是一门新兴的交叉学科,顾名思义,它是一门研究复杂网络性质的学科。网络科学从数学、统计物理学、计算机科学、生物学、统计学和经济学等多个学科广泛地汲取营养，并以锐不可当之势渗透自然科学、工程技术、社会科学和人文科学等众多研究领域，极大促进了多学科的广泛交叉与融合。网络科学的快速发展直接推动了其他研究领域的发展，并取得一些重要的研究成果，与此同时，这种交叉也促使网络科学理论进一步完善。网络科学发展过程主要包括三个重要阶段，每一个阶段都先从网络模型上取得突破。这三个阶段的代表性网络模型分别是：欧拉图论、ER 随机图理论以及小世界模型和无标度模型。

1.1.1 第一阶段：欧拉图论

网络科学得益于图论和拓扑学等学科的发展，它的起源可以追溯到欧拉研究的著名图论问题"哥尼斯堡七桥问题"。哥尼斯堡是 18 世纪东普鲁士的首府（如今是俄罗斯的加里宁格勒市），如图1-1 所示，普莱格尔河横贯城区，河中央有一座美丽的小岛，哥尼斯堡被河流分割为四个地区，河上有七座各具特色的桥将岛和河岸连接起来。每到傍晚时分，许多人便来此散步，人们漫步于这七座桥之间，久而久之，就形成这样一个有趣的问题：能不能既不重复，又不遗漏地一次走遍这七座桥？这便是闻名遐迩的"哥尼斯堡七桥问题"。然而，这一看似简单的问题，却没有一个人能符合要求地从七座桥上走一遍。这个问题引起了很多人的研究兴趣，但直到 1736 年，出生于瑞典的数学家莱昂哈德·欧拉（Leonhard Euler）（图 1-2（a））才给出了严格的数学证明：不存在这样的路径。[2][3]

欧拉首先将图 1-1 中被河流隔开的 4 块陆地抽象为 A、B、C 和 D 四个节点；然后，将连接这些陆地之间的七座桥抽象为 a、b、c、d、e、f、g 七条边；最终，他绘制了如图 1-2（b）所示的简化图。通过这种抽象，著名的"哥尼斯堡七桥问题"便转化为：是否能够用一笔不

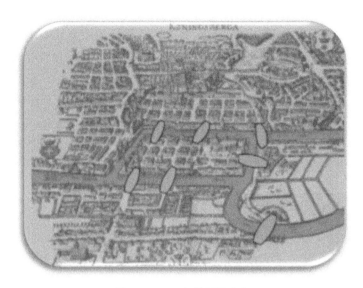

图 1-1　1736 年的哥尼斯堡

重复地画出过此七条线的"一笔画"问题。通过对该"一笔画"问题的研究,欧拉得到了下面的结论:如果是一个"一笔画"图形,要么只有两个奇点(连到一点的线条数目如果是奇数,就称为奇点,如果是偶数就称为偶点),也就是仅有起点和终点,这样一笔画成的图形是开放的;要么没有奇点,也就是终点和起点连接起来,这样一笔画成的图形是封闭的。由于"哥尼斯堡七桥问题"有四个奇点,所以要找到一条经过七座桥,但每座桥只走一次的路线是不可能的,就这样"哥尼斯堡七桥问题"被欧拉解决了。

　　"哥尼斯堡七桥问题"是欧拉第一次使用图来求解数学问题,开创了数学的一个新分支——图论与几何拓扑,图 1-2(b)也被称为欧拉图,欧拉也因此被誉为"图论之父",这是第一代科学家对网络科学做出的开创性贡献。图提供了一种用抽象的点和线表示各种实际网络的统一方法,也是研究复杂网络的一种共同语言,这种抽象的好处在于它可以使得我们有可能透过现象看本质,通过抽象的图研究实际网络的拓扑性质。[4]欧拉图带给我们两点启示:首先,有些问题抽象为网络进行表示时会变得简单;其次,路径的存在性是网络的一种性质。实际上,在"哥尼斯堡七桥"的结构已知的情况下,无论你多聪明,都无法找到想要的路径。换句话说,网络的性质与其拓扑结构密切相关,网络的结构决定了它所具有的性质。直到欧拉创造性的工作完成大约两个世纪后,人们才开始从不同图形属性的研究逐渐转移到网络形成原因的研究,网络科学的研究进入第二阶段。

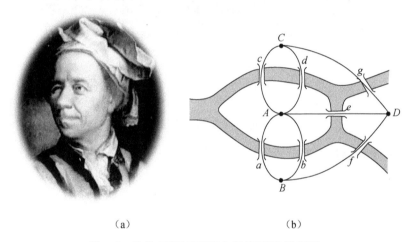

（a）　　　　　　　　　　　　（b）

图 1-2　欧拉与"哥尼斯堡七桥问题"的抽象图

1.1.2　第二阶段:ER 随机图理论

在现实世界中,真实的网络是怎样形成的? 控制网络外观和结构的规则是什么? 直到 20 世纪 50 年代,科学家才提出这些问题。阿纳托尔·拉波波特(Anatol Rapoport)是第一个研究随机网络的人,他在 1951 年与雷·萨洛莫诺夫(Ray Solomonoff)合作的论文[5]中指出,逐渐增加网络的平均度,网络连接性会出现一个突然变化,从彼此不连通的节点变成一幅具有一个巨大连通片的网络。随机网络的研究就此展开,在 1959 年到 1968 年间,匈牙利数学家保罗·厄多斯(Paul Erdös)(见图 1-3(a))和阿尔弗雷德·瑞尼(Alfréd Rényi)(见图 1-3(b))在发表的论文[6]-[12]中,将概率论和组合数学融入图论,建立了随机图理论(random graph theory),[6]简称 ER 随机图理论,将随机网络的研究推向巅峰。

（a）　　　　　　　　　　　（b）

图 1-3　厄多斯和瑞尼

　　随机图理论被公认为是在数学上开创了网络拓扑结构的系统性分析,它为构造复杂系统的网络提供了一种新的方法。在这种方法中,两个节点之间是否有边连接不再是确定的事情,而是根据一个概率决定,这样生成的网络称作随机网络。在厄多斯和瑞尼发表第一篇随机网络论文的同一年,埃德加·吉尔伯特(Edgar Gilbert)也独立提出了另外一个随机网络模型。[13]在厄多斯和瑞尼的模型中,给定节点和连接边数情况下产生任意一种情况的概率是相同的,而在吉尔伯特的模型中,每个连边存在与否有着固定的概率,与其他连边无关。

　　图论研究的都是规则网络图,其结构没有模糊的部分,然而,真实的复杂系统却很少以规则网络的形式出现。厄多斯和瑞尼首先指出实际网络如社会网络、电话网络等都不是规则网络,而是无比复杂的,他们认为这些网络都是随机的。随机网络模型问世后主宰复杂网络的研究长达四十年之久,该模型的特点是将复杂性等同于随机性。随机网络模型的前提是:网络完全随机地安排连接,所有节点都有同等的机会获取连接。[15]然而,复杂系统网络中所有节点是否真的都完全平等? 真实网络是否真的完全随机? 第一个问题的答案显然是否定的,例如,社会网络中以人作为节点,而不同的个体在社会中的影响力和地位自然是不一样的;物流网络以城市为节点,显然不同城市在网络中的地位也是不一样的;疾病网络以基因为节点,而不同基因在疾病发生、发展过程中起到的作用也是不同的。第二个问题的答案也是否定的,21 世纪以后,随着计算机、互联网和生物技术等信息和实验技术的迅速发展,人们有机会收集并有能力处理不同学科产生的广泛类型的网络大数据。科学家们从开始只能研究几百、几千个节点的小规模网络,迅速发展为可以研究上亿个节点的超大规模网络。在这种探索过程中,人们逐渐认识到规则网络和随机网络是复杂网络的两种极端情况。真实世界的网络既不是完全规则的,也不是完全随机的,而是介于两者之间具有某种内在自组织规律的某种网络,科学家们称这种网络为复杂网络(complex networks),自此,网络科学的研究进入快速发展的第三阶段。

1.1.3　第三阶段:小世界模型和无标度模型

很多人可能都有过这样的经历:偶尔遇到一个陌生人,同他聊了一会儿之后发现你认识的某个人他居然也认识,不禁感叹“这个世界真小”。那么你有没有想过,如果世界上任意两个不相识的人之间想要建立联系,平均需要通过多少人? 这是一个非常有趣的问题,1929 年,匈牙利作家弗里杰什・卡林西(Frigyes Karinthy)在其短篇小说《链》(Chains)中提出了这样的猜想,他认为地球上的任何两个人都可以通过一条平均由五位中间人组成的链条建立相应联系。20世纪60年代,美国社会心理学家斯坦利·米尔格兰姆(Stanley Milgram)(见图1-4(a))通过社会学实验检验了这个有趣的猜想。米尔格兰姆通过一些社会调查给出了只需通过六个人就能够将一封信送至目标个体的推断,即相应的社会关系网络的直径不大于6,这是第一个对"小世界现象"的直接验证。1967年,米尔格兰姆在《今日心理学》杂志上正式发表实验结果,[15]虽然在论文中没有出现"六度分离"(six degrees of separation)(见图1-4(b))这样的字眼,但是该实验被公认为是六度分离理论的起源。

(a)　　　　　　　　　　　(b)

图1-4　米尔格兰姆与"六度分离"模式图

米尔格兰姆的"小世界实验"在社会网络分析领域产生了重要影响。然而,受传统社交网络研究受限于数据不精确、假设带有主观性和样本数量少等问题的影响,这个推断的可信度受到了人们的质疑。为了进一步检验六度分离理论的可靠性,人们相继做了一些"小世界实验","凯文·贝肯游戏"就是其中著名的一个。这个游戏的主角是美国电影演员凯文·贝肯(Kevin Bacon),游戏的方法是通过不停地寻找共同出演同一电影的演员,最终"找到"另一个"目标"演员。游戏里每一个演员都有一个"贝肯数":如果一个演员与贝肯合作过电影,那么他(她)的"贝肯数"就是 1。如果一个演员没有与贝肯合作过,但与某个"贝肯数"为 1 的演员合作过,那么他(她)的"贝肯数"就是 2,以此类推。人们可以通过访问网站 https://oracleofbacon.org/查询任何一位演员的贝肯数,例如,成龙的贝肯数是 2,周星驰的贝肯数是 3。[17]2010 年,通过近 360 万名演员的统计分析,发现最大的贝肯数为 8,而平均贝肯数仅为 2.98。类似地,数学界也有一个"厄多斯数"游戏:凡是与数学家厄多斯合作发表过论文的人的厄多斯数为 1,与厄多斯数为 1 的人合作发表过论文的人的厄多斯数为 2,以此类推。人们同样可以通过访 问 网 站 https://personalwebs. oakland. edu/~ grossman/ erdoshp. html/ 查询相关学者的厄多斯数。例如,我国复杂网络研究的杰出代表汪小帆、李翔和陈关荣三人的厄多斯数分别为 3、3 和 2。[4]六度分离理论、凯文·贝肯游戏和厄多斯数以及一些类似的实验证明,在现实世界的社交网络中,尽管网络规模极其庞大,但一些彼此并不相识的人,可以通过一条很短的熟人链条被联系在一起,这就是所谓的"小世界现象"。

试想一下,你跟远在千里之外的一个素不相识的人,只需经过少数几个人就能建立联系!这个看似非常简单却又很玄妙的理论引起不同领域科学家们的广泛关注。1998 年,美国康奈尔大学的邓肯·瓦茨(Duncan Watts)(见图 1-5(a))及其导师斯蒂文·斯特罗加茨(Steven Strogatz)教授(见图 1-5(b))在 *Nature* 杂志上发表的题为《"小世界"网络的集体动力学》(Collective Dynamics of "Small-World" Networks)的论文,[17]推广了"六度分离"理论,正式提出"小世界模型",并举例说明真实世界许多网络具有类似的"小世界特性",例如,脑神经网络(见图 1-6(a))、生物学通路网络(见图 1-6(b))以及食物链网络等。

当然,并不是所有真实网络都具有"小世界特性"。在"小世界模型"研究结果发表的同时,艾尔伯特-拉斯洛·巴拉巴西(Albert-

（a）　　　　　　　　（b）

图 1-5　邓肯·瓦茨和斯蒂文·斯特罗加茨

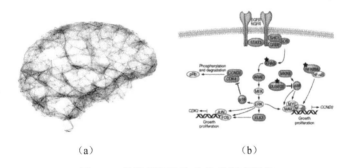

（a）　　　　　　　　（b）

图 1-6　脑神经网络和生物学通路网络

László Barabási)（见图 1-7(a)）教授的研究团队开展的一项针对万维网的研究,试图搞清楚复杂网络的结构,发现复杂网络结构具有不同于随机网络的性质。1999 年,雷卡·埃尔伯特（Réka Albert)（见图 1-7(b)）和巴拉巴西在 *Science* 杂志上发表了题为《随机网络中标度的涌现》(Emergence of Scaling in Random Networks)的文章,[19] 提出了无标度网络模型,刻画了真实网络中普遍存在的“富者愈富”的现象。也就是说,复杂网络中少数的节点往往拥有大量的连接,而大部分节点的连接数却很少,节点的度数分布符合幂律

(a)   (b)

图 1-7 巴拉巴西和埃尔伯特

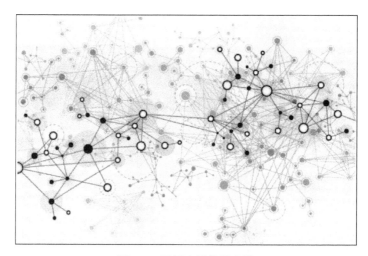

图 1-8 无标度网络示意图

分布,称这样的网络具有无标度特性(scale-free)(见图 1-8)。巴拉
巴西的团队发现很多真实网络具有无标度特性,例如,经济网络、
演员合作网络、细胞新陈代谢网络、论文引用网络和语言网络等。
这两篇揭示了复杂网络拓扑结构具有"小世界性"和"无标度性"的
研究论文,被认为是网络科学研究新纪元的标志。2012 年,巴拉巴
西在 *Nature Physics* 杂志上发表的题为《网络取而代之》(The

Network Takeover)的评论文章[19]中指出："还原论作为一种范式已经寿终正寝,而复杂性作为一个领域也已疲惫不堪。基于数据的复杂系统的数学模型正以一种全新的视角快速发展成为一个新的学科:网络科学。"

1.2　网络科学的特性

1.2.1　普适性

网络科学主要研究复杂网络的拓扑结构、网络元素之间的相互作用及其演化过程,并在此基础上理解真实复杂网络具有的性质和功能。在网络科学的发展过程中,人们发现:这些看上去互不相关的,在不同自然环境、时空、学科和技术领域中形成的复杂网络(系统),其拓扑结构有着惊人的相似性,这意味着它们应该是在相同或者相似的组织原则支配下演化而成的。网络科学就是要研究现实世界中各种复杂网络(系统)所具有的共同性质,并分析它们的普适性方法的一门学科。这种普适性来源于对各种具体实际网络性质的探索,理解这些性质形成的原因,探讨适用范围有多广,进而提炼它们之间存在的共性。[1]这种普适性(概念、方法、技术与理论)为新诞生的网络科学奠定了基础。例如,人们从很多网络中发现一些具有一定普适性的网络统计特征:小世界性、无标度性和社团结构等。聚焦于研究跨领域复杂网络(系统)的共性,这正是网络科学研究的魅力所在。

与此同时,人们也逐渐意识到现实网络结构的复杂性远超人们的认知和想象,即使是两种具有高度相似统计特性的实际网络,也会表现出迥异的现象、性质和功能。例如,复杂网络的传播、同步和演化博弈等网络动力学具有很多共性和相似性,已有研究发现,各种网络动力学行为都受信息流或者物质流驱动,但同时它们也表现出各自所具有的特异性特征。[1]因此,我们在研究复杂网络普适性的同时,也需要关注网络的特异性。值得注意的是,随着网络科学研究的深入,人们的目光逐渐从探索网络的普适性规律转移到网络特异性分析上来。

1.2.2 多元性

网络科学作为复杂系统的一般性描述方式,与许多学科进行了广泛交叉,迅速发展成为一门研究复杂系统的定性和定量规律的崭新、独立的交叉学科。网络科学的出现为其他学科的研究提供了一个全新的视角,一种有效的工具,特别有助于深入揭示复杂系统的拓扑结构、性质、功能和动力学特性之间的相互关系。网络科学的理论基础具有多元性,它不仅需要图论、复杂系统与复杂性科学、非线性系统、统计学、统计物理学等数学和物理理论的支持,还需要大数据科学、信息与计算科学、计算机科学等学科的数据分析方法的辅助,同时又通过与其他应用领域交叉广泛地吸收营养。例如,网络科学借鉴了图论中的形式化方法来研究网络,借鉴了统计物理学的概念化方法来应对随机性和追求普适性的指导原则。另外,网络科学从工程学中借鉴了包括控制论和信息论在内的概念,用于理解网络的控制原理;还从统计学中借鉴了从不完整和有噪声数据集中抽取信息的方法。细胞生物学家、脑科学家和计算机科学家们也面临着类似的任务:描绘复杂系统内部的连接模式,从不完整和有噪声的数据集中抽取信息,理解系统面临失效或攻击时的健壮性。[1]

网络科学为人们提供了一种语言、一座桥梁和一个平台,众多学科可以借助该语言进行无障碍的交流,借助该桥梁互通有无,借助该平台探索不同复杂系统背后隐藏的客观规律。每个学科都有各自的研究目标、技术手段和自身需要面对的科学挑战,然而它们探索的很多问题实际上具有共同的性质,网络科学恰恰为这种跨学科探索科学问题提供了土壤和空间。例如,网络科学中提出的"网络中心性"的概念,已经被广泛应用于不同领域:网络专家希望知道互联网中哪些节点承载着高通量的信息负荷;电气工程专家希望知道哪些关键节点发生故障会导致区域性的大规模停电;治安专家希望知道控制恐怖组织中哪些关键人物会导致整个组织无法正常运转;流行病学专家希望知道控制哪些关键传染源,能够有效切断流行病的传播途径,等等。[4]网络科学的研究既可以从微观、中观、宏观到宇观,又可以从粒子、分子、生理、生态到社会不同层次地进行研究。研究不同层次的复杂网络系统的规律,将有助于人类深入认识人与自然的客观规律。[20]随着网络科学与众多学科的广泛交叉研究的深入,它必将成为人类揭示客观世界奥秘的一把"利剑"。

1.2.3　演化性

现实大多数复杂系统通常随着时间和空间的推移不断进行动态演化,相应的复杂网络拓扑结构也随之不断变化,完全固定不变的复杂系统非常少见。例如,在实际社会网络中,人与人之间的联系与交互并不是一直保持,而是遵循一定时空统计规律的。这意味着,人们在社交生活中基于网络联系而产生的有效信息、物质和能量交换、交流和传播总是以暂态出现。探索这种随时空演化背后的隐藏组织机制是极具挑战性的研究课题,具有很高的应用价值和社会意义。

复杂网络的动态演化主要表现为:随着时空的推移,节点或连接产生或消失。一方面,网络的节点不断增加或消失,另一方面,节点之间的连接方式和权重也在不断地发生变化。相应地,网络拓扑特性和动力学性质随之持续地发生复杂演化。特别地,一些复杂网络节点之间的复杂相互作用可导致分形、混沌,出现动力学同步和时空斑图涌现等复杂现象。例如,互联网的网页随时可以出现或者断开,这将导致互联网结构不断发生变化;细胞生物网络中的细胞随时可以产生或者死亡,细胞网络结构也不断演化;社交网络中,每天不断有婴儿出生,也不断有老人去世,朋友之间的联系随着时间的推移可以加强,也可以变弱,相应的网络节点和连接也随之持续进化。现实世界中的复杂网络大都经历了漫长的演化过程,例如,万维网是由数百万个人和组织经过数十年的努力建成的;社会网络是由数千年来的社会规范塑造而成的;代谢网络是经过数十亿年的演化形成的。考虑到这些网络所对应的系统在大小、性质、范畴、历史和演化方面有着千差万别,因此对它们之间存在巨大差异也就不会感到奇怪。[1]

1.2.4　复杂性

网络科学的复杂性主要表现为以下五个方面[4][19]:

(1) 网络规模大:网络节点数量一般成千上万,甚至一些超级网络拥有几十亿个节点的规模,例如,社会网络分析中,如果将地球看作“地球村”,这个村子的居民数量就有 70 多亿,而他们之间的社交网络,就是一个 70 多亿个节点规模的巨型网络。面对这样一个体量的网络,其复杂性不言而喻。人体内大约有 40 万亿—60 万亿个细胞,这些细胞是构成人体组织结构以及完成各项生理功能的基本单位,那么细胞网络的规模之大,可能是你所无法想象的,其复杂性也是空前的。

(2) 网络节点多样性:真实复杂系统中的基本结构单元都可以抽象为复杂网络中的节点,这些基本结构单元可以是任何事物,例如,在社交网络中,网络节点代表单独个体;在万维网中,网络节点可以表示不同网页;在生化网络中,网络节点可以表示各种不同性质的酶和基质。

(3) 网络连边多样性:不同复杂系统中,连边所描述的相互作用复杂多样,如图 1-9 所示,在基因表达网络中,因为基因 X 的表达会调控基因 Y 的翻译,从而当基因 X 被 RNA 翻译成蛋白质时,基因 Y 也会被翻译;在神经元网络中,类似的结构是由于神经元 X 激活了神经元 Y;而在生态网络中,则是由于大鱼 X 吃掉了小鱼 Y。此外,节点之间的连接权重存在差异,且有可能存在方向性。例如,神经网络系统中,神经元以"突触连接结构"实现互联,突触有强弱、兴奋与抑制、不同的神经递质等形式,神经元的互联不断改变,神经网络连接的有无、强弱和方向也在不断发生变化。

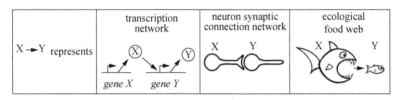

图 1-9 不同网络中元素间相互作用方式范例

(4) 网络结构的复杂性:大多数真实世界的复杂网络(系统)的拓扑结构,既非完全规则,也非完全随机,而是介于随机性与确定性之间,具有其内在的自组织规律。此外,网络拓扑结构还具有异质性和层次复杂性,真实的复杂网络一般由大量不同层次的子网络和结构单元构成,每个层次内部和不同层次之间的结构错综复杂且庞大。

(5) 时空演化的复杂性:复杂系统通常具有时间和空间的演化复杂性,展示出丰富多彩的复杂动力学行为,特别是网络节点之间不同类型的同步化运动,包括出现周期、非周期、混沌和阵发性行为等运动。

1.2.5 聚集性

网络聚集性(cliquishness)现象是指网络中处于核心的、度数较高的节点,倾向于形成相互联系的群落。许多真实复杂网络中的节点往往会呈现聚集性特点(见图 1-10),它反映了复杂网络的内聚倾向。在社会网络内部,存在各种不同规模和类型的社会团体,这些团体之间的互动(相互作用)构成了社会网络这张庞大的复杂网络。例如,社会网络中总是存在熟人圈或朋友圈,即派系或帮派。圈内的每个成员都认识其他成员,也就是说"你朋友的朋友也是你的朋友"。派系内部具有很强的、频繁的联系,而派系之间的联系则较弱。这种聚集性在其他类型复杂网络系统中也存在,例如,在经济网络中,人们往往会发现一些公司会形成一个小团体,它们在一个特定的经济领域内活动,相互之间的联系和经济往来非常密切。例如,两个 IT 公司或者两个军工企业之间的合作和

图 1-10　复杂网络的聚集性描述

经济往来显然要强于一个 IT 公司与一个军工企业之间的联系;在生物网络中,不同细胞内部分子的相互作用明显高于细胞之间的分子作用;在交通网络中,以我国公共交通网为例,一个省内部任意地级市之间的交通网络的紧密程度远高于其与外省任意一个城市的紧密程度。因此,探索复杂网络系统的聚集性,对于研究整个网络涌现出来的功能和性质具有重要意义。网络聚集性研究是目前网络科学中非常活跃的一个研究课题,有着广阔的应用前景。[22]

1.3　网络科学研究内容

近年来,网络科学的研究已经发展成为科学研究的前沿和热点问题,并在越来越多的研究领域得到应用,相关研究论文数量呈指数增长趋势。网络科学研究的主要内容包括以下五个方面[4][19][22]:

1. 网络拓扑结构与性质

网络拓扑结构与性质是网络科学研究的最基本问题,虽然经过科学家们长期的努力,已经发现一些真实复杂网络中存在的普遍性特征,然而这些特征是否能够全面刻画真实复杂网络的拓扑结构与性质? 实际上,目前研究的复杂网络大部分是真实世界复杂系统的一部分或者某一时刻的状态,要获取某个具体复杂系统完整的时序网络大数据是非常困难的事情。那么人们基于这些局部的、不完整的复杂网络数据分析得到的网络结构特征,是否能够反映整个复杂系统的拓扑结构与性质? 这需要人们用很长时间去进一步验证、探索和研究。因此,探索能够揭示复杂系统的拓扑结构与性质以及度量它们的合适方法,依然是网络科学当前研究的主要问题。

2. 网络拓扑模型

探寻复杂系统适用的网络模型,对人们深入了解网络拓扑结构与性质具有重要意义。网络科学发展的过程就是以复杂网络模型的发展过程为主线进行的,从最早的欧拉图,到厄多斯的随机图模型,再到斯特罗加茨的小世界模型和巴拉巴西的无标度网络模型(BA 模型),以及之后相继提出的其他网络模型,等等。虽然以BA 模型为代表的一类演化模型在不少真实网络中表现出一定程度的合理性,然而这些模型仍然无法完整地刻画真实复杂系统的复杂性。因此继续探索合理的复杂网络模型仍然是人们需要继续面对的重要课题。

3. 网络传播与控制

复杂网络的传播动力学问题是复杂网络研究的一个重要方向。它主要研究社会和自然界中各种复杂网络的传播机理与动力学行为,以及这些行为高效可行的控制方法。近年来,随着复杂网络结构研究的迅猛发展,人们逐渐认识了不同事物在真实系统中的传播现象。例如,通知在有效人群中的传达,学科新思想在科学家间的散播与改进,社会舆论对于某种思想的宣传,病毒在计算机网络上的蔓延,传染病在人群中的传播,谣言在社会中的扩散,网络的相继故障等,都可以看作复杂网络上服从某种规律的传播行为。如何描述这些事物的传播过程,解释它们的传播特性,进而寻找对这些行为进行有效控制的方法,一直是科学家们共同关注的焦点。由于复杂网络结构和传播机理的复杂性,对复杂网络的传播动力学与控制策略的研究一直是网络科学研究的一个主要问题。

4. 网络演化机制

真实复杂网络通常都是复杂的动力系统,每一个节点代表一个动力学单元。研究这些动力学单元之间的相互作用以及随时空推移不断变化的动态演化行为,可以了解复杂系统的运行和演化机制。复杂系统自身的动力学行为会对网络拓扑结构产生影响,这意味着网络拓扑结构也是随着时空变化不断发生变化的。例如,基因调控网络、生态环境网络、万维网、通信网络、合作网络、疾病传播网络和社交网络等都是随着时间持续进行自组织演化和调节。复杂系统各种复杂动力学行为的演化机制也是网络科学研究的主要问题之一。

5. 网络科学的应用

网络科学本身具有多学科交叉的特性,正是这种交叉性推动了网络科学的快速发展。近年来,不同学科的研究人员热衷于将网络科学的理论和方法应用到自己的研究领域,这会带来一些兼容性的问题,而这些问题的提出,反过来又会推动网络科学理论和方法的修正和完善,这是一个互相促进的过程。目前,网络科学应用的主要领域有:社会科学(社交网络、合作网络、人员流动网络、物流网络、语言网络和引文网络)、生命科学(蛋白质互作网络、代谢网络、细胞网络、神经网络和生物分子网络)、医药卫生学(并发症网络、疾病相关基因网络、流行病传播网络和药物靶标网络)、信息科学(电子邮件网络、电话网络、万维网和因特网)、工程学(航空网络、地铁网络、公交网络和港口航运网络)和经济学(金融网络、电子商务网络和商品交易网络),等等。例如,人们利用气象大数据构建动态的全球气候的时间序列网络,以分析全球气候的变化规律;应用网络的鲁棒性研究完善互联网的拓扑结构设计,提高网络的抗攻击性,保障网络安全;网络传播动力学用于研究如何防止流感病毒在社交网络中的大规模扩散;利用网络的聚集性研究生物网络中的功能模块和蛋白质复合物,等等。总之,将网络科学的理论和方法应用于其他学科与领域,推动人类社会的进步是网络科学发展的最终目标,也是网络科学研究人员今后努力的主要方向。

1.4　本书内容简介

笔者致力于从复杂网络拓扑结构分析方面介绍网络科学的主要研究进展。网络科学是一个交叉性极强的研究领域,本书结合网络大数据思想,聚焦于复杂网络拓扑的两个主要性质:网络中心性和社团结构的分析方法研究。目前,关于网络拓扑分析的研究成果主要围绕这两个关键性质展开,这也是笔者聚焦二者的原因。希望读者能通过本书了解复杂网络拓扑分析的主要思想和方法。

本书各章可以分为四个部分:

第一部分为网络拓扑分析与网络大数据的基本概念与性质（第一至三章）。第一章首先介绍网络科学发展的三个阶段，接着介绍网络科学的特性，包括普适性、多元性、聚集性、演化性与复杂性。第二章介绍网络大数据，包括网络大数据的特性、网络大数据的实证研究以及网络大数据的表示方法。第三章首先介绍网络拓扑结构的基本概念，包括度与平均度、度分布、度相关性、介数、聚集系数和相似性等，接着介绍网络拓扑模型，包括规则网络、随机网络、小世界网络和无标度网络等，然后重点介绍网络拓扑结构性质，包括连通性、稀疏性、鲁棒性与脆弱性、网络中心性与社团结构。

第二部分为网络拓扑分析之网络中心性分析（第四至五章）。网络中心性分析包括点中心性和边中心性分析两大类，第四章介绍点中心性分析的主要算法，包括度中心性、点介数中心性、近邻中心性、特征值中心性、k-核中心性与桥中心性等。第五章介绍边中心性分析的主要方法，并分别从路径中心性、特征值中心性、拓扑中心性和信息中心性等方面进行阐述。

第三部分为网络拓扑分析之社团结构发现（第六至七章）。社团结构分析也可以分为点社团发现与边社团发现两大类方法。第六章围绕点社团发现展开，主要介绍层次聚类法（分裂方法和凝聚方法）、模块度方法、信息论方法、动力学方法、数学物理方法、机器学习方法以及动态社团发现方法等。第七章介绍的是边社团的发现方法，主要介绍边图算法、边聚类算法、map equation 算法以及 ELPA 等。

第四部分为网络拓扑分析之应用篇（第八章）。这一部分着重于网络中心性算法和社团发现算法在真实复杂网络中的应用，主要基于 BNC、NeTA 和 ELPA 等算法，重点展示它们在生物网络和网络医学中的一些应用，包括在关键基因发现、致病基因识别、蛋白质复合物发现以及疾病模块发现等方面的应用。

参 考 文 献

[1] A. L. Barabási, *Network Science*, Cambridge University Press, 2016.

[2] L. Euler, Solutio Problematis ad Geometriam Situs Pertinentis. *Commentarii Academiae Scientiarum Imperialis Petropolitanae*, 1741, 8(8).

[3] G. Alexanderson. Euler and Königsberg's Bridges: A Historical View. *Bulletin of the American Mathematical Society*, 2006, 43.

[4] 汪小帆、李翔、陈关荣:《网络科学导论》,高等教育出版社 2012 年版。

[5] R. Solomonoff and A. Rapoport. Connectivity of Random Nets. *Bulletin of Mathematical Biology*, 1951, 13.

[6] P. Erdös and A. Rényi. On Random Ghraphs I. *Publicationes Mathematicae（Debrecen）*, 1959, 6.

[7] P. Erdös and A. Rényi. On the Evolution of Random Graphs. Publ. *Math. Inst. Hung. Acad. Sci.*, 1960, 5.

[8] P. Erdös and A. Rényi. On the Strength of Connectedness of a Random Graph. *Acta Math. Acad. Sci. Hungary*, 1964, 12.

[9] P. Erdös and A. Rényi. Asymmetric Graphs. *Acta Mathematica Acad. Sci. Hungarica*, 1963, 14.

[10] P. Erdös and A. Rényi. On Random Matrices. Publ. *Math. Inst. Hung. Acad. Sci.*, 1964, 8.

[11] P. Erdös and A. Rényi. On the Existence of a Factor of Degree One of a Connected Random Graph. *Acta Math. Acad. Sci. Hungary*, 1966, 17.

[12] P. Erdös and A. Rényi. On Random Matrices II. *Studia Sci. Math. Hungary*, 1968, 3.

[13] E. N. Gilbert. Random Graphs. *The Annals of Mathematical Statistics*, 1959, 30(4).

[14] A. L. Barabási, Linked: The New Science of Network. *Persus Publishing*, 2002.

[15] Milgram S. The Small World Problem. *Psychology Today*，1967，2.

[16] 汪小帆、李翔、陈关荣:《复杂网络理论及其应用》,清华大学出版社2006年版。

[17] D. J. Watts，S. H. Strogatz. Collective Dynamics of "Small-World" Networks. *Nature*，1998，393.

[18] A. L. Barabási，R. Albert. Emergence of Scaling in Random Networks. *Science*，1999，286.

[19] 郭世泽、陆哲明:《复杂网络基础理论》,科学出版社2012年版。

[20] 方锦清、汪小帆、郑志刚等:《一门崭新的交叉学科:网络科学(上)》,载《物理学进展》2007年第3期。

[21] 〔美〕纽曼:《网络科学引论》,郭世泽,陈哲译,电子工业出版社2014年版。

[22] 卜湛、曹杰、李慧嘉:《复杂网络与大数据分析》,清华大学出版社2019年版。

第二章 网络大数据

2.1 引 言

随着大数据时代的到来,不同研究领域逐渐积累了海量的网络大数据。网络拓扑作为一种表示和分析大数据的有效方法,能够对大量现实应用场景中复杂的数据进行建模,并广泛应用于社交网络、生物网络和医疗网络等领域的数据分析和挖掘工作中。复杂网络立足于网络大数据,将跨越计算机科学、生物学、物理学、社会学以及经济学等多学科的专业概念和研究问题整合起来,所以在面对新兴的交叉科学难题时具有先天优势。跨学科研究是大势所趋,网络科学受益于当前强大的计算机技术、计算建模技术以及网络大数据等领域的交叉,从而在单个节点的动力学和宏观网络的特性之间架起一座桥梁。虽然小世界网络和偏好依附模型直接又简洁,但却支撑着我们对真实世界网络拓扑的理解。事实上,正是这些模型与不同科学领域的交叉,奠定了网络科学这一跨学科领域的基础。网络思维能解释我们社交生活中的一些现象,比如,为何有些人在选择配偶时拥有更多选择?为何非裔美国人群体和白人群体感染流感病毒的可能性存在不小的差异?为何富者越富、穷者越穷(即"马太效应"),等等。网络数据结构能够很好地表达数据之间的关联性,通过获得这种关联性可以从含有大量干扰的海量数据中提取有价值的信息。尽管我们对这样的理论分析难免会持一定的怀疑态度,但必须承认的是,网络思维的确用一种新颖的方式更新了人们对这个很难界定本质属性的复杂世界的理解,它已经发展成为人们探索复杂系统的一种有效工具。

近年来,网络大数据的规模呈指数级增长,这也给网络科学的发展带来巨大的机遇和挑战。以大量数据作为支撑是网络科学发展的一个必备条件,因此,数据规模的增长对网络科学起到积极的促进作用。人们在日常生活中会产生各种不同类型的大数据,可以说网络大数据无处不在。比如,就个体而言,人是各种社会关系的基本单位;作为生物系统,人是生化系统反应的精妙结果。网络可以由真实物体构成,如电力网络、因特网、高速公路或地铁系统和神经网络等,也可以是抽象实体,如朋友关系网、经济网络、合作网以及竞争网络,等等。网络大数据具有复杂性、不确定性和涌现性三种特性,[1]对这些特性的研究也是网络科学研究的重要组成部分。与此同时,网络大数据也给人们带来了困惑——如何快速、准确处理包含数千万乃至数亿、数十亿的巨型网络大数据?作为通用的数学框架,网络科学方法对网络大数据处理来说尤其重要。网络大数据的处理,特别是相关的网络算法问题,比如算法复杂性问题、快速近似算法问题、并行计算问题、分布式存储问题等都是在大数据背景下带来的新挑战,而基于大数据的网络科学算法问题必将成为未来大科学化的复杂性科学研究的技术基石之一。

2.2　网络大数据特性

2.2.1　复杂性

网络大数据的复杂性主要体现在数据类型、数据结构以及数据模式的复杂性上。

1. 数据类型的复杂性

网络大数据产生的途径不断增多,数据类型也复杂多样。以社交网络为例,随着在线社交网络的兴起,微信、微博以及 QQ 等短文本数据逐渐成为社交网络中主要的传播媒介。与传统长文本不同,由于短文本长度短,文本信息和统计信息比较少,这给传统文本挖掘(如主题发现、语义和情感分析等)带来很大困难。此外,人们经常还要面临不同类型网络数据的有效融合问题,这也给传统数据处理方法带来挑战。例如,在线社交网络中的地理信息与内容的融合、时空信息与内容的融合,等等。

2. 数据结构的复杂性

传统数据处理的对象都是有结构的,但随着网络大数据生成方式的多样化,如社交网络、移动计算和传感器等技术,非结构化数据正在成为网络大数据的主流。非结构化数据格式具有多样性,包括文本、图形和视频,等等。与结构化数据相比,非结构化数据组织相对凌乱,包含更多的冗余信息,这给网络大数据的存储和分析带来很大困难。

3. 数据模式的复杂性

随着网络大数据规模的不断增大,用于描述和刻画数据的特征也随之增多,由其组成的数据内在模式呈指数形式增长。首先,数据类型的多样性决定了数据模式的多样性。这要求我们不仅需要熟悉各种类型的网络数据模式,还要善于把握它们之间的相互作用。这种面向多模式学习的研究需要综合利用各个方面的知识,如文本挖掘、图像处理、信息网络,甚至社会学,等等。其次,非结构化的网络数据通常比结构化数据蕴含更多的冗余信息和噪声,网络数据需要高效、鲁棒的方法来实现去粗存精,去冗存真。最后,网络大数据通常是高维的,往往会带来数据高度稀疏与维度灾难等问题,以往的模式统计学习方法很难达到令人满意的效果。

2.2.2 不确定性

网络大数据的不确定性包括数据本身、模型以及学习的不确定性,进而造成难以对其进行学习和建模分析等问题。

1. 数据的不确定性

网络大数据的数据不确定性包括原始数据的不准确,以及数据采集处理粒度、应用需求和数据集成等因素使得数据在不同维度和尺度上都有不同程度的不确定性。侧重于准确性数据的处理方法难以应对海量、高维、多类型的不确定性数据。为了应对这个问题,统计分析方法被逐渐引入网络大数据的分析处理。目前,该领域的研究仍处于初级阶段,尚有大量问题有待解决。

2. 模型的不确定性

网络大数据的不确定性要求我们能够提出新的方法模型,并能处理好模型表达能力与复杂程度之间的平衡。在对不确定网络大数据进行建模和设计上,最常用且朴素的模型是"可能世界模型"。该模型认为,在一定的结构规范下,应对网络数据的每一种状态都加以刻画。但该模型过于复杂,难以用一种通用模型适应具体的应用需求,因此在实际应用中,人们往往采取简化的模型来刻画不确定性数据的特性。

3. 学习的不确定性

网络大数据模型通常需要对模型参数进行学习。然而,在大多数情况下,想要找到模型的最优解是一个 NP 问题,甚至找到一个局部最优解也是比较困难的问题。因此,很多学习的问题都采用近似的、不确定的方法来寻找一个相对较好的近似解。但在网络大数据背景下,近似的、不确定的传统学习方法需要面对网络规模和时效的挑战。人们普遍认为基于并行计算框架、采用分而治之的策略是解决网络大数据分析问题的一条必经之路。如何将近似的、不确定的学习方法拓展到这种框架上成为当前网络大数据研究的重点。

2.2.3 涌现性

大量微观的个体相互作用之后,就会有一些全新的属性、规律或模式自发地冒出来,这种现象就称为"涌现",且最后的效果是"整体大于部分之和"。涌现性是网络大数据有别于其他数据的一个关键特性。涌现性在度量、决策与预测上的困难使得网络大数据难以被驾驭。网络数据的涌现性主要表现为:模式的涌现性、行为的涌现性和智慧的涌现性。

1. 模式的涌现性

网络大数据往往是多尺度且具有异质性的,不同的数据在属性、功能等方面既存在差异,又相互关联。因此,网络大数据在结构、功能等方面涌现出局部结构所不具备的特定模式特征。在结构方面,数据之间不同的关联程度使得网络涌现出模块结构。在功能方面,网络在演化过程中会自发地形成相互分离的连通片。这种模式的涌现,对人们进一步研究复杂网络模型,以及理解网络崩溃的发生有着重要的意义。

2. 行为的涌现性

随着网络大数据采集技术的不断发展,很多情况下,人们采集的数据都具有时序性,复杂网络中个体行为的涌现性则是基于数据时序分布的统计结果。在复杂网络中,人们发现具有较大相似性的个体之间更容易建立关联关系。例如,著名网络科学家巴拉巴西研究发现,人们发邮件的数量在一天的某些时刻会出现"爆发"性增长现象,并指出一个人连发两封邮件之间的时间间隔涌现出幂律分布的特征。此外,在自然界和社会网络中,个体之间因不同的竞争模式会涌现出不同的同步状态。

3. 智慧的涌现性

网络大数据在没有全局控制和预先定义的情况下,通过对来自大量自发个体的语义进行互相融合和连接形成语义,整个过程随着数据的变化持续演进,从而形成网络大数据的涌现语义,也可以称为智慧涌现。例如,单个蜜蜂的智能水平并不高,但按一定的方法将它们联系起来,形成蜂群的信息交流网络,蜂群就能发挥"群体智慧",这就是蜂群的涌现效应。人类的大脑也是由无数个简单的神经元,通过信息交换形成庞大、复杂的神经网络,从而涌现"智慧"。神经元群体整体较高水平的智慧,是从"一个神经元"这些"无言的"群体中显现出来的。这种"涌现"在人类的大脑中构建了智慧力量,而人类大脑本身,就是一个"智慧涌现"的超级系统。

2.3　网络大数据实证研究

笔者将网络大数据实证研究分为社会网络、生物网络和网络医学三大类型进行介绍。社会网络又分为:社会关系网络、经济网络、合作网络、交通网络、能源网络和信息技术网络。需要指出的是,上述分类并不十分严格,类与类之间存在一些重叠交叉,某些网络可能属于多个类型。

2.3.1　社会网络

1. 社会关系网络

人类社会是相互联系的,这种联系可以抽象为一个庞大的社会网络。处在网络中的人们既不是毫不相关的一盘散沙,也不是休戚相关的小圈子,而是在开放和互动中保持一种若有若无的动态联系。社会网络是指社会个体成员之间因为互动而形成的相对稳定的关系体系,社会网络关注的是人们之间的互动和联系,社会互动会影响人们的社会行为。社会网络是由许多节点构成的一种社会结构,节点通常是指个人或组织,社会网络代表各种社会关系,经由这些社会关系,把从偶然相识的泛泛之交到紧密结合的家庭关系中的各种人或组织联系起来。社会关系包括朋友关系、同学关系、同事关系、生意伙伴关系、家庭关系,等等。

社会学中对于社会网络的研究已经有较长的历史,社会学家已经形成一套独特的体系来表达社会网络。他们将网络的节点,也就是人,称为参与者(actor),将网络的连边称为关系(tie)。根据分析着眼点的不同,社会网络分析可以分为两种基本视角:关系和结构。关系视角关注参与者之间的社会性黏着关系,通过社会联结的密度、强度、对称性、规模等来说明特定的行为和过程。结构视角则关注网络参与者在网络中所处的位置,讨论两个或两个以上的参与者和第三方之间折射出来的社会结构,以及这种结构形成和演化的模式,强调通过“结构等效”来理解人类的行为。这两类要素都对知识和信息流动有重要影响,具体而言,强联结与弱联结、社会资本和结构洞是社会网络理论的三大核心理论。[2]

(1)强联结与弱联结

社会网络中的个体(节点)之间需要借助联结产生联系,联结(连边)是网络分析的最基本分析单位之一。20世纪60年代末,马克·格兰诺维特(Mark Granovetter)通过寻访马萨诸塞州牛顿镇的居民如何找工作来探索社会网络。他非常惊讶地发现那些紧密的朋友关系反倒没有比那些弱联结的关系更能够发挥作用。事实上,紧密的朋友根本帮不上忙。1973年,格兰诺维特在《美国社会学》杂志上发表了《弱联结的力量》一文,率先提出联结强度的概念。[3]他将联结分为如图2-1所示的强联结(strong tie)和弱联结(weak tie),并从互动时间、情感强度、亲密程度和互惠行动四个指标进行区分,但他并未明确指出用来判别强弱联结的标准。强联结和弱联结在知识和信息的传递中发挥着不同的作用。强联结是在性别、年龄、教育程度、职业身份、收入水平等社会经济特征相似的个体之间发展起来的,而弱联结则是在社会经济特征不同的个体之间发展起来的。群体内部相似性较高的个体所了解的事物经常是相同的,所以通过强联结获得的资源通常是冗余的。弱联结则是在群体之间发生的,跨越了不同的信息源,它能充当信息桥的作用,将其他群体的信息、资源带给不属于该群体的某一个体。

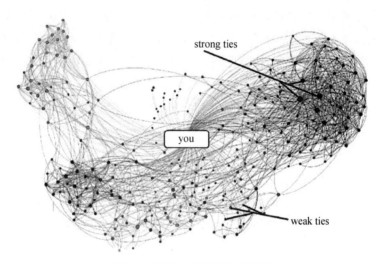

图 2-1　强联结与弱联结示意图

　　弱联结是获取无冗余新知识的重要渠道,但是资源不一定总能在弱联结中获取。强联结往往是个体与外界发生联系的基础与出发点,网络中的信息流通往往发生于强联结之间。强联结包含某种信任、合作与稳定,而且较容易获得,能传递高质量、复杂或隐性的知识。过于封闭的强联结将限制新知识的输入,禁止对已有网络外部信息的搜索,使拥有相似知识技能的参与者局限在自己的小圈子当中。每个人在社会网络中都拥有强联结和弱联结。在强联结的圈子里,每个人都有类似的爱好和价值观,因此传递的信息具有同质性。而圈子和圈子之间的弱联结,会带来新鲜的异质信息和随之而来的新机会。

　　在复杂网络中弱联结往往比强联结更加重要。为什么?这是因为有了弱联结,圈子和圈子之间才得以联结,社会关系才得以形成一张大网。例如,A 和 B 是强联结,A 和 C 也是强联结,有理由相信 B 和 C 也会变成互相认识的人,因为 A 能够在 B 和 C 之间成为一座桥梁。也就是说,A 是 B 和 C 的弱联结。桥梁的一个特点是,它会变成一个信息的关键点,不通过它,B 和 C 的信息无法对接。如果没有弱联结,只有强联结,那么社会网络就会被分化成众多十分脆弱的孤岛群,而弱联结则将这些孤岛连成了一张大网,形成复杂的整体系统。弱联结带来机会,强联结提供资源,所以一定是强联结和弱联结合在一块儿,才能构成稳定的复杂系统。

(2)社会资本理论

法国社会学家皮埃尔·布迪厄(Pierre Bourdieu)在其关系主义方法论基础上率先提出"社会资本"概念。[4]詹姆斯·科尔曼(James S. Coleman)以微观和宏观的联结为切入点对社会资本做较系统的研究。他认为社会资本研究的目的就是研究社会结构。他把社会结构资源作为个人拥有的资本财产,称为社会资本。社会资本由构成社会结构的要素组成,主要存在于社会团体和社会关系网络之中。个人参加的社会团体越多,其社会资本越雄厚;个人的社会网络规模越大、异质性越强,其社会资本越丰富;个人的社会资本越多,其摄取资源的能力越强。社会资本代表一个组织或个体的社会关系,因此,在一个网络中,一个组织或个体的社会资本数量决定了其在网络结构中的地位。林南(Lin Nan)通过对社会网的研究,扩展和修正了弱关系假设,提出社会资源理论,并在此基础上提出了社会资本理论。社会资源理论的出发点是,在一个分层体系中,相同阶层的人们在权力、财富、声望等资源方面相似性高,他们之间往往是强关系;而不同阶层的人们的资源相似性低,他们之间往往是弱关系。当人们追求工具性目标时,弱关系就为阶层地位低的人提供了连接地位高的人的通道,进而获得社会资源。林南在定义社会资本时强调了社会资本的先在性,它存在于一定的社会结构之中,人们必须遵循其中的规则才能获得行动所需的社会资本。

(3) 结构洞理论

1992 年,罗纳德·伯特(Ronald Burt)在《结构洞:竞争的社会结构》中提出了"结构洞"的理论(structural holes),[5]研究人际网络的结构形态。无论个人还是组织,似乎其社会网络均表现为网络中的任何主体与其他主体都发生联系,不存在关系中断现象,从整个网络来看就是"无洞"结构。这种形式只有在小群体中才会存在。而在真实的大规模复杂网络中,个体通常只能与某个或某些个体发生直接联系,但与其他大多数个体不发生直接联系。这种无直接联系或关系中断的现象,从网络整体来看好像网络结构中出现了洞穴,因此称为"结构洞"。

近些年来,随着以因特网为代表的信息技术的快速发展,使得各种在线社会网络如雨后春笋般涌现,典型的平台包括脸书(Facebook)和人人等在线交友网络、QQ 和微信等实时通信系统、各种在线论坛、博客和微博等。这些网络的用户数量少则几万,多则几千万甚至上亿,从而产生了规模越来越庞大的网络数据。例如,2010 年 12 月,在原 Facebook 公司(现改名为"Meta 公司")实习的加拿大滑铁卢(Waterloo)大学研究生保罗·布特勒(Paul Butler)发布了一个"世界地图"(见图 2-2)。他从公司庞大的数据库中抽取了 1000 万对朋友关系,结合用户所在地的数据统计出每一对城市间好友的数量,并用不同颜色的线条表示两城市之间好友数量的相对大小:颜色越浅表明好友数量越多。经过渲染,他得到了这样一张世界地图,不仅各大洲清晰可见,连国界都很清楚。

瓦茨于 2007 年在 *Science* 上发表的一篇题为《一个二十一世纪的科学》的文章的主旨就是:如果处理恰当的话,在线通信和交互的数据有可能为我们理解人类集群行为带来革命性的变化。[6]巴拉巴西于 2009 年在 *Science* 上撰文预测下一个十年的进展时也提出:"随着手机、全球定位系统(the global positioning system,

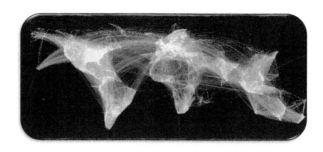

图 2-2 Facebook 友谊世界地图

GPS)和因特网等能够捕捉人类通信和行踪的电子设备的日益普及,我们最有可能在真正的定量意义上首先攻克的复杂系统可能并不是细胞或因特网,而是人类社会本身。"[7]

2. 经济网络

不断深化的全球化进程在给各国的发展带来机遇的同时,也带来了各种挑战。任何一个国家或组织都希望能够在相应的经济、贸易等网络中占据有利地位并从中受益。用网络科学的术语,就是要成为相应网络中的关键节点。如果用网络科学的方法分析,首先就要给出合适的网络描述,下面介绍四种常见的经济网络:

(1) 世界贸易网络

图 2-3 显示的是 2010 年国家之间的一个加权有向的世界贸易网络,[8]其中,每个节点的大小对应相应国家的总贸易量,而每条有向边的粗细对应从一个国家到另一个国家的贸易量。据此可以分析哪些国家处于关键地位并从中获益。从图中可以清楚地看到,在世界贸易网络中,处于核心地位的几个国家和地区分别是美国、中国、欧盟和日本。相应地,从线条粗细可以看出,这四大经济体之间的贸易往来也最密切。

(2) 国际金融网络

图 2-4 给出了一个包含 41 个节点的加权有向的国际金融网络,[9]其中,每个节点表示一个大的非银行类的金融机构,每一条

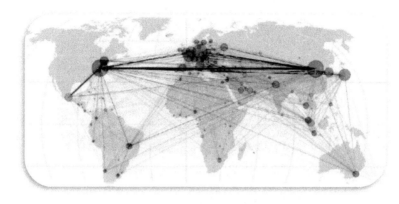

图 2-3　2010 年世界贸易网络

有向加权边表示两个机构之间业已存在的最强关系(如贸易量和

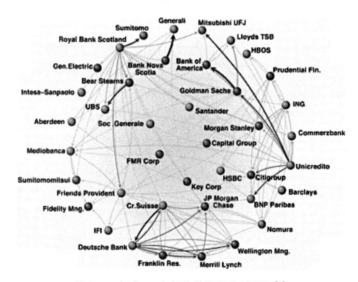

图 2-4　包含 41 个机构的国际金融网络[9]

投资资本等)。节点的颜色表示不同的地理区域:灰色表示欧盟成员,黑色表示北美地区,深灰色代表其他区域。尽管这是对真实金融网络的高度简化,该图也在一定程度上反映了金融机构之间很强的相互依赖性,这种特性对于市场竞争和系统风险都有影响。

（3）全球经济网络

图 2-5 展示了一个包含 206 个国家的全球经济网络,其中的连边是基于大公司之间的附属关系确定的。如果国家 A 的公司在国家 B 中拥有附属企业,那么就有一条从国家 A 指向国家 B 的连边,边的权值对应附属企业的数量。该图是基于一种可以量化每个节点的传播能力的 k 壳分解方法绘制的。位于外壳的是一些连接相对松散的、传播能力相对较弱的国家。位于核心的部分展示的是传播能力最强的 12 个国家:其中既有像美国(US)这样的大国,也有像比利时(BE)这样 GDP 相对较低,但经济实力很强的中小国家。

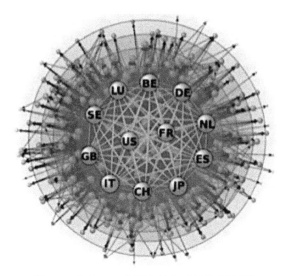

图 2-5　包含 206 个国家的全球经济网络[10]

（4）全球产品网络

在图 2-6 展示的全球产品空间网络中,可以明显看到核心—边缘结构。在产品空间中,机械设备、化工用品等产品处于网络的核心位置,而农林牧矿等产业则处在网络的相对边缘位置。这也就是说,一个能够制造出口复杂工业机械的国家也有实力去制造其他的化工和电子产品。而以农业产业为主的国家,想进行产业升级则需要一段时间的发展才能具备制造更复杂产品的能力。

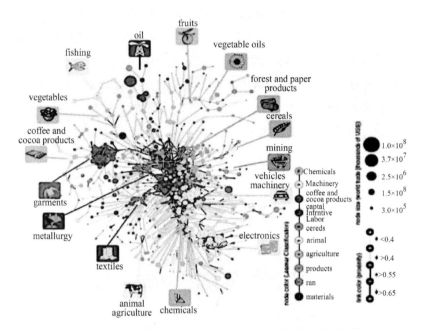

图 2-6 产品空间示意图,距离相近的产品具有相似的特性

如果把这样的产品空间比喻为森林,某单一品种的产品就是森林中的一棵树,参与其中的生产者(国家、地区、公司等)就好比是树上的猴子。用里卡多·豪斯曼(Ricardo Hausmann)的话来说:产品空间要解决的是"鸡生蛋,蛋生鸡"的问题。试想,一个地区本来以种植玉米为主要经济来源,如果这时当地的人们想去改种植高粱似乎并不是一件困难的事情,但如果说,当地人想改行去做钟表,这就是一件困难的事情了。因为有工程诀窍、管理经验等隐性知识的存在,所以即便当地的农民获得了制作钟表的图纸也无法立刻投入生产。研究者把这种"隐性知识"称为实际知识(know-how)。正是这样的隐性知识使得不同的产品生产之间存在了距离(distance)的差异。农民不会在获得图纸后立刻变成钟表匠;流水线工人也不会在买到电脑后立刻变成程序员。在上面的例子中,"玉米—高粱"这两个产品之间的距离比"玉米—钟表"要更近一些。以"玉米"为食的猴子不可能"飞跃"到远处去摘食果子"钟表"。只能在树丛上依次荡过去——生产者只能逐渐地改变一个地方生产的产品。

如果一个国家能生产某种产品,是因为该国家具备某种能力(知识),则该国家与生产产品的关系可以用网络描述,可进一步得到更准确的衡量指标。该衡量指标称为经济复杂性指数(economic complexity index,ECI)。也就是说,ECI 是衡量大型经济系统(通常是城市、地区或国家)生产能力的整体指标。它也可以用来解释人口中通过城市、国家或地区的经济活动来体现的累计能力。

理解 ECI 之前要先理解产品空间的概念。产品空间(product space)是用来刻画不同产品间距离的网络图。以产品出口为例,两种产品共同出口的可能性决定了这两者在产品空间中的距离远近。

3. 合作网络

随着科学研究的复杂性和学科交叉性的不断提高,科学研究日益成为国际化事业,国际科研合作已成为全球化时代推进科学进步的必然要求,目前,世界各地同类学科或跨学科研究人员之间的合作网络也已逐渐形成。2012 年至 2017 年期间,自然指数追踪了不同学科期刊上发表的论文,根据不同学科,对作者进行不同着色,构建了如图 2-7 所示的合作网络。这个合作网络中共有 4070 个节点,其中,每一个节点代表一个独立的作者,每位作者都与其他至少 40 位作者有合作关系。网络中节点的群集越密集,则表明作者之间的合作频率越高。图中节点的大小则反映每一位作者作为共同作者的次数多少。从图中可以看出,地球科学和环境科学这两个跨学科领域的作者联系最密切,最具合作性。

在过去几十年间,科研人员单打独斗从事研究的越来越少,越

地球科学   生物科学   其他   化学科学
物理科学   医学与健康科学   环境科学   工程学

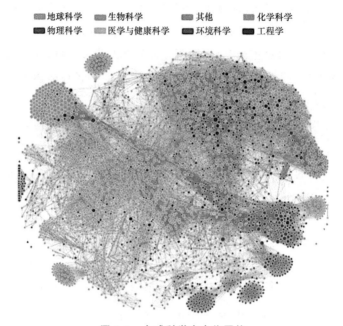

图 2-7   全球科学家合作网络

来越多的成果是通过科研人员之间的合作完成的。[11]美国西北大学的研究人员伍奇蒂(Wuchty)、琼斯(Jones)和伍兹(Uzzi)分析了科学网(Web of Science)数据库中 50 年间(1955—2005 年)的 1990万篇文章以及 30 年间(1975—2005 年)的所有 210 万份专利。[12]根据 ISI 分类系统,所有的文章可分为三大类:科学与工程(包含 171个子类)、社会科学(包含 54 个子类)、艺术与人文(包含 27 个子类)。所有的专利作为单独一个大类(包含 36 个子类)。分析表明,除了艺术与人文领域基本保持稳定外,在其他大类中都明显呈现团队合作发表成果(文章或专利)比例越来越高以及团队规模越来越大的趋势,如图 2-8 所示。图 2-9(A—D)进一步比较了所有文章的平均被引次数或专利的团队平均规模与相关子类中文章的平均被引次数或专利的团队平均规模,可见被高引次数团队的相对规模更大;图 2-9(E—H)显示了团队合作成果的平均被引次数与

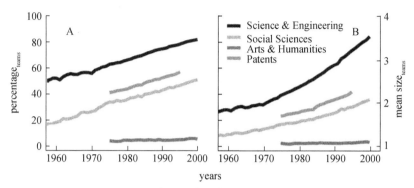

图 2-8　团队合作发表文章的比例(A)以及团队
规模(B)的增加趋势[12]

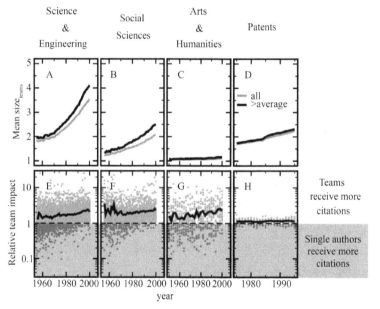

图 2-9　团队的相对影响[12]

单个作者成果的平均被引次数的比值(记为 RTI)。每个点表示一个子类的 RTI,黑线表示给定年份的算术平均值,可见团队合作的成果更容易受到引用,且这一趋势越来越明显。

在另一项研究中,研究人员分析了美国 662 所大学在 30 年间

(1975—2005 年)所发表的被科学网数据库收录的 420 万篇文章。[13] 图 2-10 表明,在科学与工程以及社会科学领域,校际合作发表文章的比例呈显著上升趋势,单个作者发表文章的比例显著下降,而同一校园内合作发表文章的比例大体不变,但在艺术与人文领域,这 30 年间的合作趋势没有显著变化。

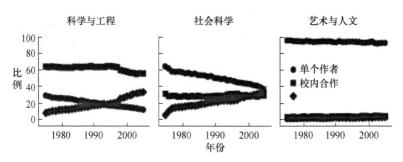

图 2-10　不同作者结构所对应的文章的比例[13]

4. 交通网络

交通网络(traffic network)主要包括:公路网络、地铁网络、铁路网络、海运网络以及航空网络等。交通网络中的节点一般代表地点,连边通常指连接两个地点之间的路径或航线。随着交通网络的高速发展,人们的出行和货物的运输越来越便捷。从全球范围看,在过去几十年间,由于航空网络的日益发达,使得地球"越来越小",人们可以在一天之内从地球的一端到达另一端。与此同时,随着交通的便利,各国人民交流的频繁,也导致了一些负面情况,比如,使得传染性疾病更容易在全球大规模扩散。

交通网络的最终服务对象是客货运输需求,也即表现为客货流。同样地,城市体系的变化对客货流的有效组织具有关键作用,而客货流对定位城市节点地位乃至城市结构的演变也有重要作用。因此,客货流是反映城市空间相互作用以及城市体系空间结构的有效途径之一。

目前已经有不少关于交通网络结构和功能方面的研究,如航线网络、公路交通网络及铁路交通网络的研究等。这些网络的结构通常比较容易确定，不过数据整理过程比较费力。航线网络可以从航班时刻表中整理得到，公路、铁路交通网络可以从相关地图上整理得到。地理信息系统(GIS)能够有效提高这些数据的整理速度，同时在互联网上也有很多有用信息，例如，机场的经纬坐标等。

皮茨(Pitts)对中世纪俄罗斯水上交通的研究是最早的交通网络研究。[14]地理学家在 20 世纪六七十年代掀起了公路和铁路交通网络的研究热潮，他们研究的重点是交通网络的物理结构与经济效益之间的关系。

最近几年，又有大批研究者利用网络分析思想对公路、铁路及航线网络展开研究，[15]在绝大多数的研究中，都将地理位置作为网络的顶点，而将地理位置之间的连接作为网络的边。例如，在公路网络研究中，顶点通常是公路的交叉口，连边就是公路。但是，在森(Sen)等人有关印度铁路网络的研究中，提供了一个有意思的相反案例。[16]他们认为，在铁路交通中，人们更关心有没有直达目的地的列车，如果没有，那么需要换乘多少次车才能到达目的地。只要不用换乘，人们就不太关心沿途有多少站。因此，森等人提出，存在一个对铁路运输有实际价值的网络，网络上的顶点代表不同地点，在顶点之间如果存在直达列车则将两者连接起来。因此，在这个网络中，顶点 A 和顶点 B 之间的距离是从 A 点到 B 点所需经过的边的数目，实际等于到达目的地所需乘坐的列车数。其实还有森等人没有考虑到的更好的表示方法，就是使用"二分网络"，即在网络中有两类顶点，一类代表地理位置，另一类代表列车路线。网络中的边将地理位置与经过该位置的列车路线连接在一起。利用地理位置的"单模投影"方法，可以从这种网络推导出森等人提出的网络形式。

航空网络一般将城市视为节点，直达航线作为边。近几年的研究表明,[17][18][19]航空网络一般具有小世界网络和无标度网的性质。航空网络具有层级结构,网络底层由度较大的中心(hub)节点与度较小的附属(spoke)节点互连组成。高层中心节点之间互连,从而构成轴辐射网络结构。徐(Xu)等人[19]研究了网络拓扑结构与客流量、航行距离与单程费用之间的关系,并初步探讨了传统轴辐射网络结构与点对点网络结构之间的关系。此外,已有研究表明[20][21],公路网络、铁路网络、海运网络等交通网络大都具有小世界性和无标度性。[23]

5. 电力网络

电力网络作为对人类影响最深远的科技发明之一,其经济和社会地位不可估量。特别是电力网络的安全问题,它关系人民生活基本保障、企业进行正常生产以及国家安全等国计民生大事,备受人们关注。

电力网络主要由电力线路、变电站和换流站组成,包括变电、输电和配电三个环节。它把分布在广阔地域内的发电厂和用电户连成一体,把集中生产的电能送到分散用电的千家万户。通常,电力网络的节点包括发电站与变电站,边是高压输电线。电力网络的拓扑结构不难确定,因为电力网络通常由专门机构负责维护和管理,整个电力网络的结构图都可以得到。我们可以很方便地从相关部门获得电力网络的完整数据。已有不少研究基于网络科学的方法研究电力网络,例如,2010 年 3 月 20 日,《纽约时报》刊登了一则题为《美国对中国的一篇学术论文产生警觉》的新闻。这篇由大连理工大学博士生及其导师撰写的论文于 2009 年 12 月发表在国际学术刊物 *Safety Science* 上,标题为《美国电网对于相继攻击的脆弱性》。[24]这其实是一篇很正常的学术论文,文中采用的也是在网上公开的并且已经被很多公开发表的文章使用过的数据。美国媒体"小题大做"自然另有隐情,但这至少表明电力网络的安全有效运行是一个涉及国家安全与稳定的敏感话题。

　　近十几年来,美国、印度、巴西、欧洲各国和地区相继发生大面积停电事故,给社会和经济造成巨大损失。例如,2003 年北美互联电网大停电,受影响人口为 5000 万,纽约地区停电 29 小时,直接经济损失为 300 亿美元。2012 年 7 月 30 日,印度电网也发生大停电,受影响人口超过 6 亿,经济损失惨重。2021 年,美国得克萨斯州电网(见图 2-11)大停电,据不完全统计,此次得克萨斯州大停电将直接导致 500 万人在寒潮降临的时候无电可用,大约 1400 万当地居民因停电面临缺水等情况,甚至有部分人因为没有办法取暖被直接冻死。这也让人们认识到研究电力网络的重要性。越来越大的电力网络使得我们可以在更大范围内合理调度电力,但与此同时,也使得局部故障有可能引发更大规模的停电事故。近年受到关注的智能电网的目标也是为了实现电网可靠、安全、经济、高效地运行,以及绿色环保。

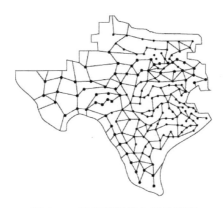

图 2-11　得克萨斯州电网示意图

　　电力网络与因特网一样,也存在地理空间的分布特征,即每一个节点都对应地球上的一个地理位置,其在空间的分布特征对地理研究、社会研究及经济研究等都有很大吸引力。不论是地理层面还是拓扑层面的网络结构统计数据,都能为控制电力网络的形态和发展的整体布局提供数据支持。不过,电力网络也有自身的一些独特现象,如级联故障,这些现象能够为研究已经发现的幂律分布在电力故障时的表现提供很好的支持。

6. 信息技术网络

(1) 因特网

因特网,即 Internet,是将计算机及相关设备连接在一起,在世界范围内实现数据互联的大型网络(注意 Internet 不同于万维网,万维网是由网页和超链接构成的虚拟网络)。Internet 的最简单网络表示是将网络中的计算机和相关设备作为网络的节点,而将连接这些设备的物理线路作为网络节点之间的连边。网络上的普通计算机之间只是 Internet 数据传输中的"外围"节点,只负责发送或接收数据,不负责在不同计算机之间进行数据的中转传递。在 Internet 中,负责"中转"的节点主要是路由器(router),它是一种性能很高且具有专门用途的计算机,负责在不同的数据链路中接收数据包,并将数据包转发给目的地址。

图 2-12 展示了 Internet 的整体结构。[15] 网络由三层节点构成,最里面的一层是 Internet 的核心骨干网络(backbone),在全球范围内提供远距离高宽带数据传输干线线路,由高性能路由器及数据交换中心连接在一起。骨干网络可以看作 Internet 上的高速公路,由当前带宽最宽的高速光纤建成。Internet 的第二层由互联网服务提供商(Internet service provider, ISP)构成。ISP 主要包括一些商业公司、政府机构、大学以及其他机构,这些机构为骨干网络提供商签订合同,接入骨干网络中,并为终端用户提供有偿或无偿的服务网络。Internet 的第三层由终端用户组成,如商业机构、政府部门、科研学术部门及普通用户等。

图 2-12 中,Internet 的顶点与边被划分为不同的类别:"骨干网络"提供高带宽、远距离的数据连接与传输;连接到骨干网络的 ISP 被大致分为区域(规模较大)ISP 及本地(规模较小)ISP;终端用户,如家庭网络用户、公司用户等连接到 ISP。这样的网络结构

具有很好的鲁棒性和灵活性。

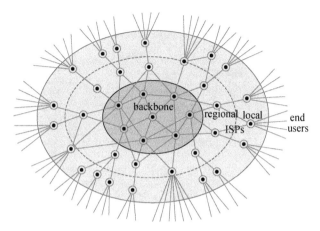

图 2-12 Internet 结构图[15]

Internet 已经成为 21 世纪全球性的人类社会的关键基础设施,并将会继续产生更多、更新甚至难以预见的技术、应用和服务,包括近年在 Internet 基础上兴起的物联网(Internet of things),等等。与此同时,Internet 的安全性、鲁棒性、可控性、可管性和可扩展性等问题也变得日益重要,这些问题的有效处理需要对 Internet 的行为及其演化的复杂性有更为深刻的理解,也特别需要不同学科的研究人员协同面对这一挑战。例如,美国科学基金(NSF)从 2008 年开始的"网络科学与工程"(NetSE)项目就特别鼓励不同领域的研究人员联合申请,旨在建立对于 Internet 这类已经成为"社会—技术"复杂网络系统的科学和工程知识,对于这些网络的复杂性提供新的科学理解并指导其未来设计。

出于不同的预测和改善 Internet 性能的目的,研究 Internet 拓扑性质及其演化并建立合适的拓扑模型非常重要。[25]对于 Internet 拓扑结构的研究由细到粗,可以分为如下三个层次,如图 2-13 所示。

① IP 地址层次。如今,接入 Internet 的 IP 地址的数量数以亿

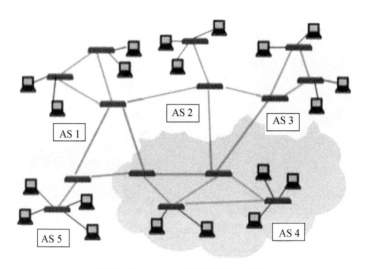

图 2-13　Internet 拓扑的三个层次

计,考虑到一个 IP 地址有可能被多个设备同时使用,因此,接入 Internet 的设备数量更多。特别是随着无线接入方式的普及,接入设备的种类也越来越多,接入时间变化也较大,从而极难全面地掌握 Internet 上所有 IP 地址之间的连接关系。另外,大部分 IP 地址对应的是终端设备(如个人电脑、笔记本等),并不承担路由功能。它们尽管是 Internet 服务的对象,但从网络角度看,是处于网络边缘的"叶子节点"。

② 路由器层次。如果把每一个路由器作为一个节点,两个路由器之间通过光缆等方式直接相连可以直接交换数据包,在对应的两个节点之间有一条边,这样就构成了路由器层的 Internet 拓扑,它对 Internet 的性能、鲁棒性和效率等起着最主要的作用。

③ 自治系统层次。由于同一个机构管理的路由器之间的数据交换是完全由该机构决定的,与 Internet 的其余部分无关,因此,一般把属于同一个机构管理的所有的路由器的集合称为一个自治系统(autonomous system,简称 AS)。一个 AS 通常对应于一个域名,例如,每个高校都有一个域名,"sjtu. edu. cn"就是上海交通大

学的域名。如果把每一个 AS 作为一个节点,且一个 AS 中至少有一个路由器与另一个 AS 中的至少一个路由器有直接的网络相连,那么就在对应的两个 AS 之间有一条边,这样就形成 AS 层的 Internet 拓扑。

（2）万维网

万维网并不等同于互联网,它只是互联网所能提供的服务之一。20 世纪 40 年代以来,人们就梦想能拥有一个世界性的信息库,用户能够轻松链接到其他地方,方便快捷地获取重要信息。万维网（world wide web,简称 WWW）是一个由许多存储在网页上的信息构成的网络。万维网的节点表示网页,连边表示网页之间的"超链接",通过点击强调现实的链接文本或链接按钮,在不同的网页之间转换。超链接能够轻易从当前网页跳转到远在地球另一端机器中的另一个网页上,就像你在出席宴会时能够很容易找到自己的朋友一样。

万维网的结构较为抽象,存在其中的海量网页和链接除了能产生巨大的经济效益,也能给人们带来很大的益处,其中,网络的链接结构是最本质的,也是最重要的原因。由于人们习惯于在内容有联系的网页之间添加超链接,因此链接结构能够反映出网页的内容结构。更重要的是,人们倾向于链接那些自己认为有用的网页,而不是去链接那些认为用处很小的网页,因此网页的被链接数可作为度量其实用性的指标。这种想法已被搜索引擎谷歌（Google）采纳,只不过其实现更加复杂,其他搜索引擎大多也采用了类似方法。

万维网网页上的超链接都具有明确的指向性,即从一个网页发出,指向另一个网页。给定网页 A 的链接,通过点击该链接可以到达另外一个网页。但是,并不需要网页 B 存在一个指向网页 A 的链接。当然,网页 B 可以存在一个指向 A 的链接,但没有任何规定要求这样做,并且通常情况下也没有必要这样做。因此,万维网上的边是有向的，即从链接发出的网页指向被链接的网页。在每条边上加上一个单箭头来表示它的方向，并以此形成整个网络。有时两个网页之间会同时被两个方向的超链接连接在一起，此时用两条有向边表示，每条边分别指向对应节点。图 2-14 显示了万维网的一个子网络，表示万维网的一个网站上一组网页之间的链接关系，节点表示网站中的网页，节点之间的有向边表示超链接。

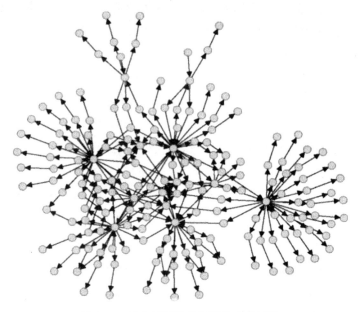

图 2-14　某公司网站的网页构成的网络

随着万维网的迅猛发展及其给人类生活带来的巨大变革，人们开始逐渐意识到万维网本身也成为一个越来越复杂的科学研究对象。2006 年，万维网的发明者蒂姆·伯纳斯-李(Tim Berners-Lee)以及其他几位教授联名在 *Science* 上发表题为《创造 Web 科学》的文章，[2]万维网科学应运而生，文中明确提出应该从交叉学科的角度研究万维网，以深入理解万维网的演化机理，万维网与人类社会网络的相互影响，以及万维网上小的技术革新何以产生大的社会影响等问题。

随着万维网规模的不断扩大,搜索引擎技术也在不断发展。1998 年诞生的 Google 之所以能在短短几年之内就成为搜索引擎的霸主,其技术原因就在于 Google 是第一个把万维网真正视为"网络"的搜索引擎。Google 之前的搜索引擎是把每一个页面都视为孤立的页面,忽视了页面之间的超文本链接;Google 所采用的网页排序的"PageRank 算法"则把从一个页面指向另一个页面的超文本链接视为一个页面对另一个页面的投票,即把整个万维网视为一个有向网络(如图 2-15 所示)。每一个网页是一个节点,如果页面 A 上存在指向页面 B 的超文本链接,那么就有一条从页面 A 指向页面 B 的有向边。PageRank 算法的基本思想就是:一个页面的重要性取决于指向它的页面的数量和质量。因此,Google 成功的一个启示就是:从网络观点重新认识事物有可能带来革命性的变化。值得注意的是,搜索引擎技术的发展与万维网网页的设计是相互影响的,并且存在博弈关系。

7. 生态环境网络

地球上的生物可以划分为不同的生态系统(ecosystem),生态系统由彼此间产生交互作用的生物及其生存环境构成,其中的生

图 2-15　PageRank 算法把万维网视为一个有向网络

存环境主要包括无机物、营养物和能量等。在同一生态系统中的物种通过很多不同的方式产生交互作用，它们之间或者存在捕食关系，或者存在寄存关系，或者是为了资源竞争，或者存在各种互利的相互作用。所有这些类型的交互作用可以表示为一个综合的"交互作用网络"。例如，很多研究已经对食物链网络进行分析，特别是近年来，人们开始使用网络方法分析食物链网络的结构及其与动力学之间的关系。食物链网络是一个有向网络，表示在一个给定的网络中哪一个物种捕食其他哪些物种，网络中的节点表示对应物种，有向边对应"捕食者—被捕食者"的交互作用。图 2-16 展示了物种之间的捕食关系，该网络是一个明显的层次关系，最底层为生产者，第二层为初级消费者，第三层为二级消费者，第四层为三级消费者。由于很多动物不只是从一个营养级的生物中得到食物，如第三级消费者不仅捕食第二级消费者，同样也捕食第一级消费者即生产者，所以它们同属于几个营养级。而人类是最高级的消费者，不仅是各级的食肉者，而且又以植物作为食物，所以各个营养级之间的界限是不明显的。在自然界中，每种动物并不是只吃一种食物，因此形成一个复杂的食物链网络。

除了食物链所表示的捕食—被捕食关系外，生态学家也开始关注更为广泛的共生相互作用所编织的生命之网（web of life）。[27]例如，图 2-17(a)显示的是基于植物及其种子传播者之间的互利的相互作用而构建的植物、动物共生网络，对于这类网络的协同进化的研究有助于预测全局变化在这类网络中的传播。图 2-17(b)描绘了一种地中海植物在异质地貌的栖息地板块之间空间遗传的变异网络，对于这类网络的研究有助于我们理解不同地块的共同影响以及定量刻画单个地块对于物种持续的重要性。

2.3.2　生物网络

生物网络是对生物系统以网络的方式抽象后的表示方式。在

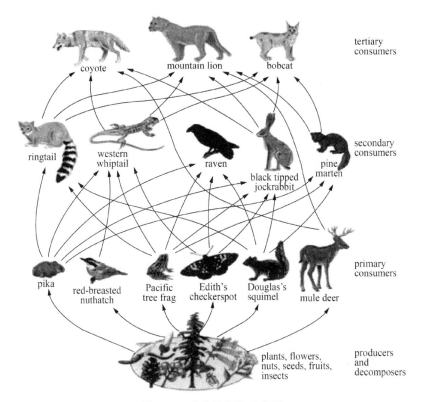

图 2-16　食物链网络示意图

生物网络中,组成生物系统的元素为节点,元素之间的相互联系为边。例如,在蛋白质相互作用网络中,细胞中的蛋白质为节点,蛋白质间的相互作用为边。

　　生物网络能够帮助人们理解复杂的生物系统,一是可以描述生物系统表现出的网络结构特性,二是可以横向比较不同生物系统在网络结构方面的相似性或差异性。生物网络将生物系统看成一个整体,体现了"整体大于部分之和"的哲学思想。长期以来,生物研究主要集中在各种生物大分子个体的结构和功能上,但随着研究的深入,人们认识到复杂的生物功能和生命现象是各种生物基本组成单元之间复杂相互作用的结果,因此不能简单归

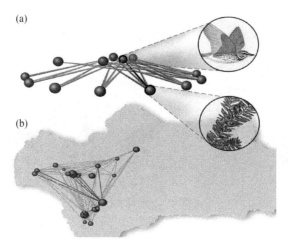

(a)

(b)

图 2-17　生态网络的两个例子[9]

结为生物分子个体的结构和功能。要研究这个问题,就必须深入研究各种生物分子通过相互作用形成的网络结构以及网络动力学行为。

生物网络表示生物细胞在分子层次的交互模式和控制机制,按生物系统、构建方式不同可分为多种类型。比较常见的生物网络包括蛋白质相互作用网络、基因调控网络、新陈代谢网络和神经网络等。

1. 蛋白质相互作用网络

蛋白质在细胞的生命活动中扮演着重要角色,但是,其功能的发挥却并非依靠单个蛋白质独立的作用,蛋白质之间的相互作用才是蛋白质执行其功能的主要途径。通过揭示不同蛋白质之间相互作用的关系,研究人员可以从蛋白质组水平上系统地获得对细胞内基因调控网络更为深刻的认识,从而发现对于生命活动具有重要意义的生化过程,如信号转导、代谢调控等。另外,蛋白质相互作用为进一步确定疾病的发生提供了可靠的数据来源。如亨廷顿舞蹈症是一种遗传性神经退化性疾病,其主要病因是患者第四号染色体上的亨廷顿（Huntington）基因发生变异，产生了变异的蛋白质。

随着人类蛋白质相互作用研究的不断深入，更多的蛋白质间的相互作用将被揭示，这些蛋白质间的相互作用所展示出的新的网络通路交织在一起，便构成了细胞的真实生命网络。蛋白质相互作用网络（protein-protein interaction network，简称 PPI）是由细胞中的蛋白质和它们之间的相互作用所形成的，如图 2-18 所示。蛋白质间的相互作用可由多种检测方法识别，如常用的酵母双杂交和免疫共沉淀等。蛋白质相互作用网络是生物学中分析得最为深入的网络。与蛋白质相互作用网络相似的一个概念是相互作用组（interactome），它描述了特定细胞中的一整套生物分子间的物理相互作用。

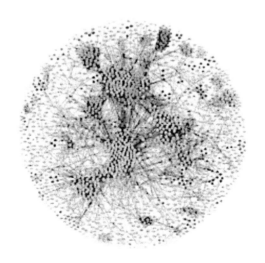

图 2-18　蛋白质相互作用网络

2. 基因调控网络（gene regulatory network）

生物体中存在着复杂的基因表达调控网络，基因和基因产物（如蛋白质等）之间存在着错综复杂的相互作用，如果将这些相互作用用网络表示出来就是基因调控网络。

通俗地讲,基因调控网络就是用于描述细胞内基因和基因之间相互作用关系的网络。在众多相互作用关系之中,又特指基于基因调控所产生的基因间作用,如图 2-19 所示。需要注意的是,基因之间并没有直接的相互作用,基因的诱导或抑制受特定蛋白的调控作用,而该蛋白质本身由调控基因编码。对蛋白质和各种酶的作用进行抽象,通过基因表达调控网络把基因之间非直接的相互作用关系呈现出来是非常有意义的,它映射了所有基因之间抽象的相互作用关系。

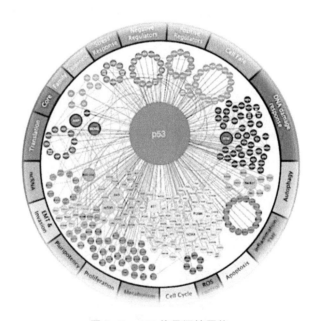

图 2-19 p53 信号调控网络

基因调控网络描述了生物体内控制基因表达的机制。具有调控功能的生物分子可以激活或抑制基因的表达,如转录因子与基因位点结合后开始转录过程。基因调控网络中的节点为基因或蛋白质,边为调控关系。

3. 新陈代谢网络(metabolic network)

细胞的新陈代谢构成了一个超级复杂、精细的网络系统,该系统包含成千上万的有序生化反应,反应过程中细胞得以生长、分裂并对外界环境做出反应。经过长期的调查研究,至今人类已识别出大约 3000 种酶和营养转运体。新陈代谢是所有生命活动的基础,细胞中的代谢物质在酶的作用下发生生物化学反应,转化为新的代谢物质。在新陈代谢过程中,除了参与反应的代谢物之间发生的相互作用外,还包括酶的催化作用,大多数酶都是某种形式的蛋白质或者多个蛋白质的复合物。新陈代谢过程中的分解和重组设计链与路径,即化学反应,经过一系列步骤将初始输入物质转化成有用的最终产物。所有路径汇总全部反应过程,构成新陈代谢网络,如图 2-20 所示。新陈代谢网络是描述细胞内代谢和生理过程的网络,由代谢反应以及反应调控机制组成。节点为代谢反应中涉及的生物分子,边为生物分子在代谢反应中的关系。

4. 神经网络(neural network)

神经元是一种具有特殊功能的大脑细胞,它通常结合多种输入来生成一种输出。整个大脑可能含多达千亿个神经元,这些神经元连接在一起,形成神经网络,如图 2-21 所示,依靠该网络,大脑能够进行计算和判断。大脑中的神经元之间有复杂的相互作用,使得大脑在结构和功能方面形成了复杂的网络。大脑神经网络中,节点为神经元,边为神经元结构或功能上的联系。大脑神经网络在对阿尔茨海默病、精神分裂症等神经系统疾病的研究中均有实际应用。

2.3.3　网络医学

细胞内各种分子间功能上彼此联系,某个基因的突变往往会导致疾病的发生,而这通常是由细胞内外复杂系统的紊乱导致的,并且这些复杂系统与特定的组织和器官系统相互连接构成了复杂

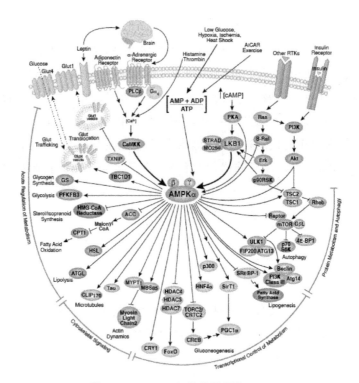

图 2-20　AMPK 相关代谢网络

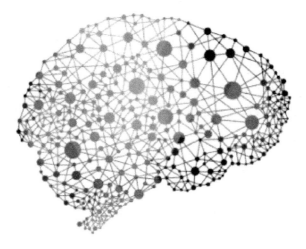

图 2-21　神经网络

的分子网络。网络医学是基于网络的方法,在分子水平上对复杂疾病进行研究,被认为是有效诊断、预后和治疗复杂疾病的有力手段。网络医学不仅研究某一种特殊疾病的分子复杂性,还探索明显不同的病理表型间的分子间关系。网络医学研究的优势是发现新的疾病基因,以此揭示由全基因组关联分析和全基因组测序确定的疾病相关突变的生物意义,并确定这些复杂的药物靶点和生物标志物(biomarkers)。

用网络医学方法研究人类疾病,具有多种潜在的生物学和临床应用。例如,可以更好地理解疾病产生过程中细胞内相互联系的效果,可以发现新的致病基因和疾病的通路。反过来,这些致病基因和通路又可以为药物研发提供更好的靶点。网络医学主要研究对象包括:宿主—蛋白相互作用网络(见图 2-22)、药物靶点网络和疾病症状网络等。此外,流行病学家也通过社会网络、交通网络以及传染病模型研究疾病在人群中的传播机制。

2007 年,巴拉巴西等人在题为《网络医学——从肥胖症到疾病组》的论文[27]中指出,在过去几年中,网络不仅越来越多地影响生物学和医学研究,包括从疾病机理到药物发现的各个方面,还将进一步影响医疗实践。这标志着一个新领域的出现,它被称为"网络医学"。网络医学作为新兴的工具,不仅能够系统研究某种疾病的分子复杂性,以及导致疾病的模块与通路,而且还可以研究不同表型分子之间的关系。这个方向的研究进展,对于进一步识别新的致病基因、通过全基因组相互关系和全基因组测序来研究变异并揭示与疾病相关变异在生物学方面的机理,以及确定复杂疾病的药物靶点和生物标志物,均是必不可少的。网络医学的重要内容是了解细胞网络、疾病网络及社会网络之间的相互作用。

图 2-23 显示了一个疾病组包含的两种类型网络,一种是研究全基因组路线图的人类疾病网络 (human disease network,简称HDN),另一种是研究疾病表型与致病基因相关性的疾病基因网络

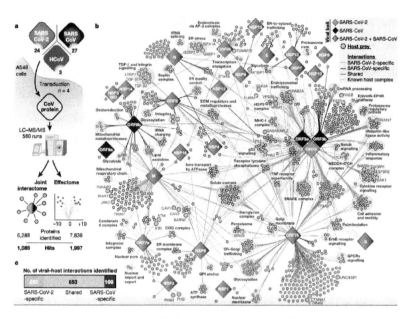

图 2-22 病毒宿主的蛋白质相互作用网络

(disease gene network，简称 DGN)。图 2-23 显示了所有疾病以及与不同疾病相关的基因，为疾病和疾病基因之间的遗传联系提供了一个快速的可视化参考，为医生、基因顾问和生物医学研究者提供了一个有价值的全局视角。

2008 年，冈田佳彦(Yoshitomo Oka)开展了"网络医学"正负信号转导与疾病的研究，他描绘了网络医学的体系框架图，如图 2-24 所示，这是以环境为背景，由疾病组(包括癌症、免疫和代谢等疾病)、器官网络及分子网络组成的三层网络系统。

网络医学为已知的紊乱基因所关联的疾病提供了一个平台，在单一的理论框架中探索所有已知的表型和疾病基因关联，揭示不同疾病的共同遗传起源。与类似疾病相关的基因显示，它们的产物之间通常存在较高的物理相互作用，并且它们的转录本身具有较高的表达谱相似性，这支持了疾病特异性功能模块存在的可能性。研究发现，重要的人类基因可能编码枢纽蛋白，并在大多数

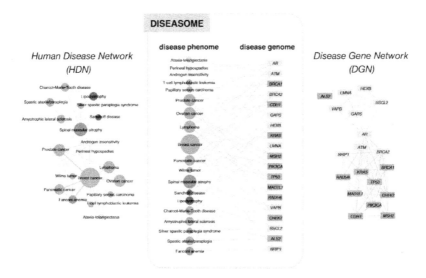

图 2-23　疾病组示例图

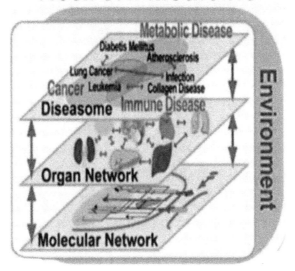

图 2-24　人类疾病网络

组织中广泛表达,这表明致病基因也将在疾病—基因相互作用中发挥核心作用。

2.4　网络大数据的表示方法

2.4.1　图

网络在数学中也称为图(graph),是一个由多个节点及连接节点之间的连边组成的拓扑结构。通常情况下,在人们研究的绝大多数真实网络中,任意两个节点之间至多存在一条连边。只有在少数情况下,两个节点之间会存在多条连边,这种情况称为重边(multi-edge)。在极特殊情况下,还会存在连接节点自身的边,这类连边称为自环(self-loop)。既没有重边,也没有自环的网络称为简单网络,本书研究的网络都是简单网络。

图提供了一种用抽象的点和线表示各种实际网络的统一方法,因而成为目前研究复杂网络的一种共同的语言。这种抽象的一个主要好处在于它使得我们有可能透过现象看本质,通过对抽象的图的研究得到具体的实际网络的拓扑性质(topological property)。

所谓网络的拓扑性质,是指这些性质与网络中节点的大小、位置、形状、功能以及节点与节点之间是通过何种物理或非物理的方式连接等都无关,而只与网络中有多少个节点,以及哪些节点之间是直接有边相连这些基本特征相关。通过抽象的图研究实际网络的一个好处是它使得我们可以比较不同网络的拓扑性质的异同点,并建立研究网络拓扑性质的有效算法。

网络作为复杂系统的一种表示方式,为研究性质、外观、范畴各异的复杂系统提供了公共语言。图2-25(a)、2-25(b)和2-25(c)显示了三个截然不同的系统,[28]然而它们却有着完全相同的网络表示。图中展示了三个不同系统的一部分,图 2-25(a) 是互联网局部拓扑,它展示了路由器之间彼此连接;图 2-25(b) 是好莱坞演员网络的局部结构,在同一部电影中有过合作的两个演员之间相互连接;图 2-25(c) 是蛋白质相互作用网络中的一个子结构,表示细胞中可以拼接在一起的两个蛋白质之间彼此连接。虽然这些网络的节点和连接性质不同,但它们都可以用图 2-25(d),即一个由 4 个节点和 4 条连边构成的网络来表示。

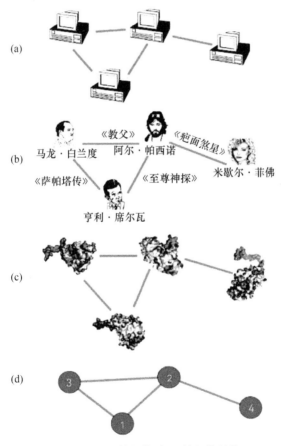

图 2-25　不同的网络,相同的拓扑结构

一个具体网络可抽象为一个由点集 V 和边集 E 组成的图 $G=(V, E)$。顶点数记为 $N=|V|$，边数记为 $M=|E|$。节点数 N 表示系统中组成部分的个数。我们通常将 N 称为网络大小，为便于区分，通常网络中的各个节点记为 $i=1, 2, \cdots, N$。E 中的每条边都对应 V 中的一对节点，边数 M 表示节点间交互关系的总数。一般而言，很少对边直接进行标记，而是通过其连接的两个节点来标记。例如，$(2, 4)$ 表示连接节点 2 和节点 4 的边。图 2-25 中的网络节点数和边数均为 4。网络中的点通常称为节点（node），图中的点通常称为顶点（vertex）。本书对"节点"和"顶点"不作区分，并且也经常在不会产生歧义时交替使用"网络"和"图"。在传统的图算法中，两种常见的表示图的基本结构是邻接矩阵（adjacent matrix）和邻接表（adjacency list）。

2.4.2　加权网络

在人们研究的很多复杂网络中，连边只是用来表示节点之间是否连接。若存在边，则表示两个节点之间连接，否则，不存在连接。然而在一些情况下，给边赋予强度和权重等含义非常有用，这些值通常表现为实数。在大部分网络中，人们均假设所有边的权重都一样。然而在实际网络中，节点之间连接的强度往往是不同的，这就需要研究网络连接权重。例如，对于 Internet，权重可以是顶点间的数据流量或带宽；在社会网络中，权重可以是网络中个体之间的交往频率；在手机通话网络中，权重可以表示两个人手机通话的时长；在电网中，权重可以表示传输线路上流过的电流量，等等。

对于加权网络（weighted network），可以通过将邻接矩阵的元素表示为连边的权重的方式来表示。例如，邻接矩阵

$$A = \begin{bmatrix} 0 & 2 & 1 \\ 2 & 0 & 0.5 \\ 1 & 0.5 & 0 \end{bmatrix} \tag{2-1}$$

表示一个加权网络,其中,顶点 1 和 2 之间的连接强度是顶点 1 和 3 连接强度的两倍,而顶点 1 和 3 之间的连接强度又是顶点 2 和 3 之间连接强度的两倍。

令科学界感兴趣的网络都是加权网络,但并不总能找到其合适的权重。因此,人们经常使用无权网络近似加权网络,即假设网络中权重均为 1。本书主要关注无权网络,但会在合适的时候讨论权重对网络性质的影响。

2.4.3　有向网络

在有向网络中,每条边都有方向,从一个顶点指向另一个顶点。这样的边称为有向边,通常用带有箭头的边表示,如图 2-26 所示。[15]

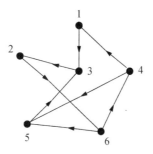

图 2-26　有向网络,网络中的箭头代表边的方向

现实生活中有很多有向网络,例如,万维网中的超链接都具有方向性,从一个网页指向另一个网页;在食物网中,边也具有方向性,表示能量从被捕食者流向捕食者;在引文网络中,边的方向性表示一篇文献引用了另一篇文献。

有向网络的邻接矩阵 A 中,A_{ij} 元素的含义如下:

$$A_{ij} = \begin{cases} 1, & \text{如果存在顶点 } j \text{ 指向顶点 } i \text{ 的边} \\ 0, & \text{其他} \end{cases} \tag{2-2}$$

注意上面公式中边的方向,是从第二个下标表示的顶点指向第一个下标指向的顶点。以图 2-26 为例,其邻接矩阵表示为:

$$A = \begin{bmatrix} 0 & 0 & 0 & 1 & 0 & 0 \\ 0 & 0 & 1 & 0 & 0 & 0 \\ 1 & 0 & 0 & 0 & 1 & 0 \\ 0 & 0 & 0 & 0 & 0 & 1 \\ 0 & 0 & 0 & 1 & 0 & 1 \\ 0 & 1 & 0 & 0 & 0 & 0 \end{bmatrix} \tag{2-3}$$

注意,该矩阵是非对称的,通常有向网络的邻接矩阵都是非对称的。

与无向网络类似,有向网络也可以有重边和自边。在邻接矩阵中,可以通过将对应的元素的值设定为大于 1 来表示重边,将对应的对角元的值设定为非零来表示自边。需要注意的是,在有向网络中,自边对应的对角元的值设定为 1,而不是像无向网络那样设定为 2。这样,无论有自边网络,还是无自边网络,基于邻接矩阵的公式和运算结果都能够通用。

2.4.4　邻接矩阵

在图论中,可以使用多种不同方法表示图的结构。如图 2-27(a) 所示,[15] 对于一个包含 n 个顶点的无向网络,可以使用整数 1 对各个顶点进行标记。顶点的具体标号并不重要,只要能够标识各个顶点即可,这样就可以使用标号代表网络中的任意顶点。

用计算机来分析实际的复杂网络的性质所面临的第一个问题就是如何在计算机中表示一个网络。完全描述一个网络需要记录它的所有连接。实现这一目标的最简单方式是使用列表列出所有

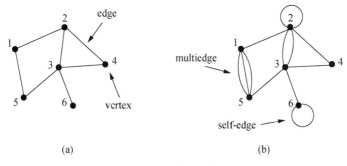

(a)   (b)

图 2-27 两个小型网络

连接。如果用(i, j)表示顶点 i 和顶点 j 之间的边,通过给定 n 的值及所有边的列表,就能表示一个完整的网络。例如,图 2-27(a)中,$n=6$,即有 6 个顶点,而边表示为$(1, 2)$,$(1, 5)$,$(2, 3)$,$(2, 4)$,$(3, 4)$,$(3, 5)$ 和 $(3, 6)$。这种表示方式称为边列表(edge list)。边列表在计算机中可用来存储网络的结构,但是对数学而言,这样的存储方式有些烦琐。

相比于边列表,邻接矩阵可以更好地表示网络。一个简单图 $A=(a_{ij})_{N \times N} G$ 的邻接矩阵是一个 N 阶方阵,则第 i 行、第 j 列上的元素 a_{ij} 定义如下:

$$a_{ij} = \begin{cases} 1, & \text{如果顶点 } i \text{ 和顶点 } j \text{ 之间存在一条边} \\ 0, & \text{其他} \end{cases} \tag{2-4}$$

1. 无权无向网络

无向网络的邻接矩阵是对称的,[11]即每个连接对应邻接矩阵中的两个元素 $a_{ij}=a_{ji}$。例如,图 2-27a 对应的网络邻接矩阵如下:

$$A = \begin{bmatrix} 0 & 1 & 0 & 0 & 1 & 0 \\ 1 & 0 & 1 & 1 & 0 & 0 \\ 0 & 1 & 0 & 1 & 1 & 1 \\ 0 & 1 & 1 & 0 & 0 & 0 \\ 1 & 0 & 1 & 0 & 0 & 0 \\ 0 & 0 & 1 & 0 & 0 & 0 \end{bmatrix} \tag{2-5}$$

邻接矩阵也能用来表示带有重边和自环的网络。重边可以通过将其对应的矩阵元素 a_{ij} 的值设定为边的数目表示。例如,在顶点 i 和顶点 j 之间有两条边,那么这一对边可以表示为 $a_{ij}=a_{ji}=2$。如果顶点 i 与其自身存在连接(自环),则将矩阵中对应的对角元 a_{ii} 设定为2。为什么设定为2而不是1? 这是因为在考虑每条边的两个端点的情况下,利用邻接矩阵表示带自环或不带自环的网络,都能有较好的效果(有向网络除外,自环在有向网络中对角元的值设定为1)。例如,图2-27(b)所示网络的邻接矩阵为:

$$A = \begin{bmatrix} 0 & 1 & 0 & 0 & 3 & 0 \\ 1 & 2 & 2 & 1 & 0 & 0 \\ 0 & 2 & 0 & 1 & 1 & 1 \\ 0 & 1 & 1 & 0 & 0 & 0 \\ 3 & 0 & 1 & 0 & 0 & 0 \\ 0 & 0 & 1 & 0 & 0 & 2 \end{bmatrix} \qquad (2\text{-}6)$$

2. 加权无向网络

加权无向图 N 阶方阵 A 第 i 行、第 j 列上的元素 a_{ij} 定义如下:

$$a_{ij} = \begin{cases} w_{ij}, & \text{如果顶点 } i \text{ 和顶点 } j \text{ 有权值为} w_{ij} \text{的边} \\ 0, & \text{如果顶点 } i \text{ 和顶点 } j \text{ 之间没有边} \end{cases} \qquad (2\text{-}7)$$

例如,图2-28对应的网络邻接矩阵表示为:

$$A = \begin{bmatrix} 0 & 3 & 0 & 0 & 1 \\ 3 & 0 & 1 & 2 & 0 \\ 0 & 1 & 0 & 0 & 0 \\ 0 & 2 & 0 & 0 & 1 \\ 1 & 0 & 0 & 1 & 0 \end{bmatrix} \qquad (2\text{-}8)$$

3. 无权有向网络

无权有向图 N 阶方阵 A 第 i 行、第 j 列上的元素 a_{ij} 定义如下:

$$a_{ij} = \begin{cases} 1, & \text{如果有从顶点 } i \text{ 指向顶点 } j \text{ 的边} \\ 0, & \text{如果没有从顶点 } i \text{ 指向顶点 } j \text{ 的边} \end{cases} \qquad (2\text{-}9)$$

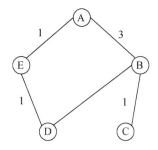

图 2-28　加权无向的朋友关系图[11]

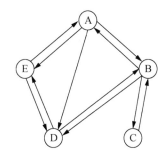

图 2-29　无权有向的朋友关系图[11]

例如,图 2-29 对应的网络邻接矩阵表示为:

$$A = \begin{bmatrix} 0 & 1 & 0 & 1 & 1 \\ 1 & 0 & 1 & 1 & 0 \\ 0 & 1 & 0 & 0 & 0 \\ 0 & 1 & 0 & 0 & 1 \\ 1 & 0 & 0 & 1 & 0 \end{bmatrix} \quad (2\text{-}10)$$

4. 加权有向网络

加权有向图 N 阶方阵 A 第 i 行、第 j 列上的元素 a_{ij} 定义如下:

$$a_{ij} = \begin{cases} w_{ij}, & \text{如果有从顶点 } i \text{ 指向顶点 } j \text{ 的权值为} w_{ij} \text{ 的边} \\ 0, & \text{如果没有从顶点 } i \text{ 指向顶点 } j \text{ 的边} \end{cases}$$

$$(2\text{-}11)$$

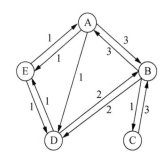

图 2-30   加权有向的朋友关系图[11]

例如,图 2-30 对应的网络邻接矩阵表示为:

$$A = \begin{bmatrix} 0 & 3 & 0 & 1 & 1 \\ 3 & 0 & 1 & 2 & 0 \\ 0 & 3 & 0 & 0 & 0 \\ 0 & 2 & 0 & 0 & 1 \\ 1 & 0 & 0 & 1 & 0 \end{bmatrix} \qquad (2\text{-}12)$$

虽然邻接矩阵是一种比较常见的网络表示方法,但它存在以下缺点:

(1) 浪费空间:稀疏网络(点很多而边很少)有大量无效元素;

(2) 浪费时间,即时间都花费在统计稀疏网络中一共有多少条边。

因此,在稀疏网络中,邻接矩阵存储方法带来的时间复杂度和空间复杂度都很高。然而,实际网络大数据对应的大规模复杂网络往往都是稀疏的,这意味着其对应的邻接矩阵中大部分的数据均为零,这样的矩阵称为稀疏矩阵。在计算机语言中,针对稀疏矩阵有专门的节省空间的存储技术。此外,网络大数据的存储问题也一直是人们关心的问题,因为随着网络规模的增大,采用邻接矩阵存储方式会占用相当大的内存空间,往往会导致程序运行困难或失败。也就是说,在大规模网络中,使用邻接矩阵所导致的空间复杂度通常是我们所无法承受的,下面介绍一种基于边的更有效的网络存储方式:邻接表。

2.4.5　邻接表

邻接表(adjacency list)顾名思义,就是通过链表或者利用数组模拟链表的方式表示网络相连接关系的一种方法,存储方法跟树的子链表示法相类似,是一种顺序分配和链式分配相结合的存储结构。如表头结点所对应的顶点存在相邻顶点,则把相邻顶点依次存放于表头结点所指向的单向链表中。

在网络算法中,表示稀疏的无权网络的最常用的方法是邻接表表示法。它对每个顶点 i 都建立一个单链表(即邻接表),这个单链表由与顶点 i 相连接的所有顶点构成。例如,在无权有向网络(图 2-29)中(节点 A、B、C、D、E 分别对应节点 1、2、3、4、5),节点 1 指向节点 2、4 和 5,节点 2 指向节点 1、3 和 4,而节点 3 只指向节点 2,等等,这样的指向表示该网络是单向的,那么依据这个指向关系,就可以得到该网络的邻接表:

$$1 \quad 2 \quad 4 \quad 5$$
$$2 \quad 1 \quad 3 \quad 4$$
$$3 \quad 2$$
$$4 \quad 2 \quad 5$$
$$5 \quad 1 \quad 4$$

以第一行的"1 2 4 5"为例,它表示有从节点 1 分别指向节点2、节点 4 和节点 5 的三条边。上述表示也是相应无权无向网络邻接表表示,此时,第一行的"1 2 4 5"表示节点 1 有三条相邻边分别与节点 2、节点 4 和节点 5 相连。因此,在无向网络的邻接表中,每条边会出现两次。

很明显,使用矩阵的方式,仅仅使人们可以更加直观地观察网络的关系,对于稀疏网络而言,时间和空间的浪费还是很大的,邻接表相当于一种改良,能够很好地适应稀疏图,使用较少的空间和时间就能表达。一般情况下,邻接表具有 $O(N+M)$(N 表示节点数,M 表示边数)的时间复杂程度,而邻接矩阵则具有 $O(N^2)$ 的时间复杂程度。

2.4.6　二分网络

二分网络是这样一种网络:给定一个网络 $G=(V,E)$,如果节点集 V 可分为两个互不相交的非空子集 X 和 Y,并且网络中的每条边(i,j)的两个节点 i 和 j 分别属于这两个不同的节点子集,则称该网络 G 为一个二分网络(bipartite network),记为$G=(X,E,Y)$。[11] 如果子集 X 中的任一节点 i 和子集 Y 中的任一节点 j 之间都存在一条边的话,那么就称该网络 G 为一个完全二分网络(complete bipartite network)。

对于每个二分网络,我们可以生成两个映射网络。在第一个映射网络中,节点集合是 U,如果 U 中的两个节点都有链接指向 V 中的同一个节点,则它们在该映射网络中有链接相连。与之类似,第二个映射网络对应节点集合 V 上的一个网络,如图 2-31 所示。

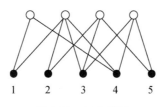

图 2-31　二分网络

网络科学研究中,往往会碰到很多二分网络。一个著名的例子是好莱坞电影演员网络,其中一个节点集合对应电影(记为 U),另一个节点集合对应演员(记为 V)。如果某个演员出演了某部电影,则二者之间产生一个连接。该二分网络的一个映射网络是演员网络——出演过同一部电影的两个演员之间彼此相连。医药领域也有一个明显的二分网络:人类疾病网络。基因和疾病构成了该二分网络的节点,链接刻画基因和疾病之间的因果关系,如图 2-32 所示。其中的圆圈和长条分别表示疾病和病变基因。[29] 如果一种基因的突变导致某种疾病,那么就在该病变基因和该疾病之间产生一条边。圆圈的大小与参与该疾病的基因的数量成正比,圆圈的颜色对应疾病所属的种类。

二分网络不仅可以表示群组成员之间的关系,也可以表示其他一些关系,例如,如果要构建一个人群婚姻关系的网络,该网络就是一个二分网络,两类顶点分别对应男人和女人,二者之间的连边表示婚姻关系。

二分网络中,与邻接矩阵等价的是一个矩形矩阵,称为关联矩阵(incidence matrix),如果 n 代表人数或网络中的成员数目,g 是群组的数目,关联矩阵 B 即是一个 $g \times n$ 的矩阵,其元素的取值为:

$$B_{ij} = \begin{cases} 1, & \text{如果顶点 } j \text{ 属于群组 } i \\ 0, & \text{其他} \end{cases} \tag{2-13}$$

例如,图 2-31 对应一个 4×5 的关联矩阵:

$$B = \begin{bmatrix} 1 & 0 & 0 & 1 & 0 \\ 1 & 1 & 1 & 1 & 0 \\ 0 & 1 & 1 & 0 & 1 \\ 0 & 0 & 1 & 1 & 1 \end{bmatrix} \tag{2-14}$$

关于复杂网络拓扑性质的分析主要是针对没有二分网络结构的单分网络(unipartite network)。即使是对于原本就具有二分结构的网络,通常的做法也是先把它投影到由集合 X 中的顶点构成的单分网络。[11] 图 2-33(a)是图 2-32 所示的疾病—基因网络投影得到的加权疾病网络。如果两种疾病都与同一种基因有关,那么这两种疾病之间就产生一条边,边的宽度与两种疾病所涉及的共同基因的数量成正比。例如,胸癌(breast cancer)和前列腺癌(prostate cancer)与三种相同的基因有关,因而这两种癌症之间的边的权重就为 3。我们也可以从疾病—基因网络投影得到加权的

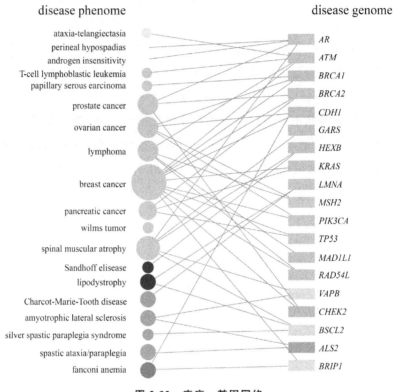

图 2-32   疾病—基因网络

病变基因网络(图 2-33(b))。如果两种基因的突变都会诱导同一种疾病,那么两个基因之间就产生一条边,边的宽度与这两种基因共同诱导的疾病的种类成正比。

需要注意的是,关于单分网络拓扑性质的一些算法不能直接用于二分网络。例如,关于单分网络的聚集系数是基于网络中三角形的数目定义的,但是在二分网络中并不存在三角形,因此,如果直接按照通常的定义进行计算,二分网络所有顶点的聚集系数都为零。什么时候需要直接基于原始的二分网络进行研究,什么时候可以基于相应的单分网络进行研究,取决于所要研究的问题。

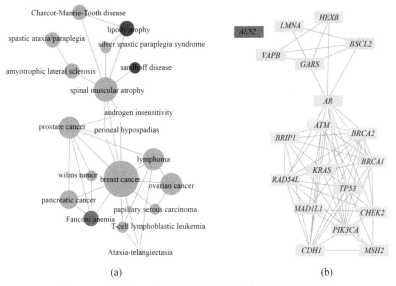

图 2-33 由疾病—基因网络投影得到的加权的单分网络

参 考 文 献

[1] 王元卓、靳小龙、程学旗:《网络大数据:现状与展望》,载《计算机学报》2013 年第 6 期。

[2] 王夏洁、刘丽红:《基于社会网络理论的知识链分析》,载《情报杂志》2007 年第 2 期。

[3] M. S. Granovetter. The Strength of Weak Ties. *American Journal of Sociology*,1973,78(6).

[4] 张方华:《社会资本理论研究综述》,载《江苏科技大学学报》(社会科学版)2005 年第 12 期。

[5] R. S. Burt. Structural Holes:The Social Structure of Competition. *The Economic Journal*,1994,104(424).

［6］D. Watts. A 21st Century Science. *Nature*，2007，445.

［7］A. L. Barabási. Scale-Free Networks：A Decade and Beyond. *Science*，2009，325(5939).

［8］高析:《2010 年世界贸易运行情况及展望》,载《中国国情国力》2011 年第 6 期。

［9］M. Woolcock，R. Gardner，J. Walker，*et al*. Economic Networks：The New Challenges. *Science*，2009，325(5939).

［10］A. Garas，P. Argyrakis，C. Rozenblat，*et al*. Worldwide Spreading of Economic Crisis. *New Journal of Physics*，2010，12(11).

［11］汪小帆、李翔、陈关荣:《网络科学导论》,高等教育出版社 2012 年版。

［12］S. Wuchty，B. F. Jones，B. Uzzi. The Increasing Dominance of Teams in Production of Knowledge. *Science*，2007，316 (5827).

［13］B. F. Jones，S. Wuchty，B. Uzzi. Multi-University Research Teams：Shifting Impact，Geography，and Stratification in Science. *Science*，2008，322 (5905).

［14］F. R. Pitts. A Graph Theoretic Approach to Historical Geography. *The Professional Geographer*，1965，17 (5).

［15］〔美〕纽曼:《网络科学引论》,郭世泽、陈哲译,电子工业出版社 2014 年版。

［16］P. Sen，S. Dasgupta，A. Chatterjee，*et al*. Small-World Properties of The Indian Railway Network. *Physical Review E Statistical Nonlinear & Soft Matter Physics*，2002，67(3).

［17］A. Barrate，M. Barthelemy，A. Pastor-Satorms. The Architecture of Complex Weighted Network. *Proc. National Academy of Sciences*，2004，101(11).

［18］R. Guimera，L. A. N. Amaral. Modeling the World-Wide Airport Network. *Physics of Condensed Matter*，2004，38.

［19］Xu Zengwang，H. Robert. Exploring the Structure of the U. S. Tntercity Passenger Air Transportation Network：A Weighted Complex

Network Approach. *Geojournal*，2008，73.

［20］J. Sienkiewicz，J. A. Holyst. Statistical Analysis of 22 Public Transport Networks in Poland. *Physical Review E*，2005，72(4).

［21］Y. Z. Chen，N. Li，D. R. He. A Study on Some Urban Bus Transport Networks. *Physica A Statistical Mechanics & Its Applications*，2007，376.

［22］B. B. Su，H. Chang，Y. Z. Chen，*et al*. A GameTheory Model of Urban Public Traffic Networks. *Physica A：Statistical Mechanics and its Applications*，2007，379(1).

［23］于海宁、张宏莉、余翔湛：《交通网络拓扑结构及特性研究综述》，载《华中科技大学学报》（自然科学版）2012 年第 S1 期。

［24］J. W. Wang，L. L. Rong. Cascade-Based Attack Vulnerability on the US Power Grid. *Safety Science*，2009，47(10).

［25］R. Pastor-Satorras，A. Vespignani. *Evolution and Structure of the Internet：A Statistical Physics Approach*. Cambridge University Press，2004.

［26］Bascompte. Disentangling the Web of Life. *Science*，2009，325 (5939).

［27］A. L. Barabási，N. Gulbahce，and J. Loscalzo. Network Medicine：A Network-Based Approach to Human Disease. *Nat. Rev. Genet.* 2011，12.

［28］A. L. Barabási. *Network Science*. Cambridge University Press，2016.

［29］K. I. Goh，M. E. Cusick，D. Valle，*et al*. The Human Disease Network. *Proc. National Academy of Sciences*，2007，104(21).

第三章　网络拓扑

3.1　引　言

网络科学家在考虑网络的时候,往往只关心节点之间有没有边相连,至于节点到底在什么位置,是长还是短,是弯曲还是平直,有没有相交等并不是他们关心的问题。网络科学把网络这种不依赖于节点的具体位置以及边的具体形态就能表现出来的性质叫作网络的拓扑性质,相应的结构称为网络的拓扑结构。那么,什么样的拓扑结构比较适合用来描述真实的复杂系统? 最初,人们认为真实系统各因素之间的关系可以用一些规则的结构表示,如二维平面上的欧几里得格网,看起来像是格子 T 恤衫上的花纹;又或者最近邻环网,总是会让你想到一群手牵着手围着篝火跳圆圈舞的姑娘。到了 20 世纪 50 年代末,人们想出了一种新的构造网络的方法,两个节点之间连边与否不再是确定的事情,而是根据一个概率决定,这样生成的网络叫作随机网络。长期以来,很多科学家认为随机网络是最适宜描述真实系统的网络,但后来科学家们发现大量的真实网络既不是规则网络,也不是随机网络,而是具有与前两者皆不同的统计特征的网络,这样的一些网络被科学家们称为复杂网络(complex network)。复杂网络是由数量巨大的节点和节点之间错综复杂的关系共同构成的网络结构。

本章将从网络拓扑结构角度介绍复杂网络拓扑具有的基本属性、模型和性质。其中,对于网络拓扑基本属性,笔者将分别从点属性和连边属性两个层面进行介绍;对于拓扑模型,笔者将介绍网络科学四种基本的网络模型;对于网络性质,笔者将介绍网络拓扑常用的五种基本性质。网络拓扑有两个基本参数:节点数 N(网络中节点的个数)和连边数 L(网络中节点间连接的总数)。网络中的连边可以是无向的,也可以是有向的;可以是无权的,也可以是加权的。真实世界中有些复杂网络是有向的。例如,电子邮件中的超级链接由发邮件者指向接收邮件者;万维网中的超级链接由一个网页指向另一个网页;文献引用网络中的超级链接由引用者指向被引用者。有些网络是加权的。例如,朋友网络中的连接根据朋友间关系的亲密程度,其权值是不同的;手机通话网络中的连接根据相连两个人通话的频率,其权值也是不同的。后文如果不作特别说明,笔者所研究的网络类型只考虑无向、无权的复杂网络。

3.2 基本属性

从整体上看,复杂网络结构错综复杂,然而如果将其层层分解,最终也只有两个基本结构单元:节点和连边,二者的任意组合构成了千变万化的复杂网络拓扑结构。下面将从网络节点和连边两个方面介绍网络的基本属性。

3.2.1 点属性

1. 度与平均度

度是网络节点的一个关键属性,节点 i 的度 k_i 定义为与该节点连接的其他节点的数量。[1] 例如,在朋友关系网中,度表示一个人所有朋友的数量;在航空网络中,度表示一个机场与其他有航线往来的机场的数量;在演员合作网络中,度表示与一个演员合作过的演员人数。图 3-1 给出了一个由 4 个演员(节点)构成的演员合作网络,节点 1、2、3、4 分别有 2、3、2、1 个合作者,因此这四个节点的度分别为:$k_1 = 2$,$k_2 = 3$,$k_3 = 2$,$k_4 = 1$。连接总数 L 可以用节点度之和来表示:

$$L = \frac{1}{2} \sum_{i=1}^{N} k_i \tag{3-1}$$

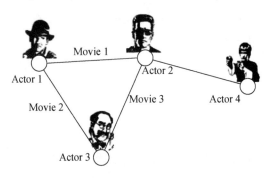

图 3-1　好莱坞演员合作网络:出演过同一部电影的两个演员之间相互连接

在有向网络中,节点 i 的度包括:入度(k_i^{in})和出度(k_i^{out})两部分。入度 k_i^{in} 表示指向节点 i 的连边数量,而出度 k_i^{out} 表示节点 i 指向其他节点的连边数量。[2]因此,节点 i 的度可表示为:

$$k_i = k_i^{\text{in}} + k_i^{\text{out}} \tag{3-2}$$

平均度是网络拓扑的一个重要属性,它表示网络中所有节点 i 的度 k_i 的平均值,定义为:

$$\langle k \rangle = \frac{1}{N} \sum_{i=1}^{N} k_i = \frac{2L}{N} \tag{3-3}$$

人们发现一个有趣的现象:在有向网络中入度和出度的均值相同,[2]即:

$$\langle k^{\text{in}} \rangle = \frac{1}{N} \sum_{i=1}^{N} k_i^{\text{in}} = \langle k^{\text{out}} \rangle = \frac{1}{N} \sum_{i=1}^{N} k_i^{\text{out}} = \frac{L}{N} \tag{3-4}$$

2. 度分布

度分布是网络拓扑的另外一个重要属性。复杂网络中节点的度是存在明显的差异的,已有研究表明真实网络中的节点的度的值通常满足一定的概率分布。从概率统计的角度来看,度分布表示"网络中随机选出的一个节点度为 k 的概率"[3],记为 p_k,定义为:

$$p_k = \frac{N_k}{N} \tag{3-5}$$

其中, N_k 表示度为 k 的节点个数。

一般地,网络的度分布可以用归一化的直方图描述其性质。例如,对于图 3-2(a)所示的一个包含 4 个节点的网络,有:

$$p_1 = \frac{1}{4}, \quad p_2 = \frac{1}{2}, \quad p_3 = \frac{1}{4}, \quad p_k = 0, (k > 4)$$

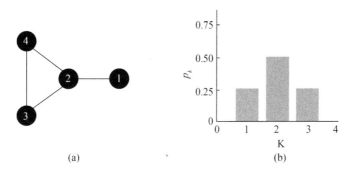

(a)   (b)

图 3-2 包含 4 个节点的网络及其度分布直方图[2]

度分布被认为在网络科学中发挥了重要作用,其中一个重要原因在于,很多复杂的网络性质可以通过度分布计算得到。例如,网络平均度可以写成:

$$\langle k \rangle = \sum_{k=0}^{\infty} k p_k \tag{3-6}$$

另一个原因在于,度分布的具体形式与复杂网络中的很多现象密切相关,例如,网络的健壮性和病毒传播扩散等。

在随机图中,节点度服从泊松分布,但是真实网络的度分布却不是这样。大多数真实网络的度分布会向右偏移,出现"长尾效应",称为长尾分布,如图 3-3 所示。[3]长尾分布意味着大部分个体的取值都比较小,但会有少数个体的取值非常大。以个人财富为例,全球个人财富分布极不均匀,大量财富集中在少数富人手中。瑞士信贷银行在一份研究报告中称,在美国,10％的富人掌握了全美私人财富的 76％;在俄罗斯,10％的富人掌握了全国私人财富的76％。这些数据说明全球个人财富分布基本符合意大利经济学家、统计学家维尔弗雷多・帕累托(Vilfredo Pareto)提出的"二八定律":在任何一组事物中,最重要的只占其中一小部分(约 20％),其余 80％尽管占多数,却处于次要地位。[4]他指出,在任何特定群体中,重要的因子通常只占少数,而不重要的因子则占多数,因此只要能控制具有重要性的少数因子即能控制全局。二八定律的一

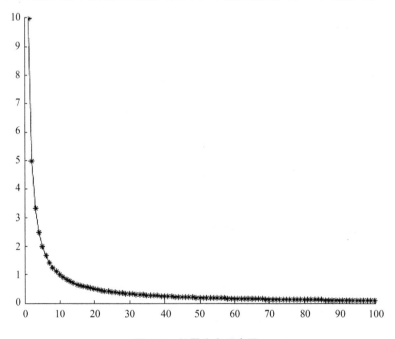

图 3-3　长尾分布示意图

个通俗解释是"马太效应"[5]:穷者愈穷,富者愈富。二八定律可进一步概括为"帕累托分布",也就是长尾分布,因此全球个人财富分布网络具有长尾分布特征。

度量长尾分布的特征需要一些技巧,尽管可以用直方图描述度的分布,但实际上极少有能很好统计长尾的指标,并且直方图中含有大量噪音。通常采用两种方法解决这个问题:一是每隔指数间隔大小统计一下度分布(节点度之和除以间隔大小),这种方法一般用于对数坐标中,因为随着间隔越来越大,统计问题会越来越少;二是采用累积分布函数:

$$p_k = \sum_{j=k}^{\infty} p_j \qquad\qquad (3\text{-}7)$$

表示度大于或等于 k 的概率之和。累积分布函数能够减少长尾处的噪音,并保证所有数据都能展现出来,消除了不同数据点落到同一间隔的问题。

3. 度相关性与同配性

度相关性(degree correlation)是网络拓扑的一个重要统计属性,它描述了网络中度大节点和度小节点之间的关系。度分布属性并不能完整刻画网络的特征,具有相同度分布的两个网络可能具有完全不同的拓扑性质。[3]在实际复杂网络系统的度分布中,度与度之间是存在相关性的(除非是完全随机网络)。

如果一个网络是完全随机的,则称这个网络是中性网络。如果一个网络中,度大的节点之间倾向于彼此连接,而不是倾向于连接到度小的节点;同时,度小的节点倾向于与其他度小的节点连接,而不是倾向于连接到度大的节点,这样的网络是度正相关的,或称为同配网络(assortative network);反之,若度大的节点趋向于与度小的节点连接,则称这样的网络是度负相关的,或称为异配网络(disassortative network)。例如,在社交网络中,网络"大 V"之间喜欢相互结交,形成一个社交明星圈;科学家之间倾向于相互交往,形成学术圈;文人雅士之间喜欢相互交往,形成文化圈,等等。社交明星在社交网络中的度值较高,科学家和文人雅士在社交网络中的度值通常比较小,这样的社交网络就具有同配性。反之,如果社交明星倾向于结交科学家或者文人雅士,则这样的社交网络就具有异配性。不难发现,现实世界中的社交网络更加倾向于一种同配网络。也就是说,同一个社交圈子内部的人更可能给自己带来一定收益,所以大多数情况下,人们更倾向于认识圈内的人。当然,也存在一定的异配性,例如,一个科学家基于某种需要去结交企业家,进而产生某种合作关系;一个医生也可能需要认识科学家来帮助他验证一些发现,等等,这种跨圈子的交往也是社交网络中不可或缺的一部分。

如图 3-4(a)(b)(c)所示,这三个网络分别是同配网络、中性网络和异配网络,它们的度分布都为泊松分布,但却有着不同的网络拓扑和度相关性。网络中节点的大小与其度值大小成正比。

度相关性矩阵可用于表达网络的度相关性信息,其中,每个元素 e_{ij} 表示随机选择一条链接,其两端点的度分别为 i 和 j 的概率。e_{ij} 既然是概率,则必然满足归一化约束,即:

$$\sum_{i,j} e_{ij} = 1 \qquad (3\text{-}8)$$

随机选择一条边,有一个端点的度为 k 的概率记为:

$$q_k = \frac{kp_k}{\langle k \rangle} \qquad (3\text{-}9)$$

公式(3-9)表示一个节点与度为 k 的节点连接的概率。如果一个网络是随机连接的中性网络,则有

$$e_{ij} = q_i q_j, \quad \forall i, j \qquad (3\text{-}10)$$

因此,当 e_{ij} 不同于随机期望公式(3-10)时,网络便具有度相关性。

度相关性矩阵 e_{ij} 包含网络中度相关性的所有信息,图 3-4(d)(e)(f)可视化了三种不同度相关性网络(图 3-4(a)(b)(c))的 e_{ij},$N=1000$ 且 $\langle k \rangle=10$,颜色深浅表示随机选择一条边,该边连接度

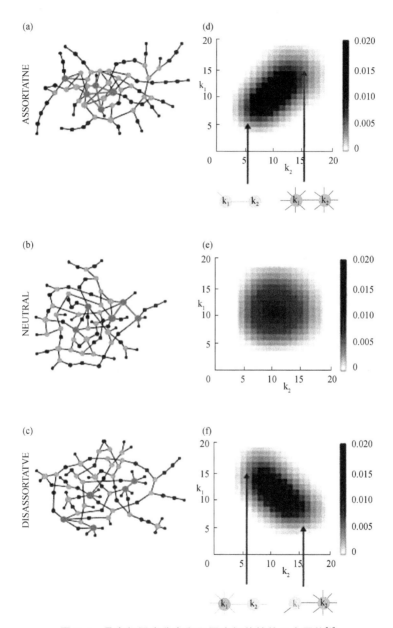

图 3-4　具有相同度分布和不同度相关性的 3 个网络[2]

为 k_1 和 k_2 的两个节点的概率。图 3-4(d)表明在同配网络中,e_{ij} 主对角线方向存在高相关性;图 3-4(f)显示在异配网络中,e_{ij} 次对角线方向呈现高相关性;图 3-4(e)表明中性网络不呈现任何趋势。[2]

一个有趣的现象是,多数社交网络貌似是同配网络,而其他类型的网络(信息网络、技术网络、生物网络等)大多则是异配网络。

4. 点介数

点介数(node betweenness)也是网络拓扑的一个重要属性。在某种程度上,节点的度能够反映一个节点在网络中的重要性,但是它反映的是网络的局部性质,具有较大的局限性。例如,在一个网络中度数相同的两个节点,它们在网络全局中所承担"角色"的重要性可能差别很大;在复杂网络中,有的节点的度虽然不大,但它可能是保持整个网络畅通的"咽喉要道",如果该节点受到攻击发生故障,可能会导致大面积的网络瘫痪,可见该点在网络中处于非常重要的地位。因此,要衡量网络中某个节点的重要性,只靠节点度是远远不够的,还需要其他衡量指标,介数就是这样一种衡量指标。介数包括点介数和边介数,这一定义最早由弗里曼(Freeman)在 1977 年提出。[6]

点介数是一种定量描述一个节点重要性的有效方法,它刻画了某个节点对网络中节点对之间沿着最短路径传输信息的控制能力,反映了节点在整个网络中的作用和影响力,是表明网络节点重要性的一种全局性指标。节点对之间的信息传输主要依赖最短路径,网络中互不相邻的两个节点 v_i 和 v_j 之间的最短路径会经过某些节点,如果某个节点 v_k 被其他许多最短路径经过,则表示该节点在网络中很重要,其重要性或影响力可以用点介数度量。节点 v_k 的点介数 B_k 指网络中所有最短路径中经过该节点的路径数量占最短路径总数的比例,定义为:

$$B_k = \sum_{i \neq j \neq k} \frac{N_{ij}(k)}{N_{ij}} \tag{3-11}$$

其中，N_{ij} 表示节点 v_i 和 v_j 之间最短路径的个数；$N_{ij}(k)$ 表示节点 v_i 和 v_j 之间最短路径中经过节点 v_k 的个数。点介数比节点度数更能有效反映单个节点在网络中的重要性，某个节点的介数越大，说明在信息传递过程中通过该节点的信息量（信息流量大）也越大，也越容易发生信息拥塞。

5. 聚集系数

聚集性也是大多数网络拓扑所具有的一个重要属性。这种聚集性类似于社会网络中"物以类聚，人以群分"的特性。例如，你的朋友大部分是你的同学、同事和邻居等同一个圈子内部的人，他们之间相互认识的可能性自然很大，这就是网络的聚集性。可以使用聚集系数定量刻画这种特性。

节点的聚集系数刻画了一个节点的邻居节点之间彼此连接的稠密程度。对于一个度为 k_i 的节点 i，其 k_i 个邻居之间可能存在的最大连边数为 $k_i(k_i-1)/2$，若它们之间的实际连边数为 L_i，则节点 i 的聚集系数定义为：

$$C_i = \frac{2L_i}{k_i(k_i-1)} \tag{3-12}$$

显然，$0 \leqslant C_i \leqslant 1$。若 $C_i = 0$，则表示节点 i 的所有邻居之间彼此都不相连；若 $C_i = 1$，则表示节点 i 的所有邻居形成了一个完全图，即邻居节点之间两两相连。节点 i 的聚集系数 C_i 表示节点的任意两个邻居彼此相连的概率，它刻画了网络的局部连接密度，反映了网络的局部特性。如图 3-5 所示，黑色节点的聚类系数计算为其相邻节点之间存在的连接数占所有可能连接数的比例。

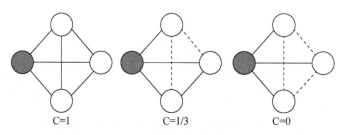

图 3-5　聚集系数示意图

如果从结构的角度出发，L_i 可以看作与节点 i 相连的三角形的个数，$k_i(k_i-1)/2$ 可以看作与节点 i 相连的三元组（见图 3-6）的个数，则节点 i 的聚集系数也可以定义为：

$$C_i = \frac{\text{与节点 } i \text{ 相连的三角形个数}}{\text{与节点 } i \text{ 相连的三元组的个数}} \qquad (3\text{-}13)$$

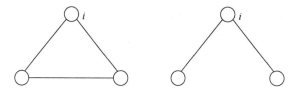

图 3-6　与节点 i 相连的三元组的两种可能形式

整个网络的聚集系数则是指网络中所有节点聚集系数的平均值，它刻画了网络中节点的聚集情况，即网络的平均聚集系数，定义为：

$$\langle C \rangle = \frac{1}{N} \sum_{i=1}^{N} C_i \qquad (3\text{-}14)$$

平均聚集系数的概率化解释为：随机选择一个节点，它的两个邻居节点彼此仍然是邻居的概率有多大。显然，$0 \leqslant \langle C \rangle \leqslant 1$，若 $\langle C \rangle = 0$，则当且仅当网络中没有任意三个节点相互连接，比如平均度为 2 的环形网络；若 $\langle C \rangle = l$，则当且仅当网络是全局耦合的，即网络中任意两个节点都直接相连。

网络的全局聚集程度可以通过全局聚集系数衡量，全局聚集系数[7,8]定义为：

$$C_\Delta = \frac{3 \times \text{网络中三角形的个数}}{\text{网络中连通三元组的个数}} \qquad (3\text{-}15)$$

通常被称为传递三元组比例，需要注意的是，公式(3-14)中的平均聚集系数与公式(3-15)中的全局聚集系数不等价。[2]

6. 相似性

相似性是网络拓扑的另一个基本属性。网络中的节点在何种条件下相似，如何量化这种相似性？一般通过利用网络结构中包含的信息来确定网络中节点之间的相似性。构造网络相似性的测度有两种基本方法，分别称为结构等价(structural equivalence)和规则等价(regular equivalence)。如果网络中的两个节点共享很多相同的邻接节点，那么这两个节点是结构等价的。图 3-7(a) 展示了一个描述两个节点 i 和 j 之间结构等价的示意图。然而，两个规则等价的节点不必共享相同的邻居节点，但它们拥有的邻居节点本身要相似。例如，不同大学的两名历史专业的学生彼此之间没有共同的朋友，但是他们都认识很多历史专业的其他学生和老师，从这个意义上来说，他们仍然可以是相似的，图 3-7(b)给出了规则等价的示意图。

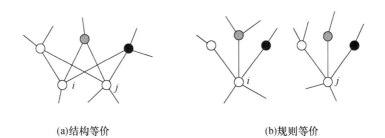

(a)结构等价　　　　　　　　　　　(b)规则等价

图 3-7　结构等价与规则等价示意图

注：(a) 如果节点 i 和 j 共享很多相同的邻居节点，则这两个节点就是结构等价的；(b) 如果节点 i 和 j 的邻居节点(图中不同颜色深度的节点)本身是相似的，则这两个节点是规则等价的。

结构等价指标比规则等价指标更为完善,笔者只介绍两种常用的结构等价指标:余弦相似性与皮尔逊相似性。

(1) 余弦相似性

如果节点 i 和 j 的共享邻居节点数表示为 n_{ij},则有:

$$n_{ij} = \sum_k A_{ik}A_{kj} \tag{3-16}$$

其中,A 是邻接矩阵。余弦相似性(cosine similarity)也称为 Salton 余弦。[9] Salton 提出将邻接矩阵的第 i 和第 j 行(或列)分别看作两个向量,然后将两个向量之间的夹角余弦值用于相似性度量,因此余弦相似性指标定义为:

$$\sigma_{ij} = cos\theta = \frac{\sum\limits_k A_{ik}A_{kj}}{\sqrt{\sum\limits_k A_{ik}^2}\sqrt{\sum\limits_k A_{jk}^2}} \tag{3-17}$$

因为邻接矩阵中只包含 0 和 1 这两个元素,所以 $\sum\limits_k A_{ik}^2 = \sum\limits_k A_{ik} = k_i$,其中,$k_i$ 为节点 i 的度值。于是有:

$$\sigma_{ij} = \frac{\sum\limits_k A_{ik}A_{kj}}{\sqrt{k_ik_j}} = \frac{n_{ij}}{\sqrt{k_ik_j}} \tag{3-18}$$

因此,顶点 i 和 j 的余弦相似性就是这两个节点的共同邻居数与它们各自度值几何平均数的商,这种相似性的值分布在 0 和 1 的区间内。

(2) 皮尔逊相似性

皮尔逊相似性是度量节点结构相似性的一种常用方法。该方法将两个节点的实际共享邻居节点数与网络中的连接随机生成时的共享邻居节点数的期望值进行比较,从而判断节点之间是否相似,由皮尔逊相关系数(Pearson correlation coefficient)衡量。标准化的皮尔逊相关系数为:

$$r_{ij} = \frac{\sum\limits_k (A_{ik} - \langle A_i \rangle)(A_{jk} - \langle A_j \rangle)}{\sqrt{\sum\limits_k (A_{ik} - \langle A_i \rangle)^2}\sqrt{\sum\limits_k (A_{jk} - \langle A_j \rangle)^2}} \tag{3-19}$$

其中，$\langle A_j \rangle$ 表示邻接矩阵中第 i 行元素的均值，(3-19)式的值严格位于区间 $[-1,1]$ 之内。

3.2.2　边属性

1. 强弱连接

强连接与弱连接是复杂网络连边的一个重要属性。强连接通常指复杂网络中的子网络内部的紧密连接，而弱连接通常指子网络之间的稀疏连接。以社交网络为例，马克·格兰诺维特（Mark Granovetter）认为并不是所有的关系和连接都是平等的，有些很弱，有些则很强。也即，只要你参与社会生活，就会拥有强连接和弱连接。格兰诺维特在探究一些网络现象时，发现弱连接往往比强连接重要并指出非熟人的人际关系里富含的独特价值。[10] 格兰诺维特认为，在社交网络中，像亲朋好友这种交往频繁、联系密切的关系属于强连接。弱连接则是由强连接派生出来的，比如家人的朋友、同学的同事或者基于各类自组织偶然认识的朋友。像这种见过面，偶尔联系，但不太熟的人之间的联系属于弱连接。

在强连接的圈子里，比如亲朋好友，因为有着相似的价值观，彼此传递的信息具有同质性。相较于强连接，由于弱连接不在我们的封闭社交圈里，反而能够使我们获取更有价值的信息。因为圈子和圈子之间的弱连接，有着不同的资源，彼此交汇，就会带来新鲜的异质性信息和随之而来的新机会，这就是"弱连接优势"理论。

为了解释这种现象，格兰诺维特使用社交图谱说明社交网络与信息获取之间如何相互关联，如图 3-8 所示。当一个人与两个交往密切的人互动时，这两个人也有可能相互交流。因此，人们趋向于形成联系紧密的"密集群"（dense cluster），群中的所有人都有联系。这些结构与信息获取有何关系？由于这些群中的人都彼此认识，任何一个人所知道的信息都可以迅速传播给该群中的其他人。

相对于人们的整个社交网络而言,这种联系紧密的社交圈规模较小,能够提供的大都是相似信息,很难提供新信息。格兰诺维特使用频繁的交往关系和社交结构解释为何弱关系有助于传递新信息。

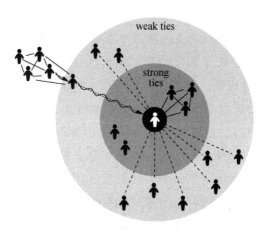

图 3-8　强链接与弱连接示意图

　　要理解信息在社会中更为普遍的传播方式,很重要的一点就是不能单纯考虑人们之间的联系方式,还要考虑推动信息传播的共性。社交网络最大的发现就是同质性(homophily),即有着相似个性的人相互联系的倾向。同质性表明经常联系的人彼此相似,并有可能传递更多相同的信息。交流较少的个体则更有可能存在差异,并传递更多不同的信息,因此这种异质性反而更有可能给我们带来一些有价值的信息。例如,如图 3-9 所示,在线社交网络信息传播中,强连接更有可能访问同类型的网站,而弱连接差异更大,并倾向于访问不同类型的网站。显然,在一些同类网站中你看到的信息相似程度很高,但在不同类型的网站中你会看到很多不一样的信息。

　　这些网络效应如何塑造整体的信息传播?尽管一个人更有可能在社交网站上分享来自强连接的信息,但弱连接的确肩负了信

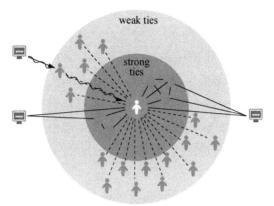

图 3-9 强连接与弱连接访问网络的差异示意图

息多样性传播的重要作用。人们的多数联系人都是弱连接的朋友,如果使用关系强度的经验分布及其相应的概率进行同样的运算,你就会发现弱连接贡献了多数信息传播。例如,假设你有 100 个弱连接的朋友和 10 个强连接的朋友,并且你分享强连接朋友发布的信息的概率为 50%,而分享弱连接朋友发布的信息的概率仅为 15%。那么结果如图 3-10 所示,强连接传递了 5 个朋友(灰色)的信息,而弱连接则传递了 15 个朋友(灰色)的信息。因此,从整体来看,你从弱连接朋友那里分享了更多信息。

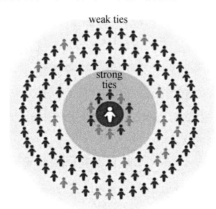

图 3-10 强连接与弱连接信息传播效率比较

2. 方向性

方向性是网络连边的另一种属性。在许多情况下,节点之间的关系或相互作用往往存在方向性差异。例如,在生态食物链网络中,通常是高一级的生物捕食低一级生物,这是一种单向捕食关系。如果只考虑网络中是否存在影响而忽略影响的方向性,往往会使复杂系统中很多信息无法被发现。典型的有向网络包括:万维网、细胞内化学反应网络、食物链网络、引文网络、电力网络和神经网络等。

当我们忽略连边方向的时候,或者反过来看,认为任何一条边都是双向的时候,有向网络就成为无向网络。因此,关于无向网络的所有几何量都可以在有向网络中研究。本书主要关注无向网络。

3. 权重

权重也是网络连边的一个重要属性。在大多数真实复杂网络中,节点之间的相互作用往往也有强弱之分。这种差异性也会对网络的性质产生影响,因此可以引入权重来刻画节点之间相互作用的强度。对网络中的每个连接赋予权重之后,就形成一个加权网络,可以更好地描述真实复杂系统。很多真实复杂网络都是加权网络,每条边都有自己的权重,如图 3-11 所示。例如,在科学家合作网络中,权重表示两个科学家合作发表文章的数量,用来刻画科学家之间合作的紧密程度;在电子邮件网络中,权重表示两个个体之间邮件往来的数量,用来刻画个体之间联系的频繁程度;在航空交通网络中,权重表示两个机场之间航班的数量,用来刻画两个机场之间客流量的大小。

虽然我们感兴趣的大多数复杂网络都是加权网络,但是一般情况下,人们很难找到合适的权重来刻画相应的网络,因此通常会使用无权网络来近似表达加权网络,即把所有连接的权重都看作相同的。

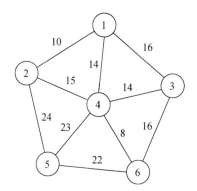

图 3-11 一个含有 6 个节点的加权网络

4. 路径与距离

网络中任意两个节点 i 与 j 之间的路径是指从节点 i 出发沿着网络中的连边行走到达节点 j 所经过的路线。也就是说,网络中能使节点 i 到节点 j 连通的所有通路都是这两个节点之间的路径。一个节点序列 $v_1, v_2, \cdots, v_k$ 代表一条从节点 v_1 到节点 v_k 的路径,$v_i v_{i+1}$ 对应着 v_i 与 v_{i+1} 之间的一条连边。起始节点和终止节点相同的路径称为环。经过每条连边恰好一次的路径称为欧拉路径。经过每个节点恰好一次的路径称为哈密尔顿路径。[2] 一条路径的长度定义为它所包含的连边的个数。

什么是两个网页之间的距离? 互不相识的两个人之间的距离是多少? 网络距离不同于物理距离的概念,两个网页可能放置在位于地球上距离遥远,不同国度的两台计算机上,但它们之间有一个链接彼此相连;然而,生活在同一栋楼上的两个邻居也可能互不认识。在网络中,物理距离被路径长度取代。如果网络中的两个节点 i 与 j 之间可以通过一些首尾相连的边连接起来,则称这两个节点是可达的,并把连接两者的路径中边数最少的路径称为最短路径。最短路径对网络的信息传输起着重要作用,是描述网络内部结构非常重要的一个参数。最短路径刻画了网络中某一节点的信息到达另一节点的最优路径,通过最短路径可以更快地传输信息,从而节省系统资源。最短路径长度和全局效率度量了网络的全局传输能力。最短路径长度越短,网络全局效率越高,则网络节点间传递信息的速度就越快。网络效率作为新的网络度量指标,将传统的最短路径和聚集系数融合成一个表达式,为复杂网络的研究开辟了新的思路。网络中的信息传播效率记为 GE,它与网络中节点间的距离成反比。

网络中任意两点之间的距离定义为:连接两点的最短路径上所包含的边数,记为 d_{ij} 或简略记为 d。需要注意的是,同一对节点之间可能有多条长度相同的最短路径,且最短路径不会包含环或自环。平均路径长度是指网络中所有节点对之间的平均距离,表示为 $\langle d \rangle$,它反映了网络中节点之间的分离程度和网络的全局特性。有研究发现,虽然许多实际复杂网络的节点数目巨大,但是网络的平均路径却小得惊人,这就是"小世界效应"。网络直径定义为网络中任意两个节点间的最大距离 d_{max}。如图 3-12 所示,节点 1 和节点 7 之间的最短路径对应连接节点 1 和节点 7 的、包含最少连边数的路径。如图 3-12 中的路径"1→2→5→7"和"1→2→4→7"所示,存在多条长度相同的最短路径。网络直径是网络中所有节点对之间的最大距离,这里的网络直径为 $d_{max}=3$。

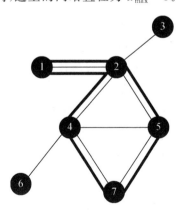

图 3-12　最短路径示意图

5. 边介数

边介数(edge betweenness)是衡量网络的边的性能的一个重要属性,可以通过衡量通过某一条边的最短路径的条数来定义。某一条边 e_{ij} 的边介数是指网络中所有最短路径中经过该边的数量比例,定义为:

$$B_{ij} = \sum_{s \neq t;(s,t) \neq (i,j)} \frac{N_{st}(e_{ij})}{N_{st}} \qquad (3-20)$$

其中, N_{st} 表示节点 v_s 和 v_t 之间最短路径的个数; $N_{st}(e_{ij})$ 表示节点 v_s 和 v_t 之间最短路径中经过连边 e_{ij} 的个数。边介数反映相应的边在整个网络中的作用和影响力,具有很强的现实意义。例如,在交通网络中,介数较高的道路拥挤概率很大;在电力网络中,介数较高的输电线路更容易发生故障。

6. 相互性

三角形是无向简单图中长度最短的循环,通常也是最常出现的循环。但在有向网络中,如图 3-13 所示,存在长度为 2 的循环,即一对节点之间存在两个方向的边,此类循环出现的频率也是值得研究的问题。

图 3-13　有向网络长度为 2 的循环示意图

长度为 2 的循环的频率可以通过相互性(reciprocity)度量,该频率描述了两个节点之间相互指向的概率。例如,在万维网中,如果网页 A 指向网页 B,那么网页 B 指回网页 A 的平均概率有多大?一般来说,如果网页 A 链接到网页 B,那么网页 B 也链接到网页 A 的概率很大,反之,则这个概率大大降低,这可能并非什么大的惊喜,但是数据能够证实这种直觉还是令人欣慰的。在好友网络中也有类似情况,例如,研究某个学校的学生网络,要求受试者回答他的朋友都有谁,你会发现如果张三把李四当成朋友,那么李四也把张三当成朋友的概率,就比张三不把李四当成朋友时的概率大很多。

如果在网络中,节点 i 到 j 有一条有向边,同时从节点 j 到 i 也有一条有向边,那么节点 i 到 j 的边是相互的(reciprocated),显然从节点 j 到节点 i 的边也是相互的。特别是在万维网研究中,[11]这样的两条边也称为共链接(co-links)。

相互性 r 定义为所有边中相互边所占的比例。当且仅当节点 i 到 j 有双向边时,邻接矩阵中的元素的 $A_{ij}A_{ji}$ 乘积为 1,否则为 0,因此可以对所有节点求和,得到相互性的计算表达式:

$$r = \frac{1}{m}\sum_{ij}A_{ij}A_{ji} = \frac{1}{m}\mathrm{Tr}A^2 \qquad (3\text{-}21)$$

其中,m 是网络中(有向)边的总数。

考虑如图 3-14 所示的有向网络例子:

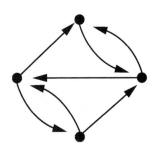

图 3-14　含有 4 个顶点有向网络的例子

在这个网络中有 7 条有向边,其中 4 条是相互的,因此,相互性值为:$r=4/7\approx0.57$。事实上,该值与万维网中的真实值基本相符,即网页 A 链接到网页 B,那么网页 B 链接回网页 A 的概率约为 57%。

3.3　基　本　模　型

在真实世界中,许多复杂系统都可以通过建立适当的复杂网络模型进行分析。人们对不同领域的大量真实复杂网络的拓扑性质进行了广泛的实证研究,发现很多网络具有小世界特性、无标度幂律分布或高聚集度等现象。在此基础上,人们提出了各种各样的网络拓扑结构模型,包括规则网络、随机网络、小世界网络和无标度网络等模型,下面介绍一些基本的网络模型。

3.3.1　规则网络

规则网络是最简单的网络模型。在规则网络中,任意两个节点之间的连接都遵循既定规则,通常每个节点的近邻数目都相同。从复杂网络的拓扑结构来看,常见的规则网络包括全局耦合网络、最近邻耦合网络和星形耦合网络,如图 3-15 所示。

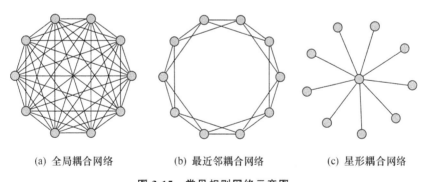

(a) 全局耦合网络　　　　(b) 最近邻耦合网络　　　　(c) 星形耦合网络

图 3-15　常见规则网络示意图

1. 全局耦合网络

全局耦合网络(globally coupled network)即任意两个节点之间都有边直接相连的网络,如图 3-15(a)所示,简称为全耦合网络。例如,一个班级里的所有学生通常只有四五十人,那么他们之间显然彼此都互相认识,那么这个班级里所有学生就构成了一个全耦合网络。

由 N 个节点构成的全耦合网络,每个节点的度数均为 $N-1$,共有 $N(N-1)/2$ 条边。由于其每个节点都与剩下的节点相连,因此整个网络的聚集系数 $C=1$,且网络的平均路径长度为 $L=1$。显然,全耦合网络具有最大的聚集系数和最小的平均路径长度,即它是最稠密的网络。这也反映了全耦合网络的局限性:大多数大规模实际网络都是稀疏的,一般情况下它们的连边数量至多是 $O(N)$,而不是 $O(N^2)$。

2. 最近邻耦合网络

最近邻耦合网络(nearest-neighbor coupled network)即每一个节点只与它周围的邻居节点相连而成的网络,如图 3-15(b)所示。例如,一群人在跳舞时,大家手牵手围成一圈,每个人只与相邻的两个人牵手,这就形成了如图 3-16 所示的最近邻耦合网络。

图 3-16 最近邻耦合网络示意图

由 N 个节点构成的最近邻耦合网络,每个节点均与它左右两侧各 $K/2$ 个邻居相连,其中,K 是一个偶数。如果 N 充分大,K 是一个与 N 无关的常数,且 $K \ll N$,则最近邻耦合网络的聚类系数为：$C = \dfrac{3(K-2)}{4(K-1)}$，平均路径长度为：$L = \dfrac{N}{2K}$，对固定 K 值，当 $N \to \infty$ 时，$L \to \infty$。显然，最近邻耦合网络聚集程度是较高的，且不是小世界网络。

3. 星形耦合网络

星形耦合网络（star coupled network）：只有一个中心点，且其余的节点都只与这个中心点连接，而它们彼此之间不连接的网络，如图 3-12(c)所示。例如，在一个单位内只有一台服务器，其他电脑均与服务器直接连接，而彼此之间不连接，这就形成了一个以服务器为中心的星形耦合网络。

由 N 个节点构成的星形耦合网络，中心节点的度为 $N-1$，其他节点的度均为 1。中心节点的聚集系数为 0，而其他节点都只有一个邻居节点，在这种情况下，规定节点的聚类系数也为 0，因此星形耦合网络的聚类系数为 0。[3] 平均路径长度为：$L = 2 - \dfrac{2(N-1)}{N(N-1)}$，当 $N \to \infty$ 时，$L \to 2$。显然，星形耦合网络具有稀疏性和小世界特性。

3.3.2　随机网络

想象这样一种场景：你为 100 位最初互不相识的客人们组织一场酒会，很快你就会看到客人们三五成群地开始交谈。[1] 此时，你提醒其中一位客人玛丽，告诉她那瓶没有标签的深绿色瓶子里的红葡萄酒是罕见的酒中佳品，比那瓶带着精致红色标签的酒要好得多。如果她只与熟人分享该信息，那么你那瓶昂贵的红葡萄酒应该是安全的，因为酒会期间她只会接触到少数几个熟人。

不过，随着客人们不停地走动交谈，原本彼此陌生的人之间形成微妙的"熟人"路径。例如，在约翰遇到玛丽之前，他们二人都遇到了迈克，因而通过迈克形成了一条从约翰到玛丽的无形路径。随着时间的推移，客人们将会通过这种无形路径彼此交织在一起。

如此一来,关于那瓶无标签葡萄酒的秘密便会从玛丽传到迈克,又从迈克传到约翰,进而迅速扩散到更大的群体中,如图 3-17 所示。

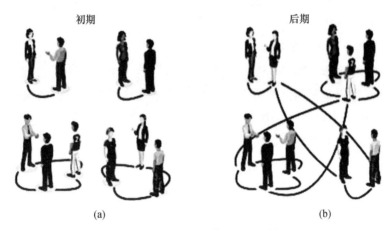

初期   后期

(a)   (b)

图 3-17   从鸡尾酒会到随机网络

鸡尾酒会上通过随机相遇形成的"熟人"网络:

(1) 酒会初期,客人们形成孤立的群组。

(2) 酒会后期,随着客人们的走动,群组不断发生变化,一个将所有客人连接在一起的无形网络形成。

可以肯定的是,当所有客人都彼此认识之后,每个人都会去倒那瓶深绿色瓶子里的好葡萄酒。假设每次相遇花费 10 分钟,一个人遇到所有其他 99 个人将需要花费大约 16 个小时的时间。因此,你有理由相信,客人们走之后,那瓶好葡萄酒还会剩下一部分供你自己享用。不过,要是那样想就错了。本章内容将会向你展示为什么会这样,这个聚会问题对应着网络科学中的一个经典模型——随机网络模型。随机网络理论告诉我们,不需要等到所有人都彼此认识,那瓶昂贵的葡萄酒就已经喝完。实际上,在每个客人遇到至少一个其他客人之后不久,客人们之间就会形成一个无形网络,借助该网络,关于那瓶葡萄酒的信息很快就能够传给每个人。因此,很快每个人都会品尝那瓶更好的葡萄酒了。

1. 网络模型

大多数真实网络没有规则网络所具有的那种令人愉悦的规则结构，相反，真实网络看上去更像随机连接而成的。随机网络理论通过构建和刻画真正随机的网络解释这种表面上的随机性。随机网络的哲学思想很简单：在节点之间随机放置链接。随机网络有两种定义方式，一种是厄多斯和瑞尼提出的 $G(N, L)$ 模型，[12]另一种是埃德加·吉尔伯特（Edgar Gilbert）独立提出的 $G(N, p)$ 模型。[13]

（1）$G(N, L)$ 模型：一个随机图由 N 个节点构成，并且随机放置 L 条连边（不出现重边和自环），其中，总链接数 L 固定。

（2）$G(N, p)$ 模型：一个随机图由 N 个节点构成，并且任意两个不同节点之间以概率 p 进行链接，其中，点的连接概率 p 固定。

由于 $G(N, p)$ 是研究最为广泛的 ER 模型，因此下文如果没有明确提到是哪一种随机网络模型，均指该模型。

由同样的参数 N 和 p 产生的随机网络，看起来会稍有不同。这种不同不仅体现在详细的节点连接情况上，还体现在链接数 L 上。因此，给定参数 N 和 p 时，可判定出所生成随机网络的期望链接数是有价值的。

如图 3-18 所示，在图的第一行，展示了三个参数均为 $p=1/6$、$N=12$ 的随机网络。从中可以看出，尽管参数相同，但这三个网络不仅看上去差别很大，链接数也不同，分别为 10、10 和 8。在图的第二行，展示了三个参数均为 $p=0.03$、$N=100$ 的随机网络。从中同样可以看到，尽管参数相同，但它们的拓扑结构完全不同，并且底部存在一些孤立节点，这些节点的度 $k=0$。

$G(N, p)$ 模型构造算法如下：

（1）初始化：给定 N 个节点以及连边概率 p；

（2）随机连边：

① 选择一对没有连边的不同节点；

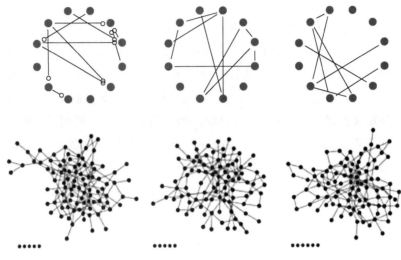

图 3-18　随机网络实例图

②　生成一个随机数 $r \in (0,1)$；

③　如果 $r < p$，那么在这对节点之间添加一条边，否则就不添加边；

重复步骤①—③，直到所有节点对都被选择过一次。

2.　拓扑性质

（1）度分布

在一个 $G(N,p)$ 网络模型中，其度的均值为：

$$\langle k \rangle = (N-1)p \qquad (3\text{-}22)$$

这个结果很好理解，它表示 $G(N,p)$ 网络模型中一个给定节点跟其他 $(N-1)$ 个节点中的任意一个节点有边相连的概率都是 p。

在随机网络中，有些节点有许多链接，有些节点只有少量链接，甚至没有链接，如图 3-18 所示。这种差异可以通过度分布 p_k 刻画，p_k 表示一个随机选择的节点度为 k 的概率。在一个 $G(N,p)$ 网络模型中，一个给定节点以独立概率 p 与其他 $(N-1)$ 个节点相连，则该节点恰好只与 k 个节点相连的概率为 $p^k(1-p)^{N-1-k}$。

总共有 $\left(\begin{array}{c}N-1\\k\end{array}\right)$ 种方式选择 k 个节点,因此恰好与其他 k 个节点相连的概率服从二项分布:

$$p_k = \left(\begin{array}{c}N-1\\k\end{array}\right)p^k\,(1-p)^{N-1-k} \qquad (3-23)$$

大部分真实网络是稀疏的,这意味着这些网络的平均度远小于网络规模($\langle k\rangle \ll N$)。当 $N\to\infty$ 时,p 趋于无穷小,则 $G(N,p)$ 近似服从泊松分布,即:

$$p_k = \frac{\langle k\rangle^k}{k!}\mathrm{e}^{-\langle k\rangle} \qquad (3-24)$$

因此,ER 随机图也称为泊松随机图。公式(3-23)和公式(3-24)通常被称为随机网络的度分布。虽然泊松分布只是随机网络度分布的一种近似,但其形式简单,便于分析,因此在刻画随机网络的度分布 p_k 时,人们更倾向于使用泊松公布。

需要指出的是,随机网络模型不能刻画真实网络的度分布。随机网络中,大多数节点都有类似的度,不存在枢纽节点。与之相反,在真实网络中,人们观察到很多高度连接的节点,节点的度之间有很大的差异。

(2) 平均距离

在 $G(N,p)$ 模型中,对于大多数的 p 值,几乎所有网络都有同样的直径。也就是说,连接概率为 p 的随机图的直径 D_{ER} 的变化幅度非常小,通常约为:[14]

$$D_{\mathrm{ER}} = \frac{\ln N}{\ln\langle k\rangle} = \frac{\ln N}{\ln(pN)} \qquad (3-25)$$

对于 ER 网络中任一节点 v_i,大约有 $\langle k\rangle$ 个其他节点与 v_i 之间的距离为 1;大约有 $\langle k\rangle^2$ 个其他节点与 v_i 之间的距离为 2;依此类推,由于网络节点总数为 N,大体上应该有 $N\sim\langle k\rangle^{D_{\mathrm{ER}}}$。因此网络的平均距离 L_{ER} 满足:[1]

$$L_{\mathrm{ER}} \propto \ln N/ln\langle k\rangle \qquad (3-26)$$

因为 $\ln N$ 随 N 增长得很慢,所以即使是一个很大规模的网络也可以具有很小的平均距离和直径,这是典型的小世界效应。尽管 ER 随机图在很多方面并不能很好地刻画实际网络,但某种程度上的随机性仍然被认为是实际网络中小世界现象产生的基本机理。

(3) 聚集系数

网络中任一节点的聚集系数定义为该节点的任意两个邻居节点之间有边相连的概率。对于 $G(N, p)$ 模型而言,两个节点之间不论是否具有共同的邻居节点,其连接概率均为 p。因此,ER 随机图的聚集系数 C 定义为:

$$C = p = \frac{\langle k \rangle}{N-1} \tag{3-27}$$

这是随机图与大多数实际网络的显著差异之一,大多数的实际网络往往具有较高的聚集系数。

(4) 巨片的涌现

前面鸡尾酒会的例子刻画了这样一个动态过程:从 N 个孤立节点开始,连接依次放置到随机相遇的客人之间。这一过程等价于逐渐增加 p 值,从而对网络拓扑结构产生影响。为了量化这一过程,需要了解网络中最大连通分支的大小 N_G 如何随着 $\langle k \rangle$ 的变化而变化。ER 随机图的连通性具有两个极端情形:[1]

① 当 $p=0$ 时,$\langle k \rangle=0$,网络中所有节点都是孤立的。最大连通分支的大小 $N_G=1$,它与网络规模 N 无关;

② 当 $p=1$ 时,$\langle k \rangle=N-1$,网络是全耦合的,所有节点属于同一个连通分支。最大连通分支的大小 $N_G=N$,它会随着网络规模的增大而增大。

通常,如果一个网络中一个连通片的规模与网络规模 N 成比例增长,则称该连通片为一个巨片。当 N 充分大时,这个巨片会包含网络中一定比例的节点。

Erdös 和 Rényi 预测了巨片出现的条件为 $\langle k \rangle=1$,即当且仅当

每个节点平均拥有不少于一个链接时,巨片才会出现。[3]

由于 ER 随机图的平均度是$\langle k \rangle = (N-1)p \approx pN$,从而产生巨片的连边概率 p 的临界值为:

$$p_c = \frac{1}{N-1} \approx \frac{1}{N} \qquad (3\text{-}28)$$

因此,网络越大,形成巨片所需的 p 越小。也就是说,当 p 很小时,网络是由大量碎片构成的。随着 p 继续增加,一些小的连通片合并为更大一些的连通片。当 p 超过某个临界值 p_c 时,网络中会突然涌现出如图 3-19 所示的包含相当比例节点的连通的巨片。

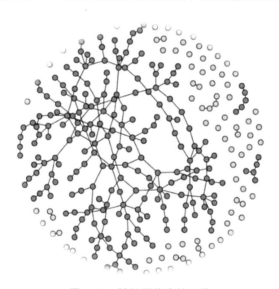

图 3-19　随机网络中的巨片

3.3.3　小世界网络

"小世界现象"是人们在研究复杂网络过程中发现的一个有趣现象,即绝大多数大规模真实网络的平均路径长度比想象的小得多。小世界现象(又称六度分隔理论)来自社会网络(social networks)研究发现,即在地球上任意选择两个人,你会发现他们之间最多经过 6 个人就可以认识,如图 3-20 所示。如果说生活在同一个城市里的两个人彼此之间只需经过少数几个人就可以认识,你可能不会感到吃惊。然而,小世界现象告诉我们,即便是生活在地球上相距万里的两个人,彼此之间也只需要通过少数几个人就可以认识。

如图 3-20 所示,每个人可看作一个网络节点,相连接的节点表示互相认识的人。虽然萨拉并不认识皮特,但她认识拉尔夫,而拉尔夫认识简,简又认识皮特,因此萨拉和皮特之间相隔 3 个相识关系,或者说萨拉和皮特是三度分隔的。[2]在网络科学中,小世界现象意味着网络中随机选择的两个节点之间的距离很短。

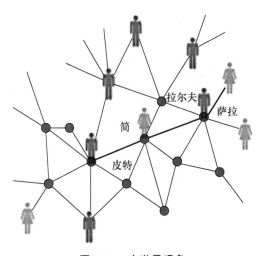

图 3-20 小世界现象

1. WS 小世界模型

瓦茨和斯特罗加茨提出了一个介于规则网络和完全随机网络之间的单参数小世界网络模型,称为 WS 小世界模型,如图 3-21 所示。他们发现作为从完全规则网络向完全随机网络的过渡,只要在规则网络中引入少许随机性就可以产生同时具有聚类和小世界特征的网络模型。WS 小世界模型的构造方法如下:

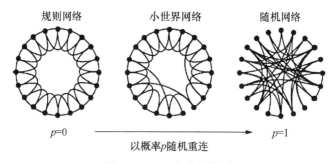

图 3-21　WS 小世界模型

　　(1) 从规则图开始:给定一个含有 N 个节点的规则网络,它们围成一个环,其中,每个节点都与它左右相邻的各 $K/2$ 个节点相连接,K 为偶数。

　　(2) 随机化重连:以概率 p 随机重新连接网络中的每条边,即使每条边的一个端点保持不变,另一个端点取网络中随机选择的一个节点。其中规定,任意两个不同的节点之间至多只能有一条边,并且每一个节点都不能有边与其自身相连。

　　在 WS 小世界模型中,$p=0$ 对应完全规则网络,$p=1$ 则对应完全随机网络,通过调节 p 的值就可以实现从规则网络到随机网络的过渡。因此,WS 小世界网络是介于规则网络和随机网络之间的一种网络。

　　2. NW 小世界模型

　　由于 WS 小世界模型构造的随机化过程有可能破坏网络的连通性,纽曼(Newman)和瓦茨提出了 NW 小世界模型。NW 小世界模型通过"随机化加边"取代 WS 小世界模型构造中的"随机化重连"得到,如图 3-22 所示。NW 小世界模型的构造方法如下:

　　(1) 从规则图开始,给定一个含有 N 个节点的规则网络,它们围成一个环,其中,每个节点都与它左右相邻的各 $K/2$ 个节点相连,K 是偶数。

　　(2) 随机化加边,即以概率 p 在随机选取的 $\frac{1}{2}NK$ 对节点之间添加边。其中,任意两个不同节点之间至多只能有一条边,并且每一个节点都不能有边与自身相连。

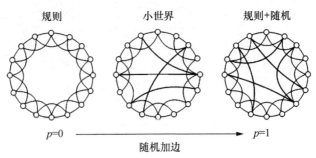

图 3-22　NW 小世界模型

NW 小世界模型只是将 WS 小世界模型构造中的"随机化重连"改为"随机化加边"。$p=0$ 时,WS 小世界模型和 NW 小世界模型都对应原来的最近邻耦合网络;$p=1$ 时,WS 小世界模型对应随机网络,而 NW 小世界模型则相当于在最近邻耦合网络的基础上再叠加一个随机网络。当 p 足够小,且 N 足够大时,NW 小世界模型本质上等价于 WS 小世界模型。

小世界模型反映了实际网络所具有的一些特性,例如,朋友关系网,大部分人的朋友都和他们住在同一个地方,其地理位置不是很远,或在同一单位工作或学习。也有些人住得较远,甚至是远在异国他乡,这种情形好比 WS 小世界模型中通过重新连边或在 NW 小世界模型中通过加入连边产生的远程连接。

3. 拓扑性质

(1) 度分布

当重连概率 $p>0$ 时,基于 WS 小世界模型的"随机化重连"机制,每个节点仍然至少与顺时针方向的 $K/2$ 个原有的边相连,亦即每个节点的度至少为 $K/2$。在 WS 小世界模型中,任一度为 $k \geqslant K/2$ 的节点的度分布为:

$$P(k) = \sum_{n=0}^{\min(k-K/2,K/2)} \begin{bmatrix} K/2 \\ n \end{bmatrix} (1-p)^n p^{\frac{K}{2}-n} \frac{(pK/2)^{k-(K/2)-n}}{(k-(K/2)-n)!} e^{-pK/2}$$

(3-29)

而当 $k<K/2$ 时，$P(k)=0$。

在基于"随机化加边"机制的 NW 小世界模型中，原有规则最近邻网络中的所有边均保持不变，因此每个节点的度至少为 K。也就是说，当 $k<K$ 时，$P(k)=0$；当 $k\geqslant K$ 时，一个度为 k 的节点存在 $(k-K)$ 条长程连接，而每对节点之间存在连边的概率为 $Kp/(N-1)$。因此，NW 小世界模型的度分布为：

$$P(k) = \begin{bmatrix} N-1 \\ k-K \end{bmatrix} \left[\frac{Kp}{N-1}\right]^{k-K} \left[1 - \frac{Kp}{N-1}\right]^{N-1-k+K} \tag{3-30}$$

当 NW 小世界网络中节点数 $N\to\infty$ 时，NW 小世界模型的度分布为均值为 Kp 的泊松分布：

$$P(k) = \frac{(Kp)^{k-K}}{(k-K)}e^{-Kp} \tag{3-31}$$

（2）平均路径长度

计算小世界模型（WS 小世界模型、NW 小世界模型）的平均路径长度是很困难的事情，虽然存在一些准确性非常高的近似表达式，但至今还没有精确的解析表达式。巴特莱米（Barthelemy）和阿马拉尔（Amaral）提出了一种小世界模型的近似表达式，即

$$L = \frac{N}{K}f(NKp) \tag{3-32}$$

其中，$f(x)$ 为一个与模型参数无关的普适标度函数，但目前还没有 $f(x)$ 的精确表达式。它表示当长程连接密度很低时，小世界模型中平均路径长度与模型参数 N、K 和 p 的依赖关系。

纽曼等人基于平均场近似法给出了 $f(x)$ 的一种近似表达式：[15]

$$f(x) = \frac{2}{\sqrt{x^2+4x}}\text{arctanh}\sqrt{\frac{x}{x+4}} \tag{3-33}$$

基于函数标准公式：

$$\text{arctanh}u = \frac{1}{2}\ln\frac{1+u}{1-u} \tag{3-34}$$

可以 $f(x)$ 把写为：

$$f(x) = \frac{2}{\sqrt{x^2 + 4x}} \ln \frac{\sqrt{1 + 4/x} + 1}{\sqrt{1 + 4/x} - 1} \qquad (3\text{-}35)$$

当 $x \gg 1$ 时，

$$f(x) \approx \frac{\ln x}{x} \qquad (3\text{-}36)$$

当 $NKp \gg 1$ 时，将 $f(x)$ 代入(3-32)，则：

$$L = \frac{\ln(NKp)}{K^2 p} \qquad (3\text{-}37)$$

需要注意的是，NKp 正好是网络中随机添加的长程边数的均值的 2 倍。这意味着如果网络中随机添加的边的数量足够大，则对指定的 K 和 p，所有节点之间的平均路径长度将随着网络规模 N 以对数增长，即增长速率很慢。因此，即使网络规模变得很大，平均路径长度仍可以保持较小的值，这种现象就是所谓的小世界效应。

（3）聚集系数

根据聚集系数的定义，WS 小世界模型的聚集系数的估计值为：

$$C_{\text{WS}} = \frac{3(K-2)}{4(K-1)}(1-p)^3 \qquad (3\text{-}38)$$

当 $0 < p \leqslant 1$ 时，NW 小世界网络模型的聚集系数的估计值为：

$$C_{\text{NW}} = \frac{3(K-2)}{4(K-1) + 4Kp(p+2)} \qquad (3\text{-}39)$$

小世界网络同时具有"高网络聚集度"和"低平均路径长度"的特性。从小世界网络模型中可以看到，只要改变很少的几个连接，就可以极大改变网络的性能。小世界现象是唯一可以由随机网络模型合理解释的性质。在真实网络中，从度分布到聚集系数等所有其他网络特性，都与随机网络有着显著差异。随机网络和真实网络之间有两个重要的不同之处：真实网络是一个生长过程的结果，因此其节点数 N 会持续增加。相反，随机网络模型假设节点数

N 是固定的；在真实网络中，新节点倾向于与链接数高的节点相连。相反，随机网络中的节点随机选择其他节点进行连接。

3.3.4　无标度网络

人们研究发现，现实世界的网络大部分都不是随机网络，而网络中少数的节点往往拥有大量的连接，大部分节点连接数量较少。巴拉巴西等人发现复杂网络中节点的度数分布符合幂率分布，这就是网络的无标度特性（scale-free）。

"无标度"一词体现的是"缺少内在标度"，这是网络中度相差很大的节点同时存在的结果。这一特性将无标度网络与规则网络，以及随机网络区分开来。无标度特性反映了复杂网络具有严重的异质性，人们将具有无标度特性的复杂网络称为无标度网络。从广义上说，无标度网络的无标度性是描述大量复杂系统整体严重不均匀分布的一种内在性质。在过去十年中，人们发现许多不同领域有价值的真实网络都具有无标度性质。

1. BA 无标度网络模型

在认识到真实网络中生长和偏好连接共同存在之后，巴拉巴西和埃尔伯特提出了一个最简单的、可以生成幂律度分布的网络生长模型，该模型被称为 BA 无标度网络模型（以下简称 BA 模型）。基于生长和偏好连接特性，BA 无标度网络模型的定义如下：

（1）生长：从一个具有 m_0 个节点的网络开始，在每个时间步，向网络中添加一个新节点，将其与网络中已有的 m 个节点相连，此处 $m \leqslant m_0$。

（2）偏好连接：一个新节点每次在选择节点进行连接时，选择度为 ki 的节点进行连接的概率为：

$$\prod(k_i) = \frac{k_i}{\sum_j k_j} \tag{3-40}$$

偏好连接是一个概率化的机制：新节点可以和网络中的任意

节点相连,无论对方是枢纽节点还是只有单个链接的节点。但是,如公式(3-40)所示,在一个度为 2 的节点和一个度为 4 的节点之间作选择时,新节点选择与度为 4 的节点相连的概率是其选择与度为 2 的节点相连的概率的 2 倍。

经过 t 个时间步后,BA 模型生成了一个节点数为 $N=m_0+t$、连边数为 $M=M_0+mt$ 的网络,其中,M_0 为初始时刻 $t=0$ 的 m_0 个节点之间存在的边数。图 3-23 展示了当 $m_0=M_0=3,m=2$ 时,BA 网络的演化过程。已有节点用实心圆点表示,实心圆点的相对大小对应节点度的相对大小。每次新增加的一个节点用空心圆点表示,它按优先连接机制与网络中已存在的三个节点相连。

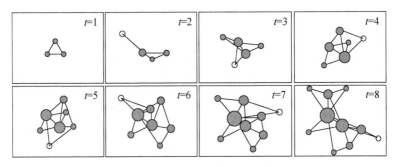

图 3-23   BA 模型的演化实例

2. 拓扑性质

(1) 度分布

研究 BA 模型的度分布理论主要有三种方法:连续场理论、主方程法和速率方程法。其中,主方程法和速率方程法是等价的,在渐进极限的情况下,它们与连续场理论得到的结果一致。下面介绍基于连续场理论的结果,为此需要给出如下连续化假设:① 时间 t 不再是离散的,而是连续的;② 节点的度值不再是整数,可以为任意实数。在这两个假设下,定义为 $p(k,t_i,t)$ 为在 t_i 时刻加入的节点 i 在 t 时刻的度恰好是 k 的概率(假设初始网络为 m_0 个孤立节点),则 BA 模型的度分布函数为:

$$P(k) = 2m^2 \frac{t}{m_0 + t} \frac{1}{k^3} \propto 2m^2 k^{-3} \qquad (3\text{-}41)$$

上式表明，$P(k)/2m^2$ 与参数 m 取值无关，总是近似为 k^{-3}。如图 3-24 所示，纵坐标显示的是 m 取 4 个不同值的 $P(k)/2m^2$，虚线对应的是斜率为 -3 的直线。需要指出的是，连续场理论分析方法毕竟是一种近似分析方法，得到的度分布的幂指数是正确的，但是度分布的系数并不正确。

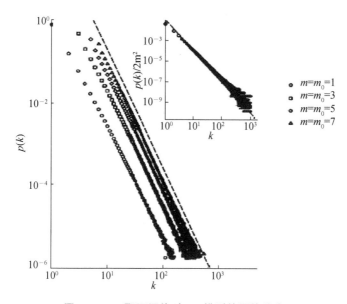

图 3-24 m 取不同值时 BA 模型的幂律分布

（2）平均路径长度

BA 模型的平均路径长度比网络规模的对数还要小，当 $m \geqslant 2$ 时，有：

$$L \propto \frac{\ln N}{\ln(\ln N)} \qquad (3\text{-}42)$$

可见，BA 模型的平均距离比较小，表明其具有小世界特性。

（3）聚集系数

BA 模型的聚类系数满足

$$\langle C \rangle \sim \frac{(\ln N)^2}{N} \qquad\qquad (3\text{-}43)$$

公式(3-43)和随机网络中集聚系数对 $1/N$ 的依赖关系大不相同。差异主要来自 $(\ln N)^2$，这一项在 N 较大时大大增加了集聚系数。因此，BA 模型中的集聚系数比随机网络中的集聚系数要大。

如图 3-25 所示，实线对应公式(3-43)给出的解析解，虚线对应随机网络上的结果 $\langle C \rangle \sim 1/N$；数据点是在 $m=2$ 时独立运行 10 次取平均值得到的。虚线和实线并不表示拟合，只是用来刻画平均距离关于 N 的变化趋势。

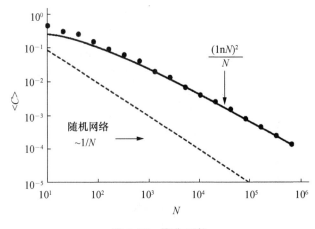

图 3-25 聚集系数

从生态系统到人际关系，从食物链到代谢系统，从信息系统到能源系统，处处可以看到无标度网络。其实，复杂网络的无标度特性与网络的鲁棒性分析具有密切的关系。无标度网络中幂律分布特性的存在极大提高了高度数节点存在的可能性，因此，无标度网络同时显现出针对随机故障的鲁棒性和针对蓄意攻击的脆弱性。众所周知，网络鲁棒性对网络容错能力极其重要，而网络脆弱性将导致其对抗恶意攻击的能力受到很大影响。研究表明，无标度网络具有很强的容错性，但是对基于节点度值的选择性攻击而言，其抗攻击能力相当差,高度数节点的存在极大削弱了网络的鲁棒性,一个恶意攻击者只需攻击网络中很少一部分高度数节点就能使网络迅速瘫痪。

3.4　基　本　性　质

3.4.1　连通性

连通性是网络拓扑结构的一个基本性质。如果一个网络中所有节点对之间都是连通的,则称该网络是连通的;如果一个网络中至少有一对节点之间是不连通的,则称该网络是不连通的。例如,图 3-26(a)所示的网络是不连通的,而图 3-26(b)所示的网络则是连通的。在一个网络中,如果节点 i 和节点 j 之间存在一条路径,则它们之间是连通的,否则它们是不连通的。我们把如图 3-26(a)所示的不连通网络中的两个子网络称为连通片。例如,位于同一个连通片中的节点 4 和节点 6 之间存在路径,则节点 4 和节点 6 是连通的;而位于不同连通片中的节点 1 和节点 6 之间没有路径,则节点 1 和节点 6 是不连通的。如果网络中包含两个连通片,只要在二者之间增加一条连边就能使网络变成连通的,这种将两个连通片连接起来的连边称为"桥"。也就是说,桥是指如果将其断开之后网络就不再保持连通的连边。例如,图 3-26(b)中节点 2 和节点 4 之间的连边就是一个桥。

许多真实复杂网络是不连通的,但是这些不连通的大规模网络中往往会存在一个很大的连通片,这个连通片一般会涵盖网络中较大比例的节点,通常,人们把一个网络中最大规模的连通片称为网络巨片。例如,在图 3-19 中,左侧相当比例的黑色节点彼此连通,就形成一个明显的网络巨片。对于这种不连通复杂网络的研究,通常是在其连通巨片上进行的。

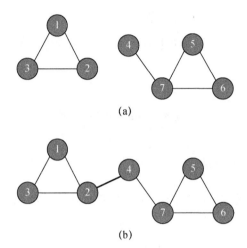

图 3-26　连通网络与不连通网络

3.4.2　稀疏性

稀疏性是大多数真实的大规模复杂网络具有的一个拓扑性质。一个含有 N 个节点的网络,最小连边数为 $L_{min}=0$,最大连边数为 $L_{max}=\dfrac{1}{2}N(N-1)$,即任意两个节点之间都有直接连边,如图 3-27 所示。网络密度定义为网络中实际存在的边数 L 与最大可能的边数 L_{max} 之比,即:

$$\rho=\frac{L}{L_{max}} \tag{3-44}$$

网络密度是刻画网络稀疏性的一个重要指标。在大多数真实网络中,实际存在的边数要远远小于最大可能的边数,这说明大部分真实网络是稀疏的。也就是说,当 $L\ll L_{max}$ 时,即 $\rho\ll 1$ 时,则称该网络是稀疏的。例如,万维网包含大约 150 万个链接,而它最大可能的边数 $L_{max}\approx 5\times 10^{10}$ 个,即万维网的网络密度仅为 3×10^{-5};[2] 同样地,2011 年 5 月的 Facebook 朋友关系网络有 7.21 亿用户和 687 亿条边,其网络密度仅为 3×10^{-8};[16][17] 还有蛋白质互作网络、基因调控网络、社交网络、电力网络、神经元网络、语言网

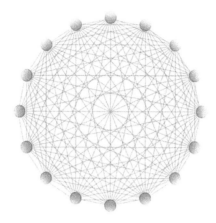

图 3-27　完全图示意图

络和通信网络等许多真实网络均具有相同的性质。这说明在大多数真实复杂网络中,其实际链接数相对于最大可能链接数只占很小一部分比例,具有稀疏性。网络稀疏性对于人们研究和存储真实网络有着重要意义,网络大数据的规模对目前计算机的运算和存储能力来说都是一个挑战,如何有效压缩和存储这种稀疏性网络数据并提高算法的运行效率,是目前网络大数据处理所必须面对的问题。

3.4.3　鲁棒性与脆弱性

真实的复杂网络既具有鲁棒性,也具有脆弱性,这种性质就好比一把"双刃剑"。在网络时代,人类作为一个整体是矛盾的。一方面,我们无比强大——不妨看看科技的巨大进步使得人类探索宇宙的进程大大加快,探索深海的步伐也紧锣密鼓,地球已经不能满足人类对这个世界认知的渴求,可以说人类的进步日新月异;另一方面,我们又异常脆弱——比如,因局部的电路障碍会导致电力网络的大范围停电事故,一场洪水可以造成局部交通网络中断,传染性病毒会造成全世界经济的大萧条,等等。这与网络的"双刃剑"性质密不可分,不过,与其说网络是造成了这一切的源头,不如说网络放大了这一点。

　　如果一个复杂系统内部或外部发生错误时仍能保持其基本功能,则称这样的系统具有鲁棒性。在复杂网络中,鲁棒性是指当一部分节点或连边遭到破坏时,网络依然能够执行其基本功能的能力。[18]众所周知,自然界的复杂系统,绝大部分时间都处于一种相对稳定状态,这是因为各种复杂系统自身都具有一定的容错能力,对于偶尔发生、随机出现的故障依然能够维持系统功能的正常运转。这种容错能力在网络中就体现为网络拓扑结构的鲁棒性,这种鲁棒性在维持真实世界复杂网络系统功能的正常运作过程中起着关键性作用。例如,细胞的鲁棒性内嵌在一个复杂的包含调节机制、信息传导和新陈代谢的生物功能网络里;社会体系的鲁棒性隐藏在包含社交关系、职业关系和通信关系的错综复杂的社会网络中;生态系统的自我修复能力,与维系每一个物种的食物链网络密不可分。大自然作为一个整体系统,其强大的生命力与各组成单元自身的结构稳定性息息相关,如图 3-28 所示。

图 3-28　鲁棒性

注:鲁棒(robust)源于拉丁语"Quercus Robur",也就是橡树。古时候,橡树代表力量与长寿。图 3-28 中的树位于匈牙利,被记录在一个收录匈牙利境内最古老、最大的树木的网站上。[2]

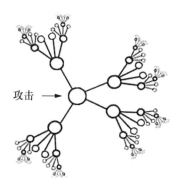

攻击　→

图 3-29　外部攻击网络核心节点示意图

　　然而,这种拓扑鲁棒性也具有脆弱性,如图 3-29 所示的无标度网络,它受到外部破坏时是脆弱的。无标度网络对随机故障具有高度鲁棒性,但面对外部有选择性地破坏网络中的核心节点或连边时比较脆弱,反而是随机网络面对外部有针对性的破坏时具有较强的鲁棒性。[19]

　　真实复杂网络都不是随机的,它们的自我演化维护能力都很强,但面对外部有针对性的干扰和破坏的能力却不尽相同。在无标度网络中,同时破坏几个核心节点或连边会导致故障,最终导致整个网络分崩离析,这就是网络的脆弱性。这种脆弱性对互联网来说不是个好消息,因为如果网络黑客有选择性地攻击网络中的核心节点可能导致互联网大面积瘫痪;对电网来说也不是好消息,如果电网中某个主干线路出现故障,可能导致一个国家或地区出现大面积停电故障;但对于药物设计来说却是一个好消息,因为这使得人们能够精准定位某种疾病的致病基因,可以帮助人们设计开发有效的药物,治疗复杂疾病。

　　真实网络体现的强大的鲁棒性对很多复杂系统来说是有利的。事实上,人类的细胞中发生过无数错误,包括蛋白质错误折叠和转录因子延迟到位。然而,细胞网络的鲁棒性使细胞可以正常工作。网络鲁棒性也解释了为什么人们很少会注意到路由器故障对互联网的影响,以及为什么一个物种的消失不会立刻给环境带来灾难。

网络拓扑结构、鲁棒性和脆弱性是密不可分的。然而,每一个复杂系统都有自己的"阿喀琉斯之踵":系统背后的网络面对随机故障时具有鲁棒性,但在面对核心节点的故障或攻击时是脆弱的。在考虑鲁棒性时,不能忽略这样的事实:大多数系统都有许多控制和反馈回路,帮助它们在遇到错误和故障时仍能维持运转。例如,互联网协议被设计为"绕过故障寻路",以引导信息流离开故障路由器;细胞有许多机制可以去掉错误的蛋白质,并让功能紊乱的基因停止运转;交通网络的某个路口或者某条道路发生堵塞时,仍然可以选择其他路口或者道路通行。因此,某些类型的网络结构在设计时,适当考虑"备份"和"冗余"设计也是有必要的。

3.4.4　中心性

网络中心性是复杂网络拓扑结构的一个重要性质。所谓网络中心性,是指那些相对于网络中其他节点(连边),能够在更大程度上影响网络结构和功能的节点(连边)。这种中心性节点(连边)数量不多,但它们往往控制着网络中大部分的物质、能量以及信息在整个网络中的交换与传播。例如,在图 2-2 所示的 Facebook 用户网络中,几个最具影响力的用户发布的推文,在很短时间内就能够传遍整个网络;[20]世界上 1% 的公司却控制着 40% 的全球经济网络系统;[21]对一个城市中几条交通主干道进行控制就能够使这个城市的交通网络系统瘫痪。因此,识别复杂网络的中心节点或者连边就显得格外重要,如果能发现并对其进行有效防护和控制,以此提高网络的鲁棒性,就可以减少不必要的损失和灾害。

网络中心性可以衡量网络中节点和连边在网络中的重要性。中心性可用于识别社会网络中最有影响力的人、互联网中的热点网站、城市交通网络中的主干道、流行病传播网络中的传染源、复杂疾病中的致病基因、通信网络中的重要基站以及航空网络中的航空枢纽等。人们通常把网络的中心性节点称为"枢纽节点",将网络的中心性连边称为"桥"。网络中心性与网络鲁棒性研究密切相关,例如,可以通过提高互联网枢纽节点的安全级别,来防止网络故障或遭受黑客攻击造成的大规模网络瘫痪;可以通过对社会网络中的枢纽节点进行优先免疫来切断传播途径,这样只需对网络中的一小部分枢纽节点进行免疫,就可以有效阻断传染病传播。

　　如何快速精准地预测网络中心性节点或者连边一直是网络结构分析的一个热点问题。由于可以从不同角度评价节点(连边)的"重要性",因此人们设计了很多不同类型的中心性度量指标。例如,图 3-30 展示了同一个网络上四种常见的节点中心性方法分析结果,不同颜色代表不同的中心性得分,可以看出这四个指标的分析结果差别较大。图 3-30(a)展示了介数中心性的分析结果,介数中心性是以经过某个节点最短路径的数量刻画节点重要性的指标,用于衡量该节点在网络中的信息传递能力;图 3-30(b)展示了近邻中心性的分析结果,近邻中心性描述了网络中某一节点与其他节点距离的远近;图 3-30(c)展示了特征向量中心性的分析结果,特征向量中心性认为一个节点的重要性不但取决于其邻居节点的数量,也取决于其邻居节点的重要性;图 3-30(d)展示了度中心性的分析结果,度中心性是在网络分析中刻画节点中心性的最直接度量指标,一个节点的度越大就意味着这个节点的度中心性越高,该节点在网络中就越重要。

　　网络中心性算法得到快速发展,怎样评价一个中心性算法的性能也是人们必须面对的一个问题。在网络大数据背景下,想要得到一个对所有节点重要性较为客观的评价标准极为困难。目前,评价各种排序算法优劣的主要思路是:将排序算法得出的重要节点作为研究对象,通过考察这些节点对网络某种结构和功能的影响程度、对其他节点状态的影响程度来判断排序是否恰当。常

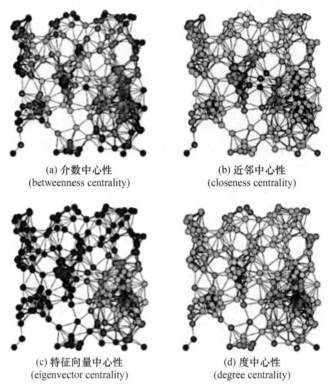

(a) 介数中心性
(betweenness centrality)

(b) 近邻中心性
(closeness centrality)

(c) 特征向量中心性
(eigenvector centrality)

(d) 度中心性
(degree centrality)

图 3-30   四种常见的中心性度量

用来评价各排序算法的方法有基于网络的鲁棒性和脆弱性方法以及基于网络的传播动力学模型的方法。下面对这两类网络中心性算法的评价标准进行简单介绍:[22]

（1）基于网络的鲁棒性和脆弱性方法,即考察网络中一部分节点移除后网络结构和功能的变化,变化越大则移除的节点越重要。用某一种重要节点挖掘方法将网络中所有节点按重要性进行排序,然后按重要性从大到小的顺序,将一部分节点从网络中移除,用 $\sigma(i/n)$ 表示移除 i/n 比例的节点后网络中属于巨片的节点数目的比例,网络的鲁棒性可用 R 指标刻画:

$$R = \frac{1}{n} \sum_{i=1}^{n} \sigma(i/n) \qquad (3\text{-}45)$$

也可以使用 V 指标刻画网络对于所实施移除方法的脆弱性，$V = \frac{1}{2} - R$，V 指标和 R 指标可从整体上反映各种重要节点挖掘方法的有效性，V 指标越大表示采用该方法进行网络攻击的效果越好。

（2）基于网络的传播动力学模型的方法，即在评价各种节点重要性挖掘方法时，另一种常用的方法是传染病模型，主要包括 SIS 模型和 SIR 模型。在 SIS 模型中，一个节点的传播能力被定义为稳态下该节点被感染的概率；在 SIR 模型中，一个节点的传播能力被定义为该节点的平均传播范围。如果一个排序算法的结果使得网络流传播得又快又广，则说明该重要节点排序算法优于其他算法。但需要注意的是，网络中信息传播和病毒传播有很大不同，在评价节点信息传播影响力时，如社交网站上意见领袖的挖掘，应该考虑更加符合实际传播方式的模型。

3.4.5　社团结构

社团结构是大多数复杂网络具有的另一种重要性质。在现实世界中，"物以类聚，人以群分"是一种自然现象，具有相似特点的事物往往具有更加紧密的联系。比如，具有相同爱好的人更易成为好友等；具有相同功能的蛋白质更有可能属于同一个蛋白质复合物；公共交通班次联系紧密的两个城市更可能属于同一个省。在复杂网络中，通常称一组内部链接紧密、外部链接稀疏的节点集为一个社团（community），也称为模块（module）。若网络存在社团，则称其具有社团结构（community structure）。例如，图 3-31 描述了一个包含 3 个社团的网络，从中可以看出，每个社团内部的节点之间的连接较为紧密，而社团之间的连接则比较稀疏。真实复杂网络往往具有若干个相对独立而又相互联系的社团，这种模块化结构使具有不同功能的社团可以在不影响其他社团的情况下相对独立演化发展。同时,模块化结构也使人们可以更加细致地区分节点的不同角色和地位。比如,有些节点在其所在的模块内非常重要,但对整个网络而言却未必重要,这类节点被称为局部中心性节点;而另一些节点虽然在其自身的模块内作用有限,但它们却连接着不同模块,维系着整个网络的连通性,因此在整个网络的信息传递中占据举足轻重的地位,这类节点称为全局中心性节点。

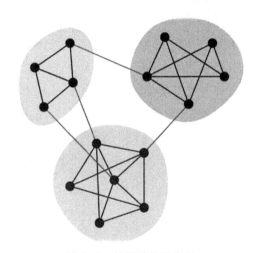

图 3-31 社团结构示意图

社团在真实世界复杂网络中普遍存在,例如,在社交网络中存在着各种各样的社团。[23][24][25] 比如,工作场所是社交网络中紧密相连的社团,一个公司的雇员更可能与本公司的同事交流,而不是与其他公司的雇员交流。[23] 社团也可以表示朋友圈子、有相同爱好的人,或居住在同一个小区的人,等等。社团在网络中发挥着重要作用,在很多研究领域也有着重要的应用,例如,可以通过加强万维网社团内部客户端的连接,提高网络的服务性能;[26] 也可以通过寻找相似兴趣和购买习惯的消费者社团提高市场营销的效率,设计高效的产品推荐系统;[27] 还可借助微博与知乎等社交网站上的社团发现潜在的朋友和感兴趣的职位,等等。目前,社团识别方法已经成为网络科学及其交叉学科研究过程中的一个热点问题。

社团结构发现算法得到广泛关注,涌现出一大批优秀的算法模型,如凝聚方法的典型代表:Newman 快速算法,该算法可以拥有分析高达 100 万个节点的复杂网络;CNM 算法,该算法基于 Newman 快速算法,并采用数据结构"堆"对网络的模块化度进行计算和更新,其复杂度只有 $O(n\log^2 n)$。再如,分裂方法的典型代表:GN 算法等。

针对社团挖掘的新算法层出不穷,如何合理评价算法的优劣需要借助一些评价指标。目前的评价指标根据网络的类型可以分为两类,一类是网络拓扑结构已知的网络,如常见的 LFR、GN 人工网络以及一些明确社团划分结果的真实网络。另一类则是网络拓扑结构未知的真实复杂网络。目前主流的评价标准包括:

1. 基准网络与元数据

基准网络(benchmark network)分为两种,一种是人工构造的基准网络,目前最常用的人工基准网络是 LFR 基准网络,它可以通过参数的调整构造出具有不同比例重叠社团的网络结构。由于人工基准网络的真实社团结构是已知的,这样就可以用它检验一种社团划分算法是否可以有效检测出这些真实的社团结构,因此人工基准网络是检验社团划分质量的一种有效手段。但是这种基准网络构造的拓扑结构相对简单,很难反映出真实复杂网络拓扑结构的多样性特征,具有一定的局限性。

另一种基准网络是真实基准网络,目前大家公认的验证社团划分算法性能的真实基准网络是 Zachary 空手道俱乐部网络。这个网络是 Zachary 通过三年时间对美国一所大学空手道俱乐部成员之间的社会关系分化为两个小团体的观察,构造出来的一个具有清晰实际意义的基准网络。但 Zachary 基准网络的规模较小,精确提取它的社团结构只是衡量一种算法是否有效的必要条件,而不是充分条件。

元数据方法是指有一些实际网络除了包含用于构造网络的信息外,还可以获取一些额外的说明信息。如 football 网络,可以通过查询当年的联赛信息获取每支球队属于哪个联盟以及它们的地理位置信息,还可以查到独立球队的信息以及一些其他联赛信息。这样我们就可以清楚知道这些球队分别隶属于 11 个大区的联盟并且存在 8 支独立球队,因此真实的社团数量应该是 11。元数据方法是一种非常有效的获取复杂网络真实社团结构的方法,但遗憾的是,只有很少比例的真实网络可以获取到相应准确的元数据。

2. 标准化互信息

为了评估算法的性能,我们需要采用有效的方法来度量社团划分的质量。但是到目前为止,还没有一种标准的方法能实现这个目标。最可靠的方法是标准化的互信息(NMI)方法,[99] 但是 NMI 方法的使用必须具备一个前提,就是需要预先知道网络真实的社团结构。显然在现实网络中几乎不可能事先知道网络真实的社团结构,特别是大型的复杂网络更加困难,因此 NMI 方法的使用具有很大的局限性。NMI 方法的定义如下:

$$\mathrm{NMI}(X \mid Y) = \frac{(H(X) + H(Y) - H(X,Y))}{(H(X) + H(Y))/2} \qquad (3\text{-}46)$$

其中,X 表示真实的社团结构,Y 表示算法预测的社团结构,$H(X)$ 表示社团 X 的随机熵,而 $H(X,Y)$ 表示 X 和 Y 的联合熵。NMI 方法主要用于衡量算法所发现的社团与真实社团结构的一致性,其取值范围在[0,1]之间,即如果算法所发现的社团结构与真实社团完全一致,则 NMI=1;反之,如果完全不一致,则 NMI=0。NMI 取值越大说明该算法预测社团的性能越好。

3. 模块度

对于无法预知真实社团结构的复杂网络,人们通常使用模块度[17]指标衡量社团划分的质量。经典的 G&N 模块度 Q 是基于随机网络不存在社团结构的假设提出的,它的定义如下:

$$Q = \sum_{s=1}^{C} \frac{l_s}{M} - \left(\frac{d_s}{2M}\right)^2 \qquad (3\text{-}47)$$

其中,l_s 是社团 s 内的边,d_s 为 s 内所有结点的度的和,M 表示网络中的边数。G&N 模块度方法是目前最常用的衡量社团划分质量的有效手段,但它只能评估不相交的社团。为了有效评估重叠社团算法的划分效果,Shen 提出一种引入隶属系数的优化公式即式(3-48)并同时发现重叠和层次社区结构的方法。[28]节点的隶属系数被重新定义为该节点归属社区的个数,重叠社团的模块度定义如下:

$$Q_{ov}^E = \frac{1}{2M} \sum_c \sum_{i,j \in c} \left[A_{ij} - \frac{k_i k_j}{2M}\right] \frac{1}{O_i O_j} \qquad (3\text{-}48)$$

其中,A_{ij} 表示邻接矩阵,k_i 表示节点 i 的度值,O_i 表示的是节点 i 所归属社团的数量,其他参数与非重叠社团发现评价指标模块度 Q 类似。

参 考 文 献

[1] 汪小帆、李翔、陈关荣:《复杂网络理论及其应用》,清华大学出版社 2006 年版。

[2] A. L. Barabási, *Network Science*, Cambridge University Press, 2016.

[3] 汪小帆、李翔、陈关荣:《网络科学导论》,高等教育出版社 2012 年版。

[4] V. Pareto. Cours d'Économie Politique: Nouvelle édition par G.-H. Bousquet et G. Busino, *Librairie Droz*, 1964.

[5] 〔美〕丹尼尔·里格尼:《贫与富——马太效应》,秦文华译,商务印书馆 2013 年版。

[6] L. C. Freeman. A Set of Measures of Centrality Based on

Betweenness. *Sociometry*，1977，40.

[7] R. D. Luce and A. D. Perry. A Method of Matrix Analysis of Group Structure. *Psychometrika*，1949，14.

[8] S. Wasserman and K. Faust，*Social Network Analysis*：*Methods and Applications*，Cambridge University Press，1994.

[9] G. Salton. *Automatic Text Processing*：*The Transformation*，*Analysis*，*and Retrieval of Information by Computer*. Addison-Wesley，Reading，1989.

[10] M. S. Granovetter. The Strength of Weak Ties. *American Journal of Sociology*，1973，78（6）.

[11] J. P. Eckmann and E. Moses. Curvature of Co-links Uncovers Hidden the Matic Layers in the World Wide Web. *Proc. Natl. Acad. Sci. USA*，2002，99（9）.

[12] P. Erdös and A. Rényi. On Random Matrices II. *Studia Sci. Math. Hungary*，1968，3.

[13] E. N. Gilbert. Random Graphs. *The Annals of Mathematical Statistics*，1959，30(4).

[14] 何士产：《复杂网络的耗散结构特征与矩阵表示研究》，武汉理工大学自动化系 2007 年硕士学位论文。

[15] 〔美〕纽曼：《网络科学引论》，郭世泽、陈哲译，电子工业出版社 2014 年版。

[16] J. Ugander，B. Karrer，L. Backstrom，*et al*. The Anatomy of the Facebook Social Graph. arXiv：1111. 4503v1，2011.

[17] L. Backstrom，P. Boldiy，M. Rosa，*et al*. Four Degrees of Separation. arxiv. org/abs/1111. 4570，avilable at 2022-10-10.

[18] R. Albert，A. L. Barabási. Emergence of Scaling in Random. *Science*，1999，286（5439）.

[19] J. M. Carlson，J. Doyle. Complexity and Robustness. *Proc. Natl. Acad. Sci. USA*，2002，99.

［20］J. Weng，E. P. Lim，J. Jiang，et al. Twitterrank: Finding Topic-Sensitive Influential Twitterers. Proceedings of the third ACM international conference on web search and data mining，2010.

［21］S. Vitali，J. B. Glattfelder，S. Battiston. The Network of Global Corporate Control. PLoS One，2011，6 (10).

［22］任晓龙、吕琳媛:《网络重要节点排序方法综述》,载《科学通报》2014年第 13 期。

［23］G. C. Homans. The Human Groups. The American Journal of Psychology，1951，64(3).

［24］R. S. Weiss and E. Jacobson. A Method for the Analysis of the Structure of Complex Organization. Am. Sociol. Rev.，1955，20(6).

［25］W. W. Zachary. An Information Flow Mnodel for Conflict and Fission in Small Groups. J. Anthropol. Res.，1977，33(4).

［26］B. Krishnamurthy and J. Wang. On Network-Aware Clustering of Web Clients. SIGCOMM Comput. Commun. Rev.，2000，30(4).

［27］K. P. Reddy，M. Kitsuregawa，P. Sreekanth，et al. A Graph Based Approach to Extract a Neighborhood Customer Community for Collaborative Filtering. Proceedings of the second international workshop on databases in networked information systems，2002.

［28］H. Shen，X. Cheng，K. Cai，et al. Detect Overlapping and Hierarchical Community Structure in Networks. Physica A: Statistical Mechanics and its Applications，2009，388(8).

第四章   点中心性

4.1 引　　言

2018 年,Facebook 被曝出丑闻:5000 万名用户社交信息被泄露。该信息的第三方使用者是一个叫作"剑桥分析"的公司,而剑桥分析公司获取信息之后所做的事,便是基于这些数据来分析各个用户的性格特点、喜好以及用户之间的关系,从而达到信息的"精确投放"。据报道,这些信息的投放直接或间接影响了互联网用户在美国总统大选期间的投票决策。剑桥分析公司最早是由美国共和党的亿万富豪罗伯特·默瑟(Robert Mercer)出资,并由曾经担任唐纳德·特朗普(Donald Trump)顾问的史蒂夫·班农(Steve Bannon)主导成立,班农找到克里斯托弗·威利(Christopher Wylie)组建数据分析团队。剑桥分析公司关系如图4-1 所示。这家公司成立的目的很明确,就是要通过海量数据分析研究,进一步操纵社会舆论风向,借此影响 2014 年美国国会大选,以及 2016 年的美国总统选举。但后来威利发现,如果要做到更准确的用户行为预测,就必须与心理与行为分析的专家合作,因此他找到时任剑桥大学心理测量中心的阿莱克桑德·科根(Aleksandr Kogan)。

Cambridge Analytica: how the key players are linked

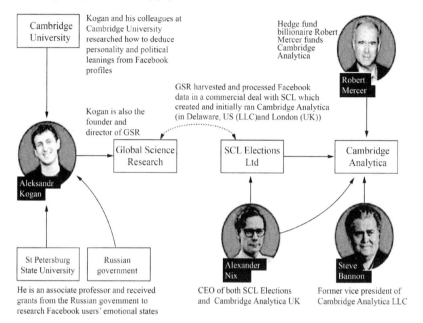

图 4-1　剑桥分析公司关系图

科根开发了"这是你的数字化生活"的心理小测验,该测验总共有 27 万人参与,并在测验过程中提供了相关数据资料。通过这款小测验延伸连接的社交网络,剑桥分析公司获得的数据得以进一步扩大到高达 5000 万名用户,而后再基于这些资料,建成心理与行为分析模型,其中包括性格类型、生活满意度、政治观点其至个人喜好等明确可用的资讯指标结果。这批数据被用来研究分析选民行为,进而达成操作舆论风向、影响选举结果的目的。

事实上,早在特朗普当选美国总统前,就有各种传言谈及俄罗斯政府通过干预社交媒体的内容来影响互联网用户的投票决策。那么这些公司或机构到底是如何在背后操作的?成功的关键因素有哪些?首当其冲的是网络大数据,正如报道中指出,它们具备"解读用户信息"的能力;但是还有一点不可忽略,那便是对社交网络的控制能力,它们知道如何识别网络中的关键节点,以及如何控制信息在网络中的传播。

大多数真实复杂网络中都存在一些"中心"节点,这些节点位于网络中不同的关键位置,可能是某个社团的枢纽节点,这些枢纽节点是一个网络中比其他节点拥有更多链接的节点,具有局部重要性。比如,在人类社会中那些社交面非常广朋友非常多的人通常处于某一个社交圈的"核心"位置,通过这些人可以很容易认识你想要找的人。当然,这些节点也可能是网络中的"桥节点",也就是不同圈里的人想要认识其他人时绕不开的"桥梁",具有全局重要性。

在复杂网络分析中,中心性指标可用来确定网络中的一些重要节点。其应用包括识别在线社交网络中信息传播的关键人物(如在网络上散布谣言的造谣者),互联网或城市网络中的关键基础设施节点以及造成传染病毒快速扩散的超级传播者,等等。需要指出的是,中心性概念最早起源于社交网络分析,许多用于衡量中心性的术语反映了它们的社会学渊源。请勿将中心性指标与节点影响力混淆,后者的作用是量化网络中每个节点的影响。

网络中心性主要用于识别网络中特定节点的角色及其对网络的影响。网络中哪些节点是最重要或最核心的? 对于节点重要性的解释有很多种,不同的解释下判定中心性的度量指标也有所不同。度中心性按结构属性可分为点中心性和边中心性两种。如前文所述,点中心性的主要度量指标有度中心性、近邻中心性、介数中心性、特征向量中心性等。

4.2 度中心性

刻画网络中心性的最简单指标是节点的度,即与节点相连的边的数量,也称为度中心性。在度中心性概念中,一个节点的邻居数目越多,其影响力就越大。节点度是网络的最基本静态特征,需要注意的是,不同规模的网络中有相同度值的节点影响力不同,通常为便于比较,需要对中心性指标作归一化处理。由于一个包含 N 个节点的网络中节点的最大可能的度值为 $N-1$,归一化后的度中心性定义为:[1]

$$DC_i = \frac{k_i}{N-1} \tag{4-1}$$

其中,$k_i = \sum_i a_{ij}$,a_{ij} 即网络邻接矩阵 A 中的第 i 行、第 j 列元素。

度中心性虽然是一种简单的中心性指标,但是具有启发性。例如,在社会网络中,可以合理假设与其他人联系频繁的人比联系少的人更具影响力,更容易获得信心,也更具威望。在引文网络中,一篇论文被其他论文引用的数目,也就是引文网络顶点的入度,可以粗略地表示该论文的影响力的大小,因此被广泛用于科学研究影响力的评价。[2] 度中心性指标拥有简单、直观、计算复杂度低等特点,缺点在于仅考虑了节点的局部信息,是对节点最直接影响的描述,没有对节点周围的环境,如所处的网络位置、更高阶邻居等进行深入探讨,因而在很多情况下不够精确。[3]

王建伟等人认为网络中节点的重要性不但与自身的信息具有一定关系,而且与该节点的邻居节点的度也存在一定的关联,既节点的度及其邻居节点的度越大,节点就越重要。[4] Chen 等人考虑节点最近邻居和次近邻居的度的信息,提出了一种权衡后的局部特征方法,可以使排序算法更加高效。[5] 该方法既保证纳入充足的局部信息,又降低了时间的复杂度,它考虑了两层节点信息,节点 v_i 的多级邻居指标 $L_c(i)$ 的具体定义如下:

$$L_c(i) = \sum_{j \in \Gamma(i)} \sum_{u \in \Gamma(j)} N(u) \tag{4-2}$$

其中,$\Gamma(i)$ 为节点 v_i 最近邻居集合;$\Gamma(j)$ 为节点 v_j 最近邻居集合;$N(u)$ 为节点 v_u 最近邻居和次近邻居之和。

任卓明等人综合考虑节点的邻居个数,以及其邻居之间的连接紧密程度,提出了一种基于邻居信息与聚集系数的节点重要性评价方法。[6]具体表示为:

$$P(i) = \frac{f_i}{\sqrt{\sum_j^N f_j^2}} + \frac{g_i}{\sqrt{\sum_j^N g_j^2}} \tag{4-3}$$

其中,f_i 为节点 i 自身度与其邻居度之和,即 $f_i = k(i) + \sum_{u \in \Gamma(i)} k(u)$,其中,$k(u)$ 表示节点 u 的度,$u \in \Gamma(i)$ 表示节点 i 的邻居节点集合。g_i 表示为:

$$g_i = \frac{\max\limits_j \dfrac{c_j}{f_j} - \dfrac{c_i}{f_i}}{\max\limits_j \dfrac{c_j}{f_j} - \min\limits_j \dfrac{c_j}{f_j}}, \quad j = 1, \cdots, N \tag{4-4}$$

其中,c_i 为节点的聚集系数。该方法只需考虑网络局部信息,适合对大规模网络的节点重要性进行有效分析。

4.3　特征值中心性

特征向量是评估网络节点重要性的一种中心性指标。度中心性把周围相邻节点视为同等重要,而实际上节点之间是不平等的,必须考虑邻居对该节点的重要性有一定的影响。如果一个节点的邻居很重要,这个节点的重要性可能很高;如果邻居的重要性不是很高,那么即使该节点的邻居众多,也不一定很重要,通常称这种情况为邻居节点的重要性反馈。在特征向量中心性概念中一个节点的重要性既取决于其邻居节点的数量(即该节点的度),也取决于每个邻居节点的重要性。[7]特征向量指标是网络邻接矩阵对应的最大特征值的特征向量,具体定义如下:

$$\mathrm{EC}_i = \lambda^{-1} \sum_{j=1}^N a_{ij} e_j \tag{4-5}$$

其中,λ 为邻接矩阵 A 的最大特征值;$e=(e_1,e_2,\cdots,e_n)^{\mathrm{T}}$ 为邻接矩阵 A 的最大特征值 λ 对应的特征向量。特征向量中心性指标是从网络中节点的地位或声望角度考虑,将单个节点的声望看作所有其他节点声望的线性组合,从而得到一个线性方程组。该方程组的最大特征值所对应的特征向量就是各个节点的重要性。

特征向量中心性更加强调节点所处的周围环境(节点的邻居数量和质量),它的本质是一个节点的分值是它的邻居的分值之和,节点可以通过连接很多其他重要的节点提升自身的重要性,分值比较高的节点要么和大量一般的节点相连,要么和少量其他高分值的节点相连。从传播的角度看,特征向量中心性适合于描述节点的长期影响力,如在疾病传播、谣言扩散中,一个节点的分值较大说明该节点距离传染源更近的可能性越大,是需要防范的关键节点。[3][8]

特征向量法完全用与某节点相连接的其他节点的信息来评价该节点的重要性。博纳契奇(Bonacich)等人认为,节点重要性还可能受到不依赖于节点连接信息的一些来自外部信息的影响。[9]例如,在微博上有人喜欢转发其他人发布的信息(依赖于网络连接的内部信息),有人却比较热衷于发布原创信息或从其他网站转发一些信息(不依赖于网络的内部信息)。由此,博纳契奇等人提出阿尔法中心性(alpha-centrality),即:

$$x = \alpha Ax + e \qquad (4-6)$$

其中,x 表示矩阵 A 的特征值 λ^{-1} 对应的特征向量,α 为刻画来自网络内部连接影响的内因参数,e 为刻画那些不受网络连接影响的外因参数。不失一般性,e 可以设置为一个所有元素都等于 1 的向量,此时阿尔法中心性与卡茨(Katz)中心性一致。

如果网络中存在一些度值特别大的节点,特征向量中心性会出现分数局域化现象,即大多数分值都集中在大度节点上,使得其他节点的分值区分度很低。为了避免这一现象,马汀(Martin)等人对特征中心性进行改进,提出在计算节点的分值时,对其邻居的分值不再考虑节点 v_i 的影响。[10]

普林(Poulin)等人在求解特征向量映射迭代方法的基础上提出累计提名(cumulated nomination)方法,该方法计算网络中的其他节点对目标节点的提名值总和,累计提名值越大的节点的重要性就越高。[11]累计提名方法具有计算量较小、收敛速度较快的特点,适用于大规模与多分支网络。

Katz 指标同特征向量一样,可以区分不同的邻居对节点的不同影响力。[12]不同的是,Katz 指标赋予邻居不同的权重,对于短路径赋予较大的权重,而赋予长路径较小的权重。具体定义为:

$$S = \beta A + \beta^2 A^2 + \beta^3 A^3 + \cdots = (I - \beta A)^{-1} - I \qquad (4\text{-}7)$$

其中,I 为单位矩阵,A 为网络的邻接矩阵,β 为权重衰减因子。为了保证数列的收敛性,β 的取值须小于邻接矩阵 A 最大特征值的倒数,然而该方法的权重衰减因子的最优值只能通过大量的实验验证获得,因此具有一定的局限性。

4.4 近邻中心性

近邻中心性通过计算节点与网络中其他所有节点的距离的平均值消除特殊值的干扰。[13]一个节点与网络中其他节点的平均距离越小,该节点的近邻中心性就越大。近邻中心性也可以理解为利用信息在网络中平均传播时间的长短来确定节点的重要性。近邻中心性最大的节点对于信息的流动具有最佳的观察视野。对于有 n 个节点的连通网络,可以计算任意一个节点 v_i 到网络中其他节点的平均最短距离:[3]

$$d_i = \frac{1}{n-1} \sum_{j \neq i} d_{ij} \qquad (4\text{-}8)$$

d_i 越小意味着节点 v_i 越接近网络中的其他节点,于是把 d_i 的倒数

定义为节点 v_i 的近邻中心性,即:

$$CC(i) = \frac{1}{d_i} = \frac{n-1}{\sum\limits_{j \neq i} d_{ij}} \qquad (4\text{-}9)$$

上面定义的缺点是仅能用于连通的网络,学者在研究网络效率时对上式进行了改进,[14] 使其能够用于非连通网络,即:

$$EFF(i) = \sum\limits_{j=1}^{n} \frac{1}{d_{ij}} \qquad (4\text{-}10)$$

如果节点 v_i 和 v_j 之间没有路径,则定义 $d_{ij} = \infty$,即 $1/d_{ij} = 0$。近邻中心性利用所有节点对之间的相对距离确定节点的中心性,以研究更大范围的应用,但其时间复杂度比较高。

4.5 介数中心性

介数思想一般认为是弗里曼在研究社会网络时提出的。[15] 介数中心性是一个完全不同的中心性指标,它刻画了一个节点对网络中沿最短路径传输的网络流的控制力。

假设一个网络如图 4-2 所示,从度中心性来看,节点 A、B 和 C 都比节点 H 重要。现在假设在网络上有信息或物质沿着网络中的边从一个节点流动到另一个节点。例如,在社会网络中,信息、新闻或谣言从一个人传递给另一个人;在 Internet 中,数据包从一个路由传输到另一个路由。可以作如下简单假设:网络中的每对节点之间,在每个单位时间都以相等的概率交换信息,并且假设数据包总是沿着最短路径传输。如果两个节点之间存在多条最短路径,那么就随机选择一条最短路径。[2] 因此有以下问题:在足够的时间内,每对节点之间都传输了很多消息,那么网络中的哪个节点是最繁忙的? 也就是说,经过哪个节点的信息流量最大?

在图 4-2 中,即使你不进行计算,凭直觉也能得出节点 H 应该是最繁忙的节点的结论。因为除了节点 H,网络中的其他节点都

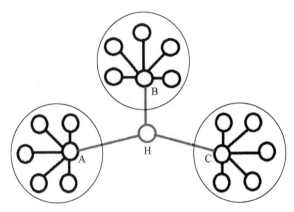

图 4-2   节点介数示意图[1]

可以分为如图所示的三大模块,而从每个模块中的任一节点到其他某个模块中的任一节点的信息传输都必然要经过节点 H。换句话说,从每个模块中的任一节点到其他某个模块中的任一节点的最短路径必然要经过节点 H。这种以经过某个节点的最短路径的数量刻画节点重要性的指标就称为介数中心性。[1]

节点 i 的介数是指一个网络中通过节点 i 的最短路径的数量,节点 i 的介数中心性定义如下:

$$BC_i = \sum_{s \neq i \neq t} \frac{n_{st}^i}{g_{st}} \qquad (4\text{-}11)$$

其中,g_{st} 表示节点 s 到节点 t 之间的最短路径数量;n_{st}^i 表示节点 s 和节点 t 之间经过节点 i 的最短路径数量。节点的介数中心性越高,在该网络中此节点的影响力就越大,这个节点就越重要。例如,在社交网络中,某个人能够与形形色色的人打交道,拥有极广的人脉,不同圈子里的人都与他有较为密切的联系并具有很大的影响力,说明这个人很重要,通过他,你可以认识不同圈子里的人物来扩大你的交际圈。

显然,如果一个节点不在任何一条最短路径上,那么这个节点的介数中心性就为 0,比如星形图的外围节点的介数中心性都为 0。

对于一个包含 n 个节点的连通网络,节点度最大可能值为 $n-1$,节点介数的最大可能值是星形网络中心节点的介数值。因为所有其他节点对之间的最短路径是唯一的,并且都会经过该中心节点,所以该节点的介数就是这些最短路径的数量,即 $(n-1)(n-2)/2$,于是得到一个归一化的介数:

$$BC_i = \frac{2}{(n-1)(n-2)} \sum_{s \neq i \neq t} \frac{n_{st}^i}{g_{st}} \qquad (4-12)$$

另一种很自然的对路径数进行归一化的方法是除以节点对的总数,该数值为 n^2,因此,介数变成经过给定顶点的路径比例。纽曼给出了相应的归一化介数:[2]

$$BC_i = \frac{1}{n^2} \sum_{s,t} \frac{n_{st}^i}{g_{st}} \qquad (4-13)$$

尽管按照公式(4-12)和(4-13)计算的实际数值会有区别,但是不会影响网络中的节点按介数大小排序的结果。

介数源于网络分析中的重要思想,用于分析节点对信息流动或者其他物质传输的影响。介数中心性思想中的一些变形也值得一提,弗里曼定义的介数只是计算两个顶点之间的最短路径数,并且假设所有或者绝大多数的流量都是通过最短路径流动的。但是在实际中,流量不仅仅沿着最短路径流动。例如,大多数人都有这样的经历,很多时候不是直接通过某个朋友了解与他有关的消息,而是通过你与他的一个共同朋友获得相关信息,即消息通过共同的熟人沿着一条长度为 2 的路径,而不是长度为 1 的直接路径进行传递。

上述现象可以通过流介数(flow betweenness)解释,该方法由弗里曼等人提出,主要是基于最大流量的思想。[16]可以将网络中的每条边都想象成一条管线,该管线用来传输单位流量的某种"液体"。考虑到网络上信息的传输,信息以最大流量不断地在源节点和目标节点之间传输,Yan 等人认为从源节点到目标节点的最大流量是指它们之间所有管道可同时运输的网络流的总和(实际上,多条路径往往有重合部分,重合部分的流量就会超过假设的情况)。[17]在流介数中心性(flow betweenness centraility)思想中,网络中所有不重复的路径经过一个节点的比例越大,这个节点就越重要。[16]由此得到节点的流介数中心性为:

$$FBC_i = \sum_{s<t} \frac{\widetilde{g}_{st}^i}{\widetilde{g}_{st}} \tag{4-14}$$

其中,$\widetilde{g}_{st}$ 为网络中节点 v_s 与 v_t 之间的所有路径数(不包含回路),$\widetilde{g}_{st}^i$ 为节点对 v_s 与 v_t 之间经过 v_i 的路径数。

流介数存在一个问题:尽管流介数计算的路径数要多于标准的最短路径介数,但只计算了所有可能路径的一个子集,有些重要路径可能被完全遗漏。无论最短路径介数方法还是流介数方法,都在一定程度上假定流动方式是理想的,即在第一种情况下,沿着最短路径流动,在第二种情况下,按照流量最大化方式流动。但是,就像没有任何理由假定信息或其他物质在网络中总是沿着最短路径流动一样,也没有任何理由假定它们会按照最大流量的方式流动,尽管在一些特定的情况下,信息或其他物质确实是按照这种方式流动的。[2]

介数中心性和流介数中心性考虑的是两个极端,前者只考虑最短路径,后者考虑所有路径并认为每条路径作用相同,接下来介绍一种介于两者之间的中心性算法——随机游走介数中心性(random-walk betweenness centrality)。

随机游走介数是计算所有路径的一种介数变形。[2]这种计算方法认为流量在节点 s 和 t 之间进行随机游走,从顶点 s 开始,一直游走,直到顶点 t。考虑到在源节点到目标节点的随机游走过程中,经过 v_i 的次数可表征的该节点的重要性,纽曼提出了基于随机游走的介数中心性算法。[18]在随机游走过程中,短的路径计数次数较多,相当于赋予其更高的权重。在随机游走过程中,如果网络流不断从一个节点来回经过,无疑会提高这个节点的介数中心性,但是这实际上是毫无意义的。为了避免这种偏差,约定在一次随机游走中如果网络流两次分别从相反方向经过某一节点,则它们对这个节点的介数中心性的贡献相互抵消。于是,节点 v_i 的随机游走介数中心性可表示为:

$$\mathrm{RWBC}_i = \frac{2}{n(n-1)} \sum_{s<t} I_{st}^i \qquad (4\text{-}15)$$

其中,I_{st}^i 表示从源节点到目标节点的游走过程中,经过节点 v_i 的次数。

由于随机游走中从源节点到目标节点的每一条路径都会按照一定的概率出现(该概率非常小),因此随机游走技术包含所有路径的贡献。需要注意的是不同路径出现的概率不同,因此路径对介数的贡献程度也不尽相同。通常情况下,越长的路径对介数的贡献越小——在某种程度上可能并不一定,但绝大部分情况下是这样的。

还有其他一些介数计算方法,这些方法基于一些扩散、转移或网络边流动的模型。感兴趣的读者可以参考博尔加蒂(Borgatti)的文章,该文章对各种可能的介数指标进行了整理,形成一个广泛的通用框架。[19]

4.6 k-核(k-壳)分解法

在刻画节点重要性时,节点在网络中的位置也是至关重要的因素。在网络中,如果一个节点处于网络的核心位置,即使它的度较小,往往也有较大影响力;而处在边缘的大度节点影响力往往有限。基于此,基萨克(Kitsak)等人于 2010 年首次提出节点重要性依赖于其在整个网络中的位置的思想,并且利用 k-核分解获得节点重要性排序指标(k-shell),[20] 这一方法可看作一种基于节点度的粗粒化排序方法。该指标时间复杂度低,适用于大型网络,而且比度、介数更能准确识别在疾病传播中最有影响力的节点。

不妨假设网络中不存在度值为 0 的孤立节点,这样从度中心性的角度看,度值为 1 的节点就是网络中最不重要的节点,如果把所有这些度值为 1 的节点以及与这些节点相连的边都去掉会怎么样? 这时网络中可能又会出现一些新的度值为 1 的节点,那就再把这些节点及其相连的边去掉,重复这样的操作,直至网络中不再有度值为 1 的节点。这种操作就好比剥去网络最外面的一层壳,我们把所有这些被去除的节点以及它们之间的连边称为网络的 1-壳(1-shell)。

剥去 1-壳后的网络中的每个节点的度值至少为 2。接下来可以继续剥壳操作,即重复把网络中度值为 2 的节点及其相连的边去掉,直至不再有度值为 2 的节点。我们把这一轮所有被去除的节点及它们之间的连边称为网络的 2-壳(2-shell)。依此类推,可以进一步得到指标更高的壳,直至网络中的每一个节点都被划分到相应的 k-壳中,这样就得到了网络的 k-壳(k-shell)分解。[1]图 4-3 展示了 k-壳中分解的示意图,网络被划分为不同的层。

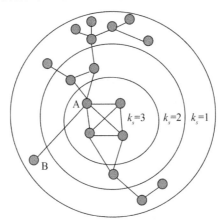

图 4-3　k-shell 分解示意图

　　在得到一个网络的 k-壳分解之后,我们把所有指标 $k_s \geqslant k$ 的 k-壳并称为网络的 k-核(k-core)。k-核的一个等价定义是:它是一个网络中所有度值不小于 k 的节点组成的最大连通片。基于这一定义,我们可以按照如下方法得到 k-核:

　　先去除网络中度值小于 k 的所有节点及其连边;如果在剩下的节点中仍然有度值小于 k 的节点,那么就继续去除这些节点,直至网络中剩下的节点的度值都不小于 k。依次取 k＝1,2,3,…,对原始网络重复这种去除操作,就得到该网络的 k-核分解(k-core decomposition)。[1]对于一个连通网络而言,1-核实际上就是整个网络,$(k+1)$-核一定是 k-核的子集。

　　也可以由网络的 k-核分解得到相应的 k-壳中分解:那些属于 k-核但不属于 $(k+1)$-核的所有节点就组成 k-壳中的节点。图 4-4 给出了一个简单网络的 k-核分解和 k-壳中分解的对比。

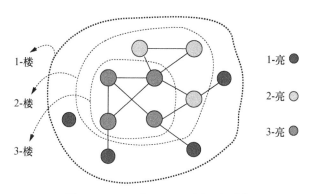

图 4-4　k-core 与 k-shell 分解对比[1]

　　k-壳分解法计算复杂度低,在分析大规模网络的层级结构等方面有很多应用。然而,此方法也有一定的局限性。第一,k-壳分解法有很多不能发挥作用的场景。比如在树形图、规则网络和 BA 网络中,所有(或大部分)节点都会被划分在同一层。[21]更极端的例子是星形网络,显然中心节点有最强的传播能力,但是在 k-壳分解时,星形网络的所有节点都会被划分在同一层(k_s＝1)。第二,k-壳分解法的排序结果太过粗粒化,使得节点的区分度不大。k-壳分解法划分的层级比度中心性方法划分的层级少很多,很多节点处在同一层上,它们之间的重要性难以比较。第三,k-壳分解法在网络分解时仅考虑剩余度的影响,这相当于认为同一层的节点在外层都有相同的邻居数目,显然不合理。

曾(Zeng)等人考虑节点的 k-壳信息和经过 k-壳分解后被移除节点的信息,提出混合度分解方法(MDD):[22]

$$k_i^m = k_i^r + \lambda k_i^e \tag{4-16}$$

其中,k_i^r 表示经过分解后,剩余节点的度信息;k_i^e 表示经过分解后,被移除节点的度信息。然后,根据新的混合度值 k_i^m 对网络继续分层。这种采用混合度值的分解法能够很好地区分树形图以及 BA 网络中不同节点的传播能力,并且分层的层数大大增加(甚至可超过度中心性),提高了节点传播能力的区分度。

此外,Liu 等人[23]综合考虑目标节点自身 k-核的信息和与网络最大 k-核的距离,他们认为壳数相同的节点传播能力差距可能很大,并提出一种可以进一步区分具有相同壳数的节点的传播能力的度量节点重要性的指标,该指标解决了 k_s 指标赋予网络中大量节点相同的值导致其无法准确衡量节点重要性的缺陷。

4.7　信息中心性

信息中心性(information centrality)通过路径中传播的信息量衡量节点重要性。[24]该方法假定信息在一条边上传递时存在一定的噪音,路径越长,噪音越大。一条路径上的信息传输量等于该路径长度的倒数。一对节点 (v^i, v_j) 能够传输的信息总量等于它们之间所有路径传输的信息量之和,记为 q_{ij}。需要注意的是,如果把网络看作一个电阻网络,每条边的电阻记为 1,则 $1/q_{ij}$ 相当于以 2 个节点 v_i 和 v_j 为两端点的电阻值(q_{ij} 相当于电导),[25]于是可以通过

计算矩阵 $R=(r_{ij})=(D-A+F)^{-1}$ 获得 q_{ij}。其中，D 是 n 阶对角矩阵，对角线元素都是对应节点的度值，非对角线元素为 0，F 是每个元素均为 1 的 n 阶方阵。由此可得该网络中每一对节点通过所有路径能够传播信息的总量为：

$$q_{ij} = (r_{ii} + r_{jj} - 2r_{ij})^{-1} \tag{4-17}$$

最后，用调和平均数的方法定义节点 v_i 的中心性指标（有时也采用算术平均数）：

$$\text{INF}_i = \left(\frac{1}{n} \sum_j \frac{1}{q_{ij}} \right)^{-1} \tag{4-18}$$

信息中心性指标考虑了所有路径，并可通过电阻网络简化烦琐、复杂的计算过程。该方法可以很容易地扩展到含权网络，也适用于非连通网络。

4.8　随机游走算法

随机游走的节点重要性排序方法主要是基于网页之间链接关系的网页排序技术，由于网页之间的链接关系可以解释为网页之间的相互关联和相互支持，从而可以据此判断网页的重要程度。这类典型的方法包括 PageRank，LeaderRank 和 HITS 算法。

4.8.1　HITS 算法

一个网络中不同类型节点的功能不同，每个节点的重要性往往不能由单独的一个指标给出，克莱因伯格（Kleinberg）于 1998 年提出超文本主题搜索（hypertext-induced topic search，以下简称 HITS）算法，[26] 该算法的基本思想是每个网页的重要性有两种刻画指标：权威性（authority）和枢纽性（hub）。例如，你想要查找与"上海交通大学"有关的网页，显然，从内容的权威性角度来说，上海交通大学主页应该是最具权威性的。如果万维网上有一个网页

H,该网页的唯一功能就是给出世界上最重要的一些大学的主页链接,其中就包括上海交通大学的主页链接,那么网页 H 就具有相对高的枢纽性,也就是说从网页 H 能够访问一些权威页面。

权威性网页是具有较高价值的网页,依赖于指向它的页面,衡量节点对信息的原创性;而枢纽性网页指向具有权威性的网页,依赖于它所指向的页面,反映了节点在信息传播中的作用。节点的权威值等于所有指向该节点网页的枢纽值之和,节点的枢纽值等于该节点指向的所有节点的权威值之和。因而,节点若有高权威值则应被很多枢纽节点关注,节点若有高枢纽值则应指向很多权威节点。简单地说,HITS 算法的目标就是通过一定的迭代计算方法得到针对某个检索提问的最具价值的网页,即权威值排名最高的网页。

考虑一个包含 n 个节点的网络,定义 a_i^t 和 h_i^t 分别为节点 v_i 在时刻 t 的权威值和枢纽值,于是在每一时间步的迭代中,HITS 算法的校正规则如下:

$$a_i^t = \sum_{j=1}^n a_{ji} h_j^{\prime(t-1)}, \quad h_i^t = \sum_{j=1}^n a_{ij} a_j^{\prime t} \tag{4-19}$$

每一时间步结束后,都需要进行归一化处理:

$$a_i^{\prime t} = \frac{a_i^t}{\| a^t \|}, \quad h_i^{\prime t} = \frac{h_i^t}{\| h^t \|} \tag{4-20}$$

HITS 算法首次用不同指标同时对网络中的节点进行排序,具有开创意义。HITS 算法除了可以用于确定一个节点上多个相互关联的属性,还可以处理更复杂的两类节点。与 HITS 算法类似,信誉排序算法解决的是包含两类节点(用户和产品)的排序问题,这两类节点的分数值也是相互影响的,最终通过迭代寻优获得两类节点的排序值。已有研究利用这种思路提出一种可以有效抵抗恶意评分的排序方法,认为一个商品的得分反映了这个商品的质量,自然地,应该给可信度高的用户更大的权重;反之,一个用户打分的可信度,可以用他的打分和商品质量的接近程度衡量。

HITS 算法在学术界应用较为广泛,其计算复杂度为 $O(NI)$,其中,N 为网络中节点的数目,I 为算法达到收敛所需的迭代次数。但是,HITS 算法不能识别非正常目的的网页引用,计算结果与实际结果会有偏差。[3]不过,到目前为止,HITS 算法并没有在实际的搜索引擎中得到广泛使用。然而,几乎于同一时期提出的PageRank 算法却催生了谷歌,并使其在短短几年之内就成为搜索引擎霸主。

4.8.2 PageRank 算法

谷歌搜索引擎的核心算法是网页排序领域中最著名的PageRank 算法。[27]传统的根据关键字密度判定网页重要程度的方法容易受到"恶意关键字"行为的诱导,使得搜索结果可信度低。PageRank 算法是基于网页的链接结构对网页进行排序,它的基本想法是万维网中一个页面的重要性取决于指向它的其他页面的数量和质量,如果一个页面被很多高质量页面指向,则这个页面的质量也很高。当网页 A 由一个链接指向网页 B 时,就认为网页 B 获得了一定的分数,该分值取决于网页 A 的重要程度,即网页 A 越重要,网页 B 获得的分数就越高。由于网页上的链接相互指向非常复杂,该分值的计算是一个迭代过程。初始时刻,赋予每个节点(网页)相同的 PageRank 值(PR 值),然后进行迭代,每一步把每个节点当前的 PR 值平分给它所指向的所有节点。每个节点的新 PR值为它所获得的 PR 值之和,于是得到节点 v_i 在 t 时刻的 PR值为:

$$PR_i(t) = \sum_{j=1}^{n} a_{ji} \frac{PR_j(t-1)}{k_j^{\text{out}}} \qquad (4\text{-}21)$$

其中,k_j^{out} 为节点 v_i 的出度,迭代直到每个节点的 PR 值都达到稳定为止。PageRank 算法中,网络中所有节点之和是不变的,因此无须像 HITS 算法那样每一步都进行归一化处理。

佩奇(Page)和布林(Brin)为在万维网上的随机游走起了一个好听的名字——随机冲浪者(random surfer)。假设有一个网上的随机冲浪者,他从一个随机选择的页面开始浏览,然后每次都是在当前页面浏览一定时间后通过随机点击当前页面上的某个超文本链接进入下一个页面浏览。随机冲浪 k 步后位于页面 X 的概率就等于应用基本 PageRank 算法 k 步后所得的页面 X 的 PR 值。显然,上述行走规则的缺陷是:一旦到达某个出度为零的节点之后就会永远停留在该节点处无法走出来。出度为零的节点也称为悬挂节点(dangling node),这些节点的存在会使基本的 PageRank 算法失效。[1]

为了解决这一问题,PageRank 算法在上述过程基础上引入一个随机跳转概率 c。每一步,不管一个节点是否为悬挂节点,其 PR 值都将以 c 的概率均分给网络中所有节点,以 $1-c$ 的概率均分给它指向的节点。该过程实际上考虑了现实中网络用户除了可以通过超链接访问页面之外,还可以通过直接输入网址的方式对网页进行访问的行为,从而保证即使没有任何入度的网页也有机会被访问到。其实质是将有向网络变成强连通,使邻接矩阵成为不可约矩阵,保证了特征值 1 的存在,由此可得含参数 c 的 PageRank 算法:

$$PR_i(t) = (1-c)\sum_{j=1}^{n} a_{ji} \frac{PR_j(t-1)}{k_j^{\text{out}}} + \frac{c}{n} \qquad (4\text{-}22)$$

其中,参数 c 的取值要视具体的情况而定。c 取值越大,收敛越快,$c=0$ 时则回到公式(4-21)。c 取值越大则算法的有效性越低,$c=1$ 时所有节点都有相同的 PR 值。针对万维网的网页排序,根据已有的研究可以发现,$c=0.15$ 是一个比较好的参数。

PageRank 算法作为谷歌搜索引擎的核心算法,它在商业应用上的极大成功激发了人们对其进行深入研究的热忱,研究者们提出了一系列基于 PageRank 算法的改进算法。例如,金(Kim)和李

(Lee)为了避免悬挂节点囤积 PR 值的问题,将每一步到达悬挂节点的 PR 值平均分给网络中的 n 个节点,即将概率转移矩阵中悬挂节点所在的列的 n 个元素修改为 $1/n$。[28]PageRank 算法从一个网页上的链接中挑选下一个访问目标时是等概率的,张(Zhang)等人认为这 n 个目标网页出度越大越有可能被点击,并提出 N-step PageRank 算法用以描述这一思想。[29]2012 年,布林(Brin)和佩奇(Page)以相同的题目重新出版了当年提出 PageRank 算法的博士学位论文,他们对这十几年的网页排序算法进行了回顾,并就如何用 PageRank 算法实现大规模搜索进行了深入讨论。[30]另外,作为有向网络节点排序最经典的算法,PageRank 算法及其改进算法已被广泛应用于其他领域。

PageRank 算法能够根据用户查询的匹配程度在网络中准确定位节点的重要程度,而且计算复杂度不高,为 $O(MI)$,其中,M 为网络中边的数目,I 为算法达到收敛所需的迭代次数。

4.8.3 LeaderRank 算法

当网络中存在孤立节点或社团时,采用 PageRank 算法对网络中节点进行排序会出现排序不唯一的问题。陆(Lü)等提出的 LeaderRank 算法弥补了这一缺陷,具体方法是在已有节点外,另加一个背景节点(ground node),并且将它与已有的所有节点双向连接,于是得到 $N+1$ 个节点的网络,如图 4-5 所示。[31]这个新的网络是一个强连通的网络,再按 LeaderRank 算法对该网络的节点进行排序,结果表明,LeaderRank 算法比 PageRank 算法排序更精准,而且对网络噪音(节点随机加边或删边)有更好的容忍性。

初始时刻,每个节点的初始分数 $S_i(0)=1$,但其中背景节点的分数为 $S_g(0)=0$,$\forall i \neq g$。经过以下迭代过程直到稳态:

$$S_i(t) = \sum_{j=1}^{n+1} \frac{a_{ji}}{k_j^{\text{out}}} S_j(t-1) \qquad (4\text{-}23)$$

需要注意的是,迭代过程中的邻接矩阵为 $n+1$ 阶(包含背景

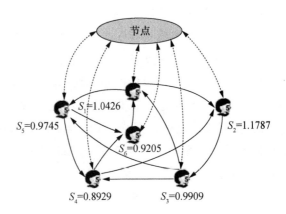

图 4-5　LeaderRank 算法示意图[7]

节点)。稳态时将背景节点的分数 $S_g(t_c)$ 平分给其他 n 个节点,于是得到节点 v_i 的最终 LeaderRank 分数为:

$$S_i = S_i(t_c) + \frac{S_g(t_c)}{n} \qquad (4\text{-}24)$$

LeaderRank 算法在衡量社会网络中节点的影响力等方面有非常优异的表现,因此得名。研究发现,LeaderRank 算法比 PageRank 算法在以下三个方面表现得更好:

(1) 与 PageRank 算法相比收敛更快;[32]

(2) 能够更好地识别网络中有影响力的节点,挖掘出的重要节点能够将网络流传播得更快更广;

(3) 它在抵抗恶意用户攻击和随机干扰方面相比 PageRank 算法有更强的鲁棒性。这些优点使得 LeaderRank 算法广受关注。

标准 LeaderRank 算法中背景节点和所有节点的链接都一样,李(Li)等人对此提出改进,认为从背景节点出发访问其他节点时,入度大的节点应该有更高的概率被访问到。[32]如果一个节点 v_i 的入度为 k_i^{in},则背景节点指向 v_i 的边权重为 $w_{gi} = (k_i^{\mathrm{in}})^a$,网络其他节点之间连接的权重都等于 1,由此得到改进后的 LeaderRank 算法的迭代公式为:

$$S_i(t) = \sum_{j=1}^{n+1} \frac{w_{ji}}{\sum_l^{n+1} w_{jl}} S_j(t-1) \tag{4-25}$$

这种改进更加重视网络中的大度节点,实验发现该方法比标准的 LeaderRank 算法的性能在多个方面均有所提升。虽然这一方法的提出最初是为了提升 LeaderRank 算法在无权网络中的排序效果,但是这种思路也可以应用到加权网络中。[3]

4.9 结构洞算法

结构洞是 Burt 研究社会网络中的竞争关系时提出的经典社会学理论。[33]从社会学角度看,结构洞是非冗余联系人之间存在的缺口(图 4-6(a)中的 A、B 间没有冗余联系),由于结构洞的存在,洞两边的联系人可以带来累加而非重叠的网络收益,从图 4-6(a)中可以明显看到,节点"Ego"充当了中间人角色,因此获得了较其 3 个邻居更高的网络收益,即节点"Ego"在网络中的重要性要大于其他节点。若 B、C 间发生联系,则将减少"Ego"获得的网络收益。从复杂网络角度看,拥有较多结构洞的网络节点更有利于信息的传播。

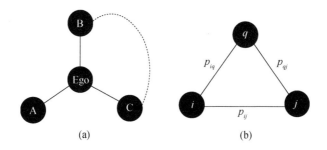

(a)   (b)

图 4-6 结构洞概念

注:(a)为节点"Ego"的结构洞;(b)为评价节点 i 对节点 j 投入的精力。[34]

Burt 提出用网络约束系数(network constraint)衡量网络节点

形成结构洞时所受到的约束:

$$C_i = \sum_{j \in \Gamma(i)} \left(p_{ij} + \sum_q p_{iq} p_{qj} \right)^2, \quad q \neq i, j \qquad (4\text{-}26)$$

如图 4-6(b)所示,p_{ij} 表示节点 i 为维持与节点 j 的邻居关系所投入的精力占总精力的比例,p_{iq} 和 p_{qj} 分别是节点 i 和 j 与共同邻居 q 维持关系投入的精力占总精力的比例。

$$p_{ij} = z_{ij} \bigg/ \sum_{j \in \Gamma(i)} z_{ij} \qquad (4\text{-}27)$$

其中,

$$z_{ij} = \begin{cases} 1, & i \text{ 到 } j \text{ 有链接} \\ 0, & i \text{ 到 } j \text{ 没有链接} \end{cases} \qquad (4\text{-}28)$$

p_{iq} 和 p_{qj} 计算方法与 p_{ij} 相似。

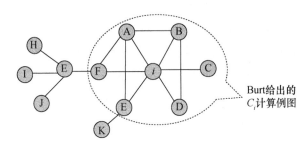

图 4-7　约束系数计算示意图

根据 (4-26) 式可知,C_i 的值越小,形成结构洞所受的约束越小。根据图 4-7 计算节点 i 与节点 A 间的约束系数,已知节点 i 邻居集合 $\Gamma(i) = \{A, B, C, D, E, F\}$,因此对于任意邻居,$p_{iA} = 1/6$（$i$ 有 6 个邻居,维持每个邻居所需精力为总精力的 1/6）,i 与 A 的共同邻居有 B、E、F。于是可得:

$$\sum_{q \in \{B, E, F\}} p_{iq} p_{qA} = \frac{1}{6} \times \frac{1}{3} + \frac{1}{6} \times \frac{1}{3} + \frac{1}{6} \times \frac{1}{3} = \frac{1}{6}$$

$C_{iA} = (1/6 + 1/6)^2$。同理可求得 C_{iB},C_{iC},$\cdots$,对这些值求和后可得 C_i。从 C_i 的计算过程可以看出,C_i 的值能够综合评价节点的邻居数目以及它们之间连接的紧密程度,节点 i 的度越大,p_{ij} 值越小,说明度大的 hubs 节点更容易形成结构洞。$\sum_q p_{iq} p_{qj}$ 的值由节点 i 和 j 的共同邻居 q 的数量决定,i、j、q 的连接越紧密,它们之间形成的闭合三角形越多,$\sum_q p_{iq} p_{qj}$ 的值越大,形成结构洞的机会就越小。可见 C_i 的值的计算综合考虑了节点度和节点邻居拓扑关系信息,网络约束系数的值越大,说明该节点邻居数量越少且与其邻居间的闭合程度越高。这样的节点由于不易获得新的关系资源使得它在竞争中处于不利地位。反之,网络约束系数的值越小,结构洞形成机会就越大,越有利于获得新的关系资源。从复杂网络的观点看,网络约束系数利用了网络局部属性评价节点的重要性,在计算量上有优势,约束系数小的节点在信息传播中具有较大的影响力。这一观点与已有研究得到的结论一致:节点与其邻居间连接紧密不利于信息的传播。[34]

约束系数只衡量了节点与其最近邻节点间的关系,没有进一步考虑邻居节点与其余节点相连的拓扑结构对该节点的影响,该指标不能发现一些重要的"桥接"节点。如图 4-7 所示,虚线中的部分为 Burt 在文献[33]中用于说明节点 i 与邻居间关系的例图,节点 E 和 F 与节点 i 有共同邻居 A,A 的度为 4,于是根据约束系数的定义可得:$C_{iE} = C_{iF} = (1/6 + 1/6 \times 1/4)^2 = 0.0434$,从节点 i 的角度看,节点 E 和 F 具有同等重要的地位,若 E 和 F 分别有两个不与节点 i 相连的邻居 K 和 G,情况显然与约束系数计算不同。由于 F 有较 E 更好的关系,对于 i 来说,保持与 F 的关系应比保持与 E 的关系要付出更多精力。这一事实在 Burt 的约束系数计算中无法体现,因为 E 和 F 与节点 i 的共同邻居仍然只有 A。因此,苏晓萍等人改进了为维持与其邻居的关系而投入的精力占比的计算方法,使约束系数能够更真实地反映节点对其邻居投入的精力,可以更精确地衡量节点在网络中的地位。[35]在改进后的节点约束系数计算中同时体现了节点的度信息和节点与其邻居拓扑结构的信息,这是解决具有社区结构的社会网络的有效方法。该方法不但能够正确评价节点在网络中的地位,还可以为链路预测以及在社会关系中找到重要联系人提供帮助。

4.10 桥节点中心性算法

4.10.1 桥接中心性(Bridging Centrality)

桥接节点是位于模块之间的节点,即连接网络中不同社团的节点。网络中的桥接节点是根据它们相对于同一网络中其他节点的桥接中心度的值识别的。节点 v 的桥接中心度是介数中心性 BG_v 和桥接系数 $C_B(v)$ 的乘积,桥接系数可以衡量节点的全局和局部特征。

一个节点 v 的桥接中心性指标定义为:[36]

$$C_R(v) = BC_v \times C_B(v) \tag{4-29}$$

节点的桥接系数决定了节点在高度节点之间的位置,节点 v 的桥接系数定义如下:

$$C_B(v) = \frac{\mathrm{d}(v)^{-1}}{\sum_{i \in N(v)} \frac{1}{\mathrm{d}(i)}} \tag{4-30}$$

其中,$\mathrm{d}(v)$ 表示节点 v 的度值,$N(v)$ 表示节点 v 邻居的集合。桥系数衡量了该节点对于其邻居节点的局部桥接特征。

从图 4-8 中可以看出,尽管节点 A 具有最高的介数中心性,但是节点 E、B 和 D 具有更高的桥接中心性值,因为节点 A 位于模块的中心而不是桥接中心,这导致桥接系数值较低。从信息流的角度看,介数中心性只关注感兴趣节点的重要程度,而不考虑节点的拓扑位置。尽管节点 E、B 和 D 位于相似的局部拓扑位置,但通过节点 E 的最短路径数量远远多于通过节点 B 和 D 的最短路径数量。以信息流的观点看,节点 E 比节点 B 和节点 D 占据更重要的位置。桥接中心性考虑了介数中心性和桥接系数这两个指标,结合了节点的全局特征和局部特征。

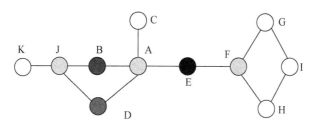

图 4-8 一个小的合成网络的示例,高分节点为深色

表 4-1 图 4-8 高分节点中心度值,包括介数(C_B)、桥接系数(BC)和桥接中心度(C_R)

Node	Degree	C_B	BC	C_R
E	2	0.53333	0.85714	0.45713
B	2	0.15555	0.85714	0.13333
D	2	0.15555	0.85714	0.13333
F	3	0.47777	0.22222	0.10617
A	4	0.65555	0.10000	0.06555
J	3	0.21111	0.16666	0.03518

4.10.2 桥节点中心性(bridging node centrality)

Liu 等人提出了一种桥节点中心性(BNC)指标来识别桥节点。[37]BNC 的设计思想类似于桥接中心性指标,它整合了每个节点的流量和位置信息两种影响因子,显著降低了节点度的影响。

BNC 算法首次提出层次化通路的概念,将网络通路分为 5 个水平(level),如图 4-9(d)所示,具体描述如下:

(1) level 1:最短路径,即网络中两个节点之间距离最小的路径。

(2) level 2:路,即一对节点之间的最短路径,但不包括起点和终点,其距离大于1。例如,图 4-9(b)中的虚线路径是网络中的路。

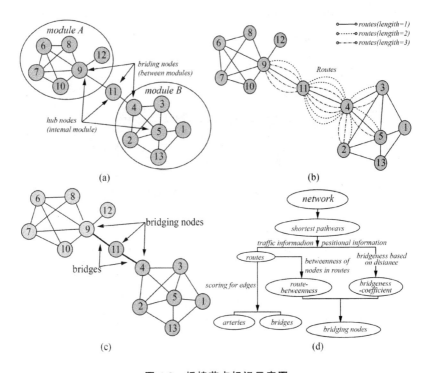

图 4-9　桥接节点标识示意图
注:(a) 为 hub 节点和桥接节点;(b) 为网络中的路线;(c) 为网络中的桥和桥接节点;(d) 为层次分解的桥接节点识别方法。

(3) level 3:主干路,即一种负荷网络中大部分信息交换的路。主干路应该是路的子集,例如,图 4-9(b)中"9-11-4-5"就是一条主干路。

(4) level 4:桥,即一种承担模块之间信息交换功能的路径。例如,在图 4-9(c)中,路径"9-11-4"就是两个模块之间的桥。

(5) level 5:桥节点,即桥的顶点,例如图 4-9(c)中,节点 4、9 和 11 是对应网络的桥节点。

桥节点中心性包括两个关键因子:路介数(route-betweenness)和桥系数(bridgeness-coefficient),它们分别衡量节点在网络中所承担的流量载荷与位置的重要性。

（1）路介数（BeR）：对于每个节点，路介数是通过这个节点路线权重的总和：

$$\text{BeR}(i) = \sum_{j=1}^{N} \omega_j \delta_j / d_j \qquad (4\text{-}31)$$

其中，N 表示路径的数目，d_j 表示节点的度，δ_j 表示狄利克莱函数，定义为：

$$\delta_j = \begin{cases} 1, & \text{if node } i \text{ in route } j \\ 0, & \text{if node } i \text{ not in route } j \end{cases} \qquad (4\text{-}32)$$

ω_j 表示路线 j 的权重，定义为：

$$\omega_j = P_j / L_j \qquad (4\text{-}33)$$

其中，P_j 表示信息流通过路线 j 的概率，L_j 表示路线 j 的长度。

（2）桥系数（BrCoe）：节点 i 的桥系数是所有其他节点（除了邻节点与间接邻节点之外）到它的距离之和的倒数（$\text{dis}_{ik} \neq 1, 2$），定义为：

$$\text{BrCoe}(i) = 1 \Big/ \sum_{k=1}^{n} \text{dis}_{ik} \qquad (4\text{-}34)$$

上式中，n 表示节点数目，dis_{ik} 表示节点 i 与 k 的距离，节点距离即它们之间的最短路径长度。BrCoe 提供的信息是评估节点位置中心性的重要指标。

（3）桥节点中心性（BNC）：BNC 是一种综合鉴定桥节点中心性的指标，它通过标准化路径中心性计算，定义如下：

$$\text{BNC}(i) = \text{BeR}_{\text{Norm}}(i) \times \text{BrCoe}_{\text{Norm}}(i) \qquad (4\text{-}35)$$

$$\text{BeR}_{\text{Norm}}(i) = \frac{\text{BeR}(i) - \min(\text{BeR})}{\max(\text{BeR}) - \min(\text{BeR})} \qquad (4\text{-}36)$$

$$\text{BrCoe}_{\text{Norm}}(i) = \frac{\text{BrCoe}(i) - \min(\text{BrCoe})}{\max(\text{BrCoe}) - \min(\text{BrCoe})} \qquad (4\text{-}37)$$

通过上述公式，能够计算每个节点的桥节点中心性得分，然后基于一个选定的阈值可以定义相应的桥节点。

算法流程如图 4-10 所示，具体步骤如下：

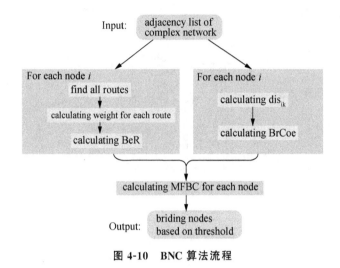

图 4-10　BNC 算法流程

（1）初始化网络邻接列表；

（2）对每个节点计算它与其他节点的距离 dis_{ik}，然后计算相应的桥系数 BrCoe；

（3）从网络中提取所有路，并计算每条路的权重；

（4）对每个节点计算路介数 BeR；

（5）基于桥系数和路介数，计算每个节点桥节点中心性的值 BNC；

（6）在给定截断 BNC 阈值的基础上，提取所有高于阈值的节点，并对其重要性进行排序。

桥节点中心性跟其他中心性指标相比的最大特点在于，它通过对信息流载荷与位置中心性的有效整合，提高了网络中重要节点，特别是桥节点的预测精度，并且克服了大多数指标受节点度值影响较大的问题。

4.11　多属性决策算法

现实中的复杂网络内部错综复杂，单一辨识指标或属性的评价存在偏差。因此,综合考虑多指标、多属性辨识重要节点,成为学者研究节点重要性的一个思路。基于多属性偏好信息集结的重要节点辨识的思想是把网络中的节点作为评价方案,把多个节点重要性辨识指标作为方案属性,将重要节点辨识转化为一个多属性决策问题。

于会等人[38]提出基于"逼近理想排序法(technique for order preference by similarity to an ideal solution,简称 TOPSIS)"的多属性决策方法,将网络中单个节点的度中心性、介数中心性、接近中心性和结构洞等多个指标作为决策评价方案的属性进行综合计算,以确定其在网络中的重要程度。[39]由于考虑多个重要性指标对节点进行综合评价可以涵盖诸多影响节点重要性的因素,不再片面强调某种单一因素的影响,因此可以得到比使用单一指标评价更为准确的节点重要性评价结果。

基于 TOPSIS 的多属性决策节点重要性综合评价方法的思想是将复杂网络中的每一个节点看作一个方案,将评价节点重要性的多个评价指标分别看作各方案的属性,则节点的重要性评价就转化为一个多属性决策问题,决策的准则是评价各方案在复杂网络中的重要程度。

假设复杂网络中有 N 个节点,则对应的决策方案集合可以表示为 $A=\{A_1,\cdots,A_N\}$。若评价每个节点重要程度的指标有 m 个,则对应的方案属性集合记为 $S=\{S_1,\cdots,S_m\}$。第 i 个节点的第 j 个指标的值记为 $A_i(S_j)$($i=1,\cdots,N$;$j=1,\cdots,m$),构成决策矩阵:

$$X=\begin{bmatrix} A_1(S_1) & \cdots & A_1(S_m) \\ \vdots & \ddots & \vdots \\ A_N(S_1) & \cdots & A_N(S_m) \end{bmatrix} \qquad (4\text{-}38)$$

由于方案的指标较多,众多指标之间存在错综复杂的关系,有效益指标(指标值越高,能力越强)和成本指标(指标值越高,能力

越差)之分,且各指标的量纲不同,为便于比较,对指标矩阵进行如下标准化处理:

$$
\begin{cases}
r_{ij} = \dfrac{A_i(S_j)}{A_i(S_j)^{\max}}, & \text{如果该指标为效益指标} \\[3mm]
r_{ij} = \dfrac{A_i(S_j)^{\min}}{A_i(S_j)}, & \text{如果该指标为成本指标}
\end{cases} \tag{4-39}
$$

其中,

$$
A_i(S_j)^{\max} = \max\{A_i(S_j) \mid 1 \leqslant i \leqslant N\}
$$
$$
A_i(S_j)^{\min} = \min\{A_i(S_j) \mid 1 \leqslant i \leqslant N\}
$$

规范化后的决策矩阵记为 $R=(r_{ij})_{N\times m}$。

设第 j 个指标的权重为 $w_j(j=1,\cdots,m)$,$\sum w_j=1$,和规范化决策矩阵 R 构成加权规范化矩阵:

$$
Y = (y_{ij}) = (w_j r_{ij}) = \begin{bmatrix} A_1(S_1) & \cdots & A_1(S_m) \\ \vdots & \ddots & \vdots \\ A_N(S_1) & \cdots & A_N(S_m) \end{bmatrix} \tag{4-40}
$$

根据矩阵 Y 确定正理想决策方案 A^+ 和负理想决策方案 A^-,其中,

$$
\begin{cases}
A^+ = \{\max_{i\in L}(y_{i1},\cdots,y_{im})\} = \{y_1^{\max},\cdots,y_m^{\max}\} \\
A^- = \{\min_{i\in L}(y_{i1},\cdots,y_{im})\} = \{y_1^{\min},\cdots,y_m^{\min}\}
\end{cases}, \quad L=\{1,\cdots,N\} \tag{4-41}
$$

根据下式计算每个方案 A_i 到正理想方案 A^+ 和负理想方案 A^- 的距离:

$$
\begin{cases}
D_i^+ = \left[\sum_{j=1}^{m}(y_{ij}-y_j^{\max})^2\right]^{1/2} \\[3mm]
D_i^- = \left[\sum_{j=1}^{m}(y_{ij}-y_j^{\min})^2\right]^{1/2}
\end{cases} \tag{4-42}
$$

计算理想方案的贴近度 Z_i,按照 Z_i 值的大小进行重要度排序,完成评估任务,贴近度的计算公式如下:

$$Z_i = \frac{D_i^-}{(D_i^- + D_i^+)}, \quad 0 \leqslant Z_i \leqslant 1 \tag{4-43}$$

胡钢等人提出了另一种基于 TOPSIS 的多属性决策算法。[40]
先根据节点的局部特性、全局特性及空间位置等特性,选取度中心
性、介数中心性、紧密度、结构洞与 k-核五个属性构建多属性复杂
网络重要节点辨识模型,对节点属性偏好信息进行分析、集结和融
合;再将网络中的所有节点作为评价主体,构建复杂网络多属性决
策矩阵,根据熵理论对节点属性赋权,计算其与理想重要节点的贴
近度并对节点重要性进行排序。

在决策过程中,考虑节点属性间的相关性影响,将属性间相关
系数矩阵引入 TOPSIS 方法中,融合各属性偏好信息,计算各节点
方案与理想节点方案的贴近度,最终得到节点重要性综合辨识结
果。其中,理想节点是指在网络中各指标值都为最优的节点。在
构建辨识重要节点模型中,利用熵理论对属性赋权,避免了主观赋
权的偏差。

侯(Hou)等考虑度、介数和 k-核三个不同的指标对节点重要
性的影响,采用欧拉距离公式,计算度、介数、k_s 等三个不同指标的
综合作用,[41]该指标记为:

$$D(i) = \sqrt{k^2(i) + C_b^2(i) + k_s^2(i)} \tag{4-44}$$

其中 $k(i)$、$C_b(i)$ 和 $k_s(i)$ 分别表示节点 i 的度、介数和 k_s 值。

此外,科明(Comin)等为了消除网络拓扑特性对节点重要性评
价造成的偏差,将度中心性与介数中心性结合,提出了改进的介数
中心性。[42]南特里塔(Namtritha)等提出了综合核数(k_s)指标、度
指标、节点间距离和多阶邻居影响潜力的 k-shell 混合法,深入挖掘
节点的位置特性。[43]郭晓成等通过计算节点与理想节点的余弦相
似度,提出相应的多指标节点重要性辨识方法。[44]

事实上,复杂网络的中心性节点受到网络多个属性特征的影
响,如果仅考虑其中某一个属性而忽略其他因素,则最终得到的结

果是具有明显偏好性的,并不能代表网络整体的中心性。因此,这就要求我们在作中心性分析时,可以综合多个属性特征,尽可能反映网络的整体性质,然而,应该考虑哪些属性以及以什么样的形式进行整合仍然是值得我们深入研究的问题。

参 考 文 献

[1] 汪小帆、李翔、陈关荣:《网络科学导论》,高等教育出版社 2012 年版。

[2]〔美〕纽曼:《网络科学引论》,郭世泽、陈哲译,电子工业出版社 2014 年版。

[3] 任晓龙、吕琳媛:《网络重要节点排序方法综述》,载《科学通报》2014 年第 13 期。

[4] 王建伟,荣莉莉、郭天柱:《一种基于局部特征的网络节点重要性度量方法》,载《大连理工大学学报》2010 年第 52 期。

[5] D. B. Chen,L. Y. Lü,M. S. Shang,*et al*. Identifying Influential Nodes in Complex Networks. *Physica A:Statistical Mechanics & Its Applications*,2012,391(4).

[6] 任卓明、邵凤、刘建国:《基于度与集聚系数的网络节点重要性度量方法研究》,载《物理学报》2013 年第 12 期。

[7] 刘建国、任卓明、郭强等:《复杂网络中节点重要性排序的研究进展》,载《物理学报》2013 年第 17 期。

[8] 郭世泽、陆哲明:《复杂网络基础理论》,科学出版社 2012 年版。

[9] P. Bonacich,P. Lloyd. Eigenvector- Like Measures of Centrality for Asymmetric Relations. *Social Networks*,2001,23(3).

[10] T. Martin,X. Zhang,M. E. J. Newman. Localization and Centrality in Networks. *Phys. Rev. E*,2014,90(5).

[11] R. Poulin,M. C. Boily,B. R. Msse. Dynamical Systems to Define Centrality in Social Networks. *Social Networks*,2000,22(3).

[12] L. Katz. A New Status Index Derived from Sociometric Analysis. *Psychometrika*,1953,18.

［13］ L. C. Freeman. Centrality in Social Networks Conceptual Clarification. *Social Networks*，1979，1(3).

［14］ V. Latora，M. Marchiori. Efficient Behavior of Small-World Networks. *Phys. Rev. Lett.* ，2001，87(19).

［15］ L. C. Freeman. A Set of Measures of Centrality Based on Betweenness. *Sociometry*，1977，40(1).

［16］ L. C. Freeman，S. P. Borgatti，D. R. White. Centrality in Valued Graphs: A Measure of Betweenness Based on Network Flow. *Social Networks*，1991，13(2).

［17］ G. Yan，T. Zhou，B. Hu，*et al*. Efficient Routing on Complex Networks. *Phys. Rev. E*，2006，73.

［18］ M. E. J. Newman. A Measure of Betweenness Centrality Based on Random Walks. *Social Networks*，2005，27(1).

［19］ S. P. Borgatti. Centrality and Network Flow. *Social Networks*，2005，27(1).

［20］ M. Kitsak，L. K. Gallos，S. Havlin，*et al*. Identification of Influential Spreaders in Complex Networks. *Nat. Phys.* ，2010，6.

［21］ A. L. Barabási，R. Albert. Emergence of Scaling in Random Networks. *Science*，1999，286(5439).

［22］ A. Zeng，C. J. Zhang. Ranking Spreaders by Decomposing Complex Networks. *Phys. Lett. A*，2013，377(14).

［23］ J. G. Liu，Z. M. Ren，Q. Guo. Ranking the Spreading Influence in Complex Networks. *Physica A: Statistical Mechanics and its Applications*，2013，392(18).

［24］ K. Stephenson，M. Zelen. Rethinking Centrality: Methods and Examples. *Social Networks*，1989，11(1).

［25］ M. Altmann. Reinterpreting Network Measures for Models of DiseaseTransmission. *Social Networks*，1993，15(1).

［26］ J.-M. Kleinberg. Authoritative Sources in a Hyperlinked Environment. *Journal of the ACM*，1999，46(5).

[27] S. Brin，L. Page. The Anatomy of a Large-Scale Hypertextual Web Search Engine. *Comput Networks and ISDN Systems*，1998，30.

[28] S. J. Kim，S. H. Lee. An Improved Computation of the Pagerank Algorithm. *Adv. Infor. Retr.*，2002.

[29] L. Zhang，T. Qin，T. Y. Liu，*et al*. N-step PageRank for Web Search. *Adv. Infor. Retr*，2007.

[30] S. Brin，L. Page. Reprint of：The Anatomy of a Large-Scale Hypertextual Web Search Engine. *Comput Netw.*，2012，56(18).

[31] L. Lü，Y. C. Zhang，C. H. Yeung，*et al*. Leaders in Social Networks，the Delicious Case. *PLoS One*，2011，6(6).

[32] Q. Li，T. Zhou，L. Lü，*et al*. Identifying Influential Spreaders by Weighted LeaderRank. *Physica A*，2014，404.

[33] R. S. Burt. *Structural Holes：The Social Structure of Competition*. Harvard University Press，1992.

[34] J. Ugander，L. Backstrom，C. Marlow，*et al*. Structural Diversity in Social Contagion. *PNAS*，2012，109(16).

[35] 苏晓萍、宋玉蓉：《利用邻域"结构洞"寻找社会网络中最具影响力节点》，载《物理学报》2015年第2期。

[36] W. C. Hwang，A. Zhang，M. Ramanathan. Identification of Information Flow-Modulating Drug Targets：A Novel Bridging Paradigm for Drug Discovery. *Clin. Pharmacol. Ther.*，2008. 84(5).

[37] W. Liu，P. Matteo，A. P. Wu. Identification of Bridging Centrality in Complex Networks. *IEEE Access*，2019，7.

[38] 于会、刘尊、李勇军：《基于多属性决策的复杂网络节点重要性综合评价方法》，载《物理学报》2013年第2期。

[39] M. Behzadiana，S. K. Otaghsara，M. Yazdani，*et al*. A State-of-the-Art Survey of TOPSIS Applications. *Expert Systems with Applications*. 2012，39(17).

[40] 胡钢、高浩、徐翔：《基于多属性偏好信息集结的复杂网络重要节点辨识》，载《浙江理工大学学报》2019年第4期。

［41］H. Bonan，Y. Yiping，L. Dongsheng. Identifying All-Around Nodes for Spreading Dynamics in Complex Networks. *Physica A : Statistical Mechanics & Its Applications*，2012，391(15).

［42］C. H. Comin，L. D. F. Costa. Identifying the Starting Point of a Spreading Proces in Complex Networks. *Physical Review E Statistical Nonlinear & Soft Mater Physics*，2011，84(5).

［43］A. Namtirtha，A. Duta，B. Duta. Identifying Influential Spreaders in Complex Networks Based on Kshell Hybrid Method. *Physica A Statistical Mechanics & Its Applications*，2018，499.

［44］郭晓成、马润年、王刚：《复杂网络中节点重要性综合评价方法研究》，载《计算机仿真》2017 年第 7 期。

第五章　边中心性

5.1　引　言

　　如果你查看有关网络科学的研究资料,就会发现一个非常有意思的现象:在已有的复杂网络研究中,网络拓扑结构中心性分析主要集中于节点中心性的探索,也就是说,人们热衷于发现网络中处于"核心"的那些关键节点。相比之下,对于网络中那些处于关键位置的连边的研究的关注度则比较低。在复杂网络中,节点和连边是网络拓扑的两个基本"结构单元",二者在网络拓扑及其性质方面的研究中具有同样重要的地位。连边是节点之间通信和联系的纽带,没有连边,节点就会变成"孤岛",所以说连边在维护网络局部和全局连通性方面发挥着重要作用。例如,在谣言的扩散过程中,想要阻断其传播,截断一条重要的信息通路比阻断一个重要节点更加切实可行;为了减少电力网络的相机故障,可以通过保护关键传输线路的方式实现。因此,关键连边的识别具有重要的实际意义,近年来,边中心性的研究逐渐引起一些学者的关注。

　　边中心性的度量比较复杂,这也是研究成果比较少的一个原因。如何定义边中心性是一个有趣的问题,显然,我们无法将节点和连边割裂开来思考这个问题。一条完整的连边同时也包含两个节点,故连边具有比节点更好的天然属性,可以同时兼顾节点和连边两种属性。换言之,如果一条连边在网络中处于中心地位,那么该边的两个节点在网络中也应该处于重要地位。因此,如果我们锁定了网络中处于中心地位的连边,那么同时也就锁定了相应的重要节点,这是很好理解的。连边在网络中重要性的一个著名成果是社会网络中的弱连接理论。弱连接理论告诉我们,很多机会通常来自某个与自己存在较弱连接的人。此外,弱连接还具有增强信息和知识传播,保持生物功能的稳定性以及在维持全球连通性方面起主导作用等功能。[1]

关于复杂网络中边中心性的思考,从不同的角度出发可以定义不同的度量指标。目前,边中心性主要从以下几个角度进行分析:通路、随机游走方式、信息和拓扑。基本上,这些指标大都从以下三个方面研究网络中连边的重要性:

(1) 信息流通过该连边的频率。

(2) 信息到达该连边需要的时间。

(3) 信息是否同时存在多条"路径"(如传播或感染路径)。

现有的边中心性方法主要通过量化事物在网络中以某种方式流动的程度衡量连边的重要性。边中心性的主要度量指标有:边介数中心性(edge betweenness centrality)、边荷载中心性(edge load centrality)、边随机游走介数中心性(edge random walk betweenness centrality)、桥接中心性(bridgeness centrality)等。

5.2　路径中心性

5.2.1　边介数中心性

与点介数中心性类似,我们可以作如下简单假设:网络中的每对节点之间,在每个单位时间都以相等的概率交换信息,并且假设信息总是沿着最短路径传输。如果两个节点之间存在多条最短路径,那么就随机选择一条最短路径。因此有以下问题:在足够的时间内,每对节点之间都传输了很多消息,那么网络中的哪条边是最繁忙的? 也就是说,经过哪条边的信息荷载最大?

边介数中心性是指网络中通过该边的最短路径数。[2]图 5-1 展示了一个网络中 8 个节点的示例,从该图中我们能够看出,网络分为两个模块,两个深色节点之间的连边承担着这两个模块之间所有节点的信息交换,如果删除该连边,网络将分裂为两个不连通的子网络,显然具有较高的边介数中心性得分。因此,这条边就好比这两个模块之间的"桥"状连接器,如果这条边发生故障将使整个网络通信瘫痪。

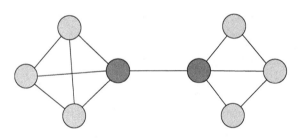

图 5-1　边介数中心性示意图

吉尔万(Girvan)和纽曼(Newman)将介数中心性的概念从点介数中心性扩展到了边介数中心性。[2]边介数中心性是以经过某条连边的最短路径的数目来刻画连边重要性的指标。网络中某条连边 e 的边介数定义为网络中节点对之间的最短路径包含连边 e 的比例,定义为:

$$C_e = \sum_{s \neq t} \frac{\sigma_{st}(e)}{\sigma_{st}} \qquad (5\text{-}1)$$

其中,σ_{st} 表示节点 s 和 t 之间最短路径的数量,$\sigma_{st}(e)$ 则表示这些最短路径中经过连边 e 的数量。边介中心性假设信息在网络上沿着最短路径进行传播,传播的路径不能重复。例如,流感病毒在社交网络中进行传播,但是,传播途径不可重复。[3]

连边的介数值越高,这条连边负担的信息荷载就越大,这条边也就越重要。如果某一个社团与其他社团之间的沟通无法绕开某条连边,则说明该连边在维护整个网络的连通性方面处于关键的核心地位。例如,在我国的公路运输网络中,川藏公路具有重要的战略价值,多年来一直承担着为西藏进行物资补给的重要任务,是不折不扣的交通大动脉,在我国交通网络中始终处于重要地位。另外,京沪铁路、京广铁路、同三高速以及京珠高速等也都是我国南北交通大动脉。

从控制物质、信息和能量传输的角度而言,边介数得分越高的连边在整个网络中的地位就越重要。如果这些连边发生故障,则会对整个网络中传输的效率和能力产生巨大影响。尽管在实际网络中,节点对之间并非所有信息的传输都是基于最短路径的,但是,边介数仍然近似刻画了连边对网络中信息流动的影响力。不过需要指出的是,大规模网络的边介数的快速有效计算仍然是一个需要研究的课题。

5.2.2 边随机游走介数中心性

边随机游走介数中心性是边介数中心性的一种变形,用来度量节点对之间随机游走的路径中通过连边 e 的路径所占的比例,定义为:

$$C_r(e) = \sum_{s \neq t} \frac{\omega_{st}(e)}{\omega_{st}} \qquad (5\text{-}2)$$

其中,$\omega_{st}(e)$ 表示节点 s 和 t 之间随机游走的路径中经过连边 e 的数量,ω_{st} 表示节点 s 和 t 之间随机游走的路径的总数。与边介数中心性不同的是,边随机游走介数中心性允许多次遍历节点和连边,但是这里仍然假设信息不能重复。[3]

5.2.3 *k*-path 中心性

与边介数中心性假设信息是按照最短路径传播不同,在实际网络中,信息实际上不仅仅只是沿着最短路径进行传播,还可以沿着多条路径进行传播。*k*-path 中心性就是模拟网络中信息沿着多条路径进行传播的一个指标,它假设信息在网络中最多沿着 k 条路径进行随机传播。[4]

给定一个网络 $G=\langle V, E\rangle$,对网络中任意一条边 e,它的 *k*-path 边中心性定义为:假设信息只沿着至多 k 条随机简单路径进行传播,那么对于所有可能的源节点 v,起源于节点 v 的信息遍历路径中经过连边 e 的路径占其遍历路径的比例的总和,即:

$$C_{k\,\text{path}}(e) = \sum_{s \in V} \frac{\sigma_v^k(e)}{\sigma_v^k} \tag{5-3}$$

其中,v 表示所有可能的源节点,$\sigma_v^k(e)$ 表示信息起源于节点 v,且遍历过程中经过连边 e 的 *k*-path 数量,σ_v^k 表示所有起源于节点 v 的 *k*-path 数量。

但是,在实际网络中,直接使用公式(5-3)是不可行的,因为它需要计算源于节点 v 的所有 k 条路径,并且这样所要消耗的计算量将是网络 G 中节点数量的指数级别倍数。这种级别的时间复杂度是无法令人接受的,为此研究者设计了一些能够有效替换 *k*-path 中心性的算法,能够有效计算边中心值。例如,边随机游走 *k*-path 中心性(ERW-*k*path),该算法主要包含两步:(1) 节点和边权值的分配。(2) 通过随机简单路径模拟信息的传播。在 ERW-*k*Path 算法中,选择一个节点或一条边的概率是一致的。如果假设选择一个节点或者一条边的概率不一,则称为加权的边随机游走 *k*-path 中心性算法(WERW-*k*path)。事实上,WERW-*k*path 算法要优于 ERW-*k*path 算法,这是因为在 ERW-*k*path 算法中,假设每个节点可以随机选择任何边(在那些尚未选择的边中)传播信息。然而,这种假设在现实社会网络中可能过于理想。为了更好地阐明这个概念,可以考虑像 Facebook 或推特(Twitter)这样的在线社交网络。在这两种网络中,一个用户可能拥有大量的联系人,他可以通过在线网络与这些联系人交换信息(例如,在 Facebook 上发帖或在 Twitter 上发推文)。然而,社会学研究表明,用户与之保持稳定社会关系的人数有一个上限,这个数字被称为邓巴数,[5]这意味着,在社交网络中,信息的传播存在一些优先级较高的连边。ERW-$k$path 算法简单且易于实现,但它可能无法识别消息传播的优先边。相比之下,在 WERW-$k$path 算法中,选择一条边的概率与该边已经获得的权重成正比,因此,WERW-$k$path 算法更能反映网络中信息流动的真实情况,在性能上要优于 ERW-$k$path 算法。

5.3　特征值中心性

给定一个具有 n 个节点 m 条连边的网络 G,边特征向量中心性得分由一个 m 维列向量 e 表示,其中,向量 e 的第 i 个分量 e_i($0 \leqslant e_i \leqslant 1$)表示网络 G 中第 i 条连边的特征向量中心性得分。设 A 为网络 G 的邻接矩阵,则关联矩阵 L 可表示为如下形式:[6]

$$L'L = A + \mathrm{diag}(de(G)) \tag{5-4}$$

其中,表示 $de(G)$ 节点的度值。

图 G 的关联矩阵 L 是一个 $m \times n$ 矩阵,如果节点 i 和边 j 是相关联的,则矩阵 L 中元素 $L_{ij} = 1$,否则 $l_{ij} = 0$。连边矩阵 $D = \{d_{ij}\}_{m \times m}$ 可以通过关联矩阵 L 得到,计算公式为:

$$D = L'L - 2I \tag{5-5}$$

其中,I 是单位阵,公式(5-5)能够保证不存在自循环的边。如果连边 i 和连边 j 是通过一个节点相连,则矩阵 D 中元素 $d_{ij} = 1$,否则 $d_{ij} = 0$。矩阵 D 反映了网络 G 中的连边通过相应节点连接的模式。

　　一条连边的重要性可以通过经由它的两个节点以及与其连接的那些连边的重要性衡量。当然,也可以在考察其直接相连的连边的重要性的同时,考虑与其邻近的连边的重要性,这有点类似递归的思想。根据上述观点,我们可以得到以下两点推测:

　　(1)一条与高度值节点相关联的连边应该具有较高的边特征向量中心性得分;

　　(2)一条被高度值节点递归包围的连边也应该具有较高的边特征向量中心性得分。

　　基于上述两点推测,边特征向量中心性的每条连边应该与跟它相连的所有连边的得分之和成比例。因此,对每条边有以下方程组成立,即:

$$\begin{cases} e_1 = d_{11}e_1 + d_{12}e_2 + \cdots + d_{1m}e_m \\ e_2 = d_{21}e_1 + d_{22}e_2 + \cdots + d_{2m}e_m \\ \quad\quad\vdots \\ e_m = d_{m1}e_1 + d_{m2}e_2 + \cdots + d_{mn}e_m \end{cases} \quad (5\text{-}6)$$

如果将式(5-6)表示成矩阵形式为:

$$e = De \Rightarrow (D - I)e = 0 \quad\quad (5\text{-}7)$$

显然,如果从方程组的角度来看,向量 e 本质上就是矩阵 D 的最大特征值的主特征向量,因此也称其为边特征向量中心性得分。

　　边特征向量中心性方法利用了这样一个事实,即一条边的重要性是由其连接边的重要性以迭代的方式度量的。那么,自然会有这样一个问题:一条连边如何由它的关联节点表示?一条连边最多只关联到两个节点,基于这一事实,可以直接从网络的关联矩阵中求出边特征向量中心性得分。

　　边特征向量中心性从局部和全局两个角度考虑了其他边对一条连边重要性的贡献,而 k-path 则只考虑了到一条边距离为 k 的连边对其重要性的贡献。它们的区别在于边特征向量中心性度量了直接连边和间接连边对连边重要性的影响,而 k-path 则只考虑了有限邻域内的影响。

5.4　拓扑中心性

（1）度积

连边 E 的度积定义为：

$$\text{Degree}_E = k_x k_y \tag{5-8}$$

其中，k_x 和 k_y 分别表示连边 E 的两个顶点 x 和 y 的度。它的一种扩展形式可以表示为 $(k_x k_y)^\theta$，其中，θ 是可调参数。[8]这里我们只关心连边的重要性排序，所以 θ 的值不是很重要，因此使用 $\theta=1$ 来计算连边的重要性即可。度积的计算只需要使用节点度的信息，比较容易实现。需要指出的是，该指标在高度值节点趋向彼此连接的同配网络中具有很好的性能，然而在高度值节点趋向于与低度值节点相连接的异配网络中，该指标的可靠性较低。

（2）拓扑重叠

拓扑重叠是一种基于拓扑结构的经典度量方式，它最初被应用于移动通信网络中连接强度的定量分析中。由于连接强度与重叠部分密切相关，因此可将连边的拓扑重叠指标定义为：[9]

$$\text{overlap}_E = \frac{n_{ij}}{((k_i - 1) + (k_j - 1) - n_{ij})} \tag{5-9}$$

其中，n_{ij} 表示节点 i 和 j 的共同网络邻居的数量，k_i 表示节点 i 的度值。该指标主要关注一条边的两个节点的邻居相同的概率。然而，无论一条边是否处于网络中的核心地位，该边的局部结构都是相同的，这会导致位置信息的丢失。

（3）桥接中心性

边的连接强度可以衡量其在保持网络连通性中发挥的重要作用。然而，边的强度信息通常很难量化与获得。例如，在社交网络中，要获得边的连接强度，则需要获得个体信息及其历史活动记录；在文本网络中，需要爬取相应内容并计算文本的相似度，这些过程非常复杂、耗时,甚至不可行。实际上,依据网络拓扑信息建立相应的指标具有很大的应用优势,例如,在社交网络和文本网络中,相似或相关的节点更容易连接到其他节点并形成局部集群。派系是描述网络集群的一种最简单结构,k-派系是指一个具有 k 个节点的完全连通子图。[10]一个节点 x 或者一条边 e 的派系大小定义为包含该节点或边的最大派系的大小。[11]在不同类型的网络中均存在不同规模的派系。

从派系的视角出发考虑连边的作用,可以发现派系内部的连边主要在派系内部成员的信息传递中发挥局部性作用,而位于派系之间将不同派系连接起来的连边在网络中发挥保障整个网络连通的全局性桥接作用。在此基础上,可将一条边 e 的桥接中心性定义为:[12]

$$B_e = \frac{\sqrt{S_x S_y}}{S_e} \qquad (5\text{-}10)$$

其中,x 和 y 是边 e 的两个顶点,S_x、S_y 和 S_e 分别是节点 x、y 和连边 e 的派系大小。如图 5-2 所示,节点 x、y 和 z 的派系大小分别为 $S_x=5$、$S_y=4$ 和 $S_z=3$;边 E、E' 和 E'' 的派系大小为 $S_E=S_{E'}=S_{E''}$

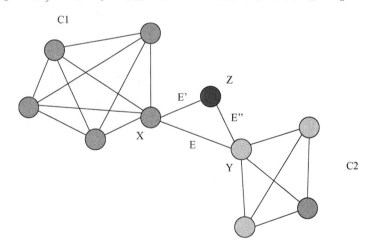

图 5-2   桥接中心性图例

$=3$。因此 $B_E = \dfrac{\sqrt{5 \times 4}}{3} = 1.49$。

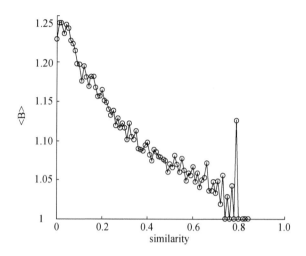

图 5-3 PNAS 引文网络中桥接中心性与内容相似性的关系
注：⟨B⟩是具有相同内容相似性的边的桥接中心性平均值。

从图 5-3 可以观察到一个有趣但令人惊讶的结果，即桥接中心性和内容相似性之间存在负相关性。也就是说，在 PNAS 引文网络中，两篇论文之间的内容相似性越弱，其桥接中心性就越强。从上述事实可以看出，具有强桥接中心性的连边在维持网络的全局连通性方面将发挥更重要的作用。

另外一种边的桥接中心性是黄（Hwang）等人提出的基于点桥接中心性理念的衍生算法。[13]他们首先使用边介数中心性指标取代点介数中心性指标；其次，在点的桥系数定义基础上给出边的桥系数定义。一条边 e 的桥系数定义为它的两个顶点 i 和 j 对应的桥接系数的加权平均值与这两个顶点的公共邻居数的倒数的乘积，即：

$$C_B(e) = \frac{d(i)C_B(i) + d(j)C_B(j)}{(d(i) + d(j))(\mid C(i,j) \mid + 1)}, \quad e(i,j) \in E$$

$$(5\text{-}11)$$

其中,$d(i)$表示节点 i 的度值,$C_B(i)$ 表示节点 i 的桥系数,$C(i,j)$ 表示边 e 的两个顶点 i 和 j 的公共邻居的集合,E 表示网络中连边的集合。一条边 e 的桥接中心性定义为:

$$C_{\text{Br}}(e) = R_{BC_e} \times R_{C_B(e)} \qquad (5\text{-}12)$$

其中,R_{BC_e} 表示边 e 在边介数中心性指标中的排序,$R_{C_B(e)}$ 表示边 e 在边的桥系数中心性指标中的排序,二者的乘积即为边 e 的边桥接中心性指标。

5.5　信息中心性

(1)网络效率

网络效率 E 描述了网络中的节点如何有效交换信息。[14] 给定一个具有 n 个节点 m 条连边的网络 G,假设在复杂网络中,物质、能量和信息沿着最短路径进行运输或者传播,并且两个节点 i 和 j 之间的通信效率 ε_{ij} 等于二者之间最短路径 d_{ij} 的倒数,则网络 G 的效率就是通信效率的均值,定义为:

$$E(G) = \frac{1}{n(n-1)} \sum_{i \neq j \in G} \varepsilon_{ij} = \frac{1}{n(n-1)} \sum_{i \neq j \in G} \frac{1}{d_{ij}} \qquad (5\text{-}13)$$

网络效率 E 用来衡量网络 G 的平均信息流量,$E(G) \in [0,1]$,并且对不连通的网络同样适用。

(2)边信息中心性

边信息中心性是基于网络效率来量化网络 G 中一条边的重要性。[15] 边 e 的信息中心性定义为从网络 G 中删除 e 之后导致网络效率的相对下降率,即:

$$C_e^I = \frac{\Delta E}{E} = \frac{E(G) - E(G_e')}{E(G)}, \quad e = 1,\cdots,m \qquad (5\text{-}14)$$

其中,G_e' 表示从网络 G 中删除连边 e 之后得到的包含 n 个节点和 $(m-1)$ 条连边的子网络,需要指出的是,这个定义对 G_e' 不连通的情况同样适用。显然,边信息中心性是一种层次性算法,可以依次从网络中删除信息中心性最高的连边,直到网络分解成互不连通的若干部分。

边中心性与点中心性算法的基本思路相似,但边中心性更加复杂一些,既需要考虑连边的属性,还需要考虑节点的属性。事实上,点中心性所探索的中心性节点具有以下特征:是社团中的 hub 节点或者是在各社团中起到"桥接"作用的节点。边中心性所探索的连边在具有社团结构的网络中应具有这样的特征:是连接不同社团的"桥梁"。这些特征说明社团结构与网络中心性之间存在某种联系,故社团结构与连边中心性之间的关系需要人们进一步探索。

参 考 文 献

[1] X. Cheng, F. Ren, H. Shen, *et al.* Bridgeness: A Local Index on Edge Significance in Maintaining Global Connectivity. *Journal of Statistical Mechanics: Theory and Experiment*, 2010, 10.

[2] M. Girvan, M. E. Newman. Community Structure in Social and Biological Networks. *Proc. Natl. Acad. USA*, 2002, 99(12).

[3] C. Mitchell, R. Agrawal & J. Parker. The Effectiveness of Edge Centrality Measures for Anomaly Detection. *IEEE International Conference on Big Data*, 2019.

[4] D. M. Pasquale, F. Emilio, F. Giacomo. *et al.* A Novel Measure of Edge Centrality in Social Networks. *Knowledge Based Systems*, 2012, 30.

[5] C. Cussins. Grooming, Gossip, and the Evolution of Language. *Journal of the History of the Behavioral Sciences*, 1998, 34(4).

[6] A. Xh, B. Wh. Eigenedge: A Measure of Edge Centrality for Big Graph Exploration. *Journal of Computer Languages*, 2019, 55.

[7] Y. Qian, Y. Li, M. Zhang, *et al.* Quantifying Edge Significance on

Maintaining Global Connectivity. *Sci. Rep.*, 2017, 7.

［8］ M. Tang, T. Zhou. Efficient Routing Strategies in Scale-Free Networks with Limited Bandwidth. *Phys. Rev. E*, 2011, 84(2).

［9］ J. P. Onnela, J. Saramäki, J. Hyvönen, *et al.* Structure and Tie Strengths in Mobile Communication Networks. *Proceedings of the National Academy of Sciences*, 2007, 104(18).

［10］ W. K. Xiao, J. Ren, Q. Feng, *et al.* Empirical Study on Clique-Degree Distribution of Networks. *Phys. Rev. E*, 2007, 76(3).

［11］ T. S. Evans. Clique Graphs and Overlapping Communities. *Journal of Statistical Mechanics Theory & Experiment*, 2010, 12.

［12］ A. K. Wu, L. Tian, Y. Y. Liu. Bridges in Complex Networks. *Phys. Rev. E*, 2018, 97(1).

［13］ W. C. Hwang, A. Zhang, M. Ramanathan. Identification of Information Flow-Modulating Drug Targets: A Novel Bridging Paradigm for Drug Discovery. *Clin. Pharmacol. Ther.*, 2008, 84(5).

［14］ V. Latora and M. Marchiori. A Measure of Centrality Based on Network Efficiency. *New Journal of Physics*, 2007, 9(6).

［15］ S. Fortunato, V. Latora, M. Marchiori. A Method to Find Community Structures Based on Information Centrality. *Phys. Rev. E*, 2004, 70(5).

第六章 点社团

6.1 引　　言

复杂性科学研究的核心理念之一就是深刻理解从微观基本单元到宏观复杂结构和统计规律之间的涌现机制。可以说,当前复杂网络研究中的众多问题都与该问题相关,例如,宏观动力学过程、宏观结构和宏观统计规律的涌现等。很多学者都注意到,直接找到从微观个体到全网的宏观结构比较困难,两个端点之间尚需要一个中间过渡,也就是以模体(motif)和社团(community)为代表的中观结构。这些中观结构的分布,在动力学过程中扮演的角色,从微观到中观以及从中观到宏观的涌现过程,都是值得高度关注的。

6.1.1 社团结构

复杂系统一般可看作由若干个功能子单元构成。功能子单元在不同的复杂系统中具有不同的含义,比如模块、社团、模组、群、团、组和类等。[1]在生物网络中,通常将这些功能子单元称为模块,而在其他复杂网络中大多称之为社团。关于社团的研究经历了一个长期的发展过程,然而至今尚无法给出一个精确的、量化的社团定义。目前,人们对社团的理解则是建立在一个广泛的感性共识之上,即社团应该是那些在网络内部连接较为紧密,彼此之间连接较为稀疏的网络子图。[2]图 6-1 给出了一个社团结构的示意图,可以看出这个网络包含 3 个社团。

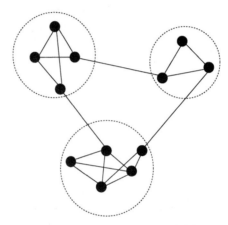

图 6-1   网络社团结构示意图[3]

人们对复杂系统进行聚类分析的研究源于一种感性的认识,比如我国古代就有"物以类聚,人以群分""近朱者赤,近墨者黑"等成语(图 6-2),这是人们通过观察发现的有趣现象。随着科学技术的发展,人们相继提出很多有效的方法对复杂系统进行聚类,比如图形分割、层次聚类、相似性聚类等,这些聚类方法在数学、物理、计算机、社会和生物等领域都得到广泛应用。近年来,在大规模复杂网络中检测社团的方法也取得了很大进展,推动了复杂网络方法在其他领域的应用。例如,在生物网络中,模块识别方法有效提高了功能模块预测的效率。生物科学家非常关注怎样利用蛋白质相互作用网络有效预测蛋白质复合物,而蛋白质复合物往往是以功能模块的形式存在。[1]在社会网络中,社团挖掘方法可以为从复杂的社会系统中有效识别某些特殊群体提供有力的技术支持。比如,安全部门可以通过研究恐怖分子的社交网络,锁定他们的头目,打击恐怖分子和犯罪集团;各大公司可以通过研究特定群体的兴趣爱好来开发新产品,推出新服务;金融系统则可以通过研究经济网络,发现金融危机爆发的规律和根源,进而规避金融风险;等等。因此,社团结构研究的重要性不言而喻。

图 6-2 教堂中人群的聚集

6.1.2 网络的模块性

复杂网络有三种重要的拓扑性质:小世界性、无标度性和模块性。米尔格拉姆通过一个社会实验,[2] 提出了著名的"六度分离"(six degrees of separation)推断,[4] 这在某种程度上反映了社会网络的"小世界"特性。[5][6] 巴拉巴西等人发现,很多真实网络的拓扑结构具有无标度特性。[7][8] 小世界性和无标度性是很多复杂网络的全局拓扑属性,然而,具有相似的全局拓扑属性的网络未必具有相似的局部拓扑属性,甚至可能完全不同。因此,如果只研究网络的全局拓扑属性,人们仍然无法了解复杂系统的运行机制和功能特征,进一步研究网络的局部拓扑属性及其功能是非常必要的。社团是复杂网络中典型的局部拓扑属性,一般情况下,一个社团对应复杂系统的一个功能子模块。

模块(module)是指复杂系统中一组在物理上功能相近的结构

子单元(节点),它们相互作用,可以协调完成某个或某些相对独立的功能。模块化结构在现实生产生活中随处可见,比如程序员编程需要建立代码模块,汽车和飞机等工业产品的生产组装,甚至几十万吨巨轮的生产都需要模块化生产线。复杂网络的模块性体现了系统与局部的关系,一个大型复杂系统通常是由很多不同规模的功能子模块整合而成。要直接研究整个系统的性质和功能是非常困难的,因此人们一般通过研究它的功能子模块进而推测整个系统的运行机制和功能特征。[2] 然而,模块的精确鉴定并不是一件容易的事,尤其在大规模复杂网络中更是十分困难。除此之外,我们还需要借助某种特定的工具来检验一个网络是否具有模块化结构,并建立合理的度量标准来评估模块的划分质量。

生物网络一般都具有明显的模块化结构,这些模块表现为具有一定功能的器官、组织、细胞和复合物等。常见的生物模块包括代谢模块、基因调控模块、通路模块、复合物模块、疾病模块以及功能特异性模块等。生物网络中研究最广泛的是蛋白质相互作用网络(protein-protein interaction networks,简称 PPIN),主要涉及人类、酵母、大肠杆菌和老鼠等物种的研究。蛋白质网络通常是由一些相互之间存在一定关联的蛋白质复合物(或功能模块)构成的,蛋白质复合物则是由若干蛋白质相互作用形成的,它们可以行使某些特定的功能。如果把蛋白质网络的构成看成一种金字塔结构,则塔底是最基本的结构组件蛋白质,蛋白质的上面一层是由蛋白质构成的可以重复出现的基本模式(基序),基序的上面一层是由基序整合而成的功能模块(functional module),可执行某种独立的细胞功能,塔顶则是由这些功能模块以层次嵌套的方式构成的蛋白质网络。从蛋白质相互作用网络中预测蛋白质复合物和功能模块,不但可以了解蛋白质网络的拓扑结构,进而探索蛋白质通过相互作用完成生命活动的奥秘,且对预测未知的蛋白质功能与相互作用也具有重要的参考作用。因此研究蛋白质相互作用网络的模块性,对人们从系统水平上理解生命的内在组织和过程有重要的理论意义,对疾病预防与治疗、药物设计等方面也有重要的参考价值。

近年来,社团发现方法的研究取得很大进展,研究的手段和视角都得到丰富和拓展,从数学模型到物理模型、从凝聚方法到分裂方法、从点社团到边社团方法、从随机游走到动力学方法、从全局到局部方法以及从只能发现非重叠社团到可以发现重叠社团方法等。本章将介绍一些有代表性的点社团挖掘方法。

6.2　层次聚类法

一般情况下,找到复杂网络社团划分的精确解是一个 NP 难问题,因此当网络规模很大时,不存在有效的精确解法。但是,即使算法找不到最优的网络划分,也可能会找到较好的划分。从某种意义上来说,算法的本质目的都是为了找到"较好"的划分。用于找到近似最优划分的算法称为启发式算法,例如,Kernighan-Li 算法[9]是图对分问题中最简单、最知名的启发式算法,而谱平分(spectral bisection)算法[10]则是被最广泛使用的图对分问题的启发式算法。为了不失一般性,本章所讨论的算法都是启发式算法。

层次聚类(hierarchical clustering)是从复杂网络中发现社团结构的一种传统算法。层次聚类背后的基本思想是:基于定义一种节点对之间的相似性或者强度指标,通过不断将节点凝聚为一个社团或分裂成不同社团的方法,把网络自然划分为若干个社团。根据聚类策略是自上而下(分裂),还是自下而上(凝聚),层次聚类法可分为两类:凝聚方法和分裂方法。[2]凝聚方法是将高相似度的节点合并到同一社团,而分裂方法则通过删除社团之间的低相似度链接实现社团之间的彼此分离。两种方法都会生成一棵表示社团划分的层次树,称为树状图,如图 6-3 所示。接下来我们将分别讨论基于这两种策略的经典社团发现算法。

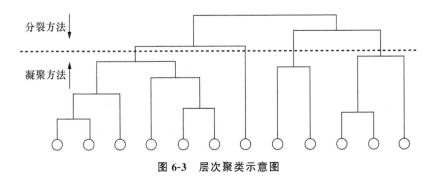

图 6-3　层次聚类示意图

6.2.1　分裂方法

分裂方法(divisive method)是一种自上而下的层级聚类方法，分裂的结果是将网络分解为单个节点，其中的每个节点作为一个社团。分裂方法的基本思想是：通过不断从网络中删除相似性最低的节点之间的连接检测网络中存在的社团结构。

GN 算法是吉尔万和纽曼提出的一种基于边介数的层次分裂算法。[11]该算法的基本思想是，通过不断从网络中移除介数最大的边的方式，将网络划分为若干个社团。

GN 算法计算步骤如下：

（1）计算网络中每条边的边介数；

（2）删除边介数最大的边；

（3）重新计算新生成网络中每条边的边介数；

（4）重复步骤（2）和（3），直到所有边被删除。

在上述步骤中，移除边介数最大的边之后，需要对生成的新网络重新计算每条边的边介数，导致算法的时间复杂度较高。需要说明的是，移除一条边仅仅影响与该边相连的其他边的边介数，因此每次只需要重新计算这些边的边介数即可，不需要理会其他边。社团结构比较强的网络往往会很快分裂成几个独立部分，这样大大减少了后续计算量。对于一个含有 n 个节点、m 条边的网络，GN 算法的最差时间复杂度为 $O(m^2 n)$，对于稀疏网络，该算法的时间复杂度为 $O(n^3)$。

GN 算法是分裂算法的典型方法，它从网络全局角度进行分析，弥补了一些传统算法的不足，成为社团结构分析的一种标准算法。然而，GN 算法的局限性在于针对那些事先无法知道社团数量的网络，无法预知最终应该分裂为多少个社团，也就无法判断应该分裂到哪一步停止，而在绝大多数真实复杂网络中，一般无法预先知道社团的数目。

近年来，研究者们提出多个基于 GN 算法的改进算法。例如，泰勒（Tyler）等人通过先对部分连接的边介数进行计算，再进行局部划分，避免了对网络中所有连接进行计算，但算法精度有所下降。[12] 陈（Chen）和袁（Yuan）也对 GN 算法进行了改进，他们的主要改进是在计算边介数时只考虑节点之间互不相交的最短路径。[13] 福图纳托（Fortunato）等人以信息中心性（information centrality）指标代替 GN 算法中的边介数以实现层次聚类，即每次从网络中删除信息中心性最高的边。[14] 该算法假设网络中任意两节点之间的信息总是沿着最短路径进行传播，通过引入网络有效率的概念，衡量网络节点间信息传播的有效性。该算法的缺点在于具有较高的时间复杂度，但它的优势是可以处理社团结构不是很明显的网络。

为了解决计算复杂度问题，拉迪奇（Radicchi）等人提出一种基于 GN 算法的快速分裂算法，它的基本思想是：用边聚类系数取代 GN 算法中的边介数衡量连接社团之间的连边，每次从网络中删除具有最小边聚类系数的连边。[15] 边聚类系数定义为实际包含该边的三角形的数目与所有可能包括该边的三角形的数目的比值，具体地，对于连接节点 i 和 j 的边，它的聚类系数定义为：

$$C_{ij} = \frac{z_{ij} + 1}{\min(k_i - 1, k_j - 1)} \tag{6-1}$$

其中,z_{ij} 表示包含该边的三角形的数目,$\min(k_i-1,k_j-1)$ 表示取二者的最小值。不难理解,社团内部边的连接比较紧密,存在的三角形数量相对较多,因此它的边聚类系数 C_{ij} 较大;两个社团之间连边的连接比较稀疏,通常只会含有极少量的三角形,甚至不包含任何三角形,故它的边聚类系数 C_{ij} 较小。因此,C_{ij} 可以作为衡量边的社团间连接性的指标。该算法仅需计算一些局部变量,因此大大减少了计算量,它的局限性在于它很依赖网络中存在的三角形的数目。

为了定量表示各个社团之间的紧密程度,筑波(Tsuchiura)等人引入布朗微粒来衡量网络中两个节点的"距离"。[16]在此基础上,周(Zhou)则基于这种距离矩阵引入相异性指数(dissimilarity index)的概念。相异性指数用来衡量网络中两个相邻节点属于同一个社团的概率。[17]他根据相异性指数指标,使用层次分级聚类方法将网络分裂为一系列的层次性社团。其中,每一个社团都由一个相异性的上下阈值来表征,该算法也适用于加权和有向网络。格雷戈里(Gregory)又提出一种用于检测重叠社团的 CONGA 算法,这是一种基于 GN 算法改进的可以发现重叠社团的检测方法,他在通过不断移除网络中的边的基础上,又增加了节点分裂的过程,即假定在社团检测过程中节点同时属于多个社团。[18]

6.2.2 凝聚方法

凝聚方法(agglomerative method)是一种自下而上的层级聚类方法,聚类结果是将整个网络合并为一个大型社团。凝聚方法的基本思想是:通过不断合并相似度超过某一特定阈值的社团形成具有层次性的社团结构。比较经典的凝聚方法有:布雷格(Breiger)等人提出的康科(Concor)算法[19]与德伊(Day)等人提出快速凝聚算法[20]。Newman 快速算法和 CNM 算法则是网络层次具有代表性的凝聚方法的贪婪优化算法,通过不断合并节点形成较大规模的社团,力图使每个社团的模块度最大化,但贪心优化算法的局限性在于与其他算法相比精度上没有优势。

1. Newman 快速算法

GN 算法具有较高的时间复杂度,一般只能处理中等规模的网络,而 Newman 快速算法则可以分析百万规模的大型复杂网络。Newman 快速算法(FN 算法)是一种基于贪婪算法思想开发的凝聚方法,它每次沿着模块度增大最多或减少最少的方向进行合并。[21] 对一个含有 n 个节点、m 条连边的网络,令 e_{ij} 表示社团内部节点之间连边数量占网络总边数的百分比,则 Newman 快速算法的具体计算步骤如下:

(1) 初始化网络中的所有节点为一个独立的社团,共得到 n 个初始社团。初始 e_{ij} 和 a_i 满足:

$$e_{ij} = \begin{cases} \dfrac{1}{2m}, & \text{如果节点 } v_i \text{ 和 } v_j \text{ 相连} \\ 0, & \text{其他} \end{cases} \tag{6-2}$$

$$a_i = \frac{k_i}{2m} \tag{6-3}$$

其中,k_i 为节点 v_i 的度,m 为网络中连边的总数。

(2) 依次按照 Q 的最大或者最小的方向合并有边相连的社团对,并计算合并之后的模块度增量。

$$\Delta Q = e_{ij} + e_{ji} - 2a_i a_j = 2(e_{ij} - a_i a_j) \tag{6-4}$$

(3) 合并社团对后,修改社团对称矩阵和社团 i、j 对应的行列。

(4) 重复执行步骤(2)和(3),不断合并社团,直到整个网络合并为一个社团为止。

Newman 快速算法按照凝聚方法得到网络社团的层次树状图,图中每一层对应着网络的一种社团结构。选择不同的位置断开,可以得到不同的网络社团结构。对于社团数量未知的网络,可以采用模块度指标判断社团划分质量,选择模块度最大的位置截断进行社团划分。Newman 快速算法的时间复杂度为 $O[(m+n)n]$，对于稀疏网络则为 $O(n^2)$。相对于 GN 算法，Newman 快速算法时间复杂度有很大提升，社团发现的效果与 GN 算法相当。

2. CNM 算法

在 Newman 快速算法的基础上，克劳斯特（A. Clauset）、纽曼和摩尔（C. Moore）等人采用堆结构来计算、存贮和更新网络模块度，并提出一种更加高效的贪婪算法，这里称为 CNM 算法。[22] 不同于 Newman 快速算法通过网络的邻接矩阵计算模块度的增量，CNM 算法直接构造一个模块度的增量矩阵，然后通过对矩阵元素进行更新得到模块度最大的一种社团结构。由于合并两个不相连的社团，其模块度不会发生变化，因此只需要考虑那些有边相连的社团的存储，这大大节省了存储空间。此算法用了以下三种数据结构：

（1）模块度增量矩阵 ΔQ_{ij}。ΔQ_{ij} 与网络邻接矩阵 A 一样，是一个稀疏矩阵。它的每一行都存在一个平衡二叉树以及一个最大堆。

（2）最大堆 H。该堆中包含模块度增量矩阵 ΔQ_{ij} 中每一行的最大元素，同时包括相应的两个社团的编号 i 和 j。

（3）辅助向量 a_i。

CNM 快速算法的具体步骤如下：

（1）初始化，这一步与 Newman 快速算法一样，将网络初始化为 n 个独立社团，模块度 $Q=0$。初始的 $a_i = \dfrac{k_i}{2m}$，其中，k_i 为节点 i 的度，m 为网络中连边的数量。如果节点 i 和 j 之间有边连接，则 $e_{ij} = \dfrac{1}{2m}$，且初始的模块度增量矩阵的元素：

$$\Delta Q_{ij} = e_{ij} - a_i a_j = \frac{1}{2m} - \frac{k_i k_j}{(2m)^2} \qquad (6\text{-}5)$$

否则，$\Delta Q_{ij} = 0$。得到初始化的模块度增量矩阵后，将该矩阵的每一行的最大元素提取出来构成最大堆 H。

（2）从最大堆 H 中选择最大的 ΔQ_{ij}，合并相应的社团 i 和 j，标记合并后的社团为 j；更新模块度增量矩阵 ΔQ_{ij}、最大堆 H 和辅助向量 a_i，然后记录合并后的模块度值 $Q = Q + \Delta Q_{ij}$。

（3）重复步骤（2），直到网络中所有的节点都合并到一个社团。

在 CNM 算法的执行过程中，模块度仅有一个最大值。因此，当模块度增量矩阵中最大的元素由正转负以后，即可停止合并，此时的社团结构就是网络的社团结构。由于采用了堆数据结构，这种算法相比 Newman 快速算法的计算速度有很大提高。克劳斯特等人利用这个算法成功分析了亚马逊网站（Amazon.com）上书店中网页的连接关系网络（包含 40 万个节点和 200 多万条边）。CNM 算法的时间复杂度为 $O(n\log^2 n)$，拥有近似线性的时间复杂性。

6.3 模块度方法

模块度（modularity）是纽曼等人提出的一种常用的评估社团划分质量的标准。[23]其核心思想是在不期望随机网络存在社团结构的前提下，将社团划分之后的网络与相应度分布的随机网络（一阶零模型）进行比较，模块度的值越大，社团结构越明显。模块度评价标准提出之后，涌现出一大批基于模块度函数优化方法的社团发现算法，主要有以下几类：

6.3.1 贪婪算法

贪婪算法的基本思想类似于 Kernighan-Lin 算法，即从某个初始划分开始，依次考虑网络中的每个节点，计算将该节点移动到另一个社团之后的模块度变化量。然后，选择移动后使得模块度增加最多或者减少最少的节点，将其移动到相应的社团中。重复该过程,但需要保证在算法的一轮执行过程中,一个节点只能移动一次。

当所有节点都恰好移动一次后,依次遍历网络所经历过的所有状态,并选择其具有最大模块度的状态。然后,把该状态作为新一轮算法执行的初始条件,并不断重复整个过程,直到模块度不再增加为止。

第一个最大化模块度算法由纽曼提出。[23]这种算法迭代地将社团两两合并,直至无法增大模块度。算法的计算步骤如下:

(1) 将每个节点划为一个单独的社团,即一开始有 n 个单点社团。

(2) 对于有至少一条连边相连的两个社团,计算合并两个社团前后模块度的改变 ΔQ。检查所有这样的社团对,找到合并后 ΔQ 最大的一对,将它们合并。需要注意的是,模块度始终是在整个网络上计算的。

(3) 重复步骤(2)直到所有节点合并到同一个社团,并记录每一步的 Q 值。

(4) 选择 Q 值最大的划分作为最终社团。

因为每个 ΔQ 的计算都可以在常数时间内完成,贪婪算法的步骤(2)需要 $O(m)$ 次计算。在决定哪两个社团进行合并后,更新矩阵所需时间在最差的情况下为 $O(n)$。由于该算法需要 $(n-1)$ 次社团合并,故其时间复杂度为 $O[(m+n)n]$。特别地,在稀疏网络上可进一步压缩为 $O(n^2)$,如果对算法进行优化,则可以将时间复杂度降低到 $O(n\log^2 n)$。

6.3.2　Louvain 算法

布隆德尔(Blondel)等人基于模块度的概念提出一种能够用于加权网络的层次化社团结构分析的凝聚算法,称为卢万(Louvain)算法。[24]Louvain 算法适用于大规模网络,具有更好的扩展性。算法主要由重复迭代的两个步骤组成,如图 6-4 所示。

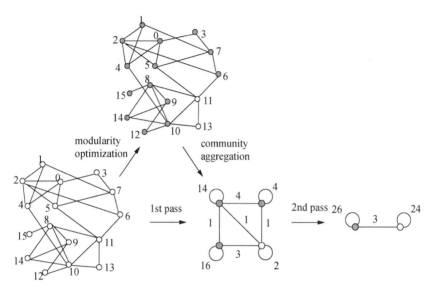

图 6-4 Louvain 算法处理过程示意图[24]

(1) 从一个有 N 个节点的加权网络开始,假设网络中每个节点都是一个独立的社团。对任意两个相邻的节点 i 与 j,把节点 i 依次放入其所有邻居 j 所属的社团中,计算将节点 i 加入其邻居节点 j 所在的社团 C 时的模块度增量 ΔQ:

$$\Delta Q = \left[\frac{\sum_{\text{in}} + 2k_{i,\text{in}}}{2w} - \left(\frac{\sum_{\text{tot}} + k_i}{2w} \right)^2 \right] - \left[\frac{\sum_{\text{in}}}{2w} - \left(\frac{\sum_{\text{tot}}}{2w} \right)^2 - \left(\frac{k_i}{2w} \right)^2 \right]$$

$$(6\text{-}6)$$

其中,$\sum_{\text{in}}$ 是社团 C 内部的连边权重之和(无向图的 L_c);$\sum_{\text{tot}}$ 是社团 C 所有节点的连边权重之和;k_i 是连入节点 i 的连边权重之和;$k_{i,\text{in}}$ 是节点 i 连接到社团 C 内部节点的连边权重之和;w 是网络中所有连边权重之和。

计算节点 i 与所有邻居节点的 ΔQ,然后选出其中最大的一个。如果 $\Delta Q > 0$,则将节点 i 加入社团 C,否则将节点 i 继续留在原始社团中。重复这种合并过程,直到无法继续合并,这样就划分出第一层社团结构。

(2) 构建一个新网络,将步骤(1)中得到的社团结构作为新网络中的节点,节点之间边的权重是两个社团之间所有边的权重之和。然后,利用步骤(1)中的方法对新网络进行社团划分,得到第二层社团结构。

步骤(2)完成后,重复步骤(1)和(2),将这两个步骤合称为一轮,如图 6-3 所示。依此类推,社团数每轮都会减少,重复操作直到模块度不再有变化,这样就得到最大模块度所对应的社团结构。

图 6-4 显示了把 Louvain 算法应用于包含 16 个节点的网络的社团结构分析的处理过程:第一层包含 4 个社团,第二层包含 2 个社团。

Louvain 算法更多地受到存储需求而非计算时间的限制。算法的第一轮迭代耗时最多,计算次数随 m 呈线性关系。因为后续各轮的节点数和连边数相应减少,算法的复杂度最多为 $O(m)$。因此,Louvain 算法可以在数百万节点的网络上识别社区。

6.3.3 模拟退火算法

在状态集上实现函数最大化(或者最小化)有多种不同的算法,理论上,任何一种算法都可以处理模块度最大化问题。其中使用最为广泛的一种优化策略是模拟退火(simulated annealing,简称 SA),其过程类似物理学中固体的缓慢冷却或"退火"。众所周知,一个热系统,如熔融金属,如果以足够慢的速度冷却到足够低的温度,那么最终会达到自己的基态(ground state),该状态下系统的能量最低。模拟退火的工作过程是把感兴趣的量(比如模块度)当作一种能量,然后模拟冷却过程,直到系统达到最低能量状态。由于希望找到最大而不是最小模块度,因此这里将能量等同于负模块度,而不是模块度本身。

模拟退火算法是一种全局优化算法,2005 年,吉梅拉(Guimera)和阿马拉尔(Amaral)提出了基于模拟退火算法的模块度优化社团划分算法(GA 算法),并应用到新陈代谢网络分析中。[25]GA 算法与 FN 算法具有相同的目标函数,与 KL 算法类似,从初始解开始,在每次迭代中,GA 算法产生、评价、接受或拒绝由当前解产生的候选解。GA 算法产生候选解的策略为:将节点移动到其他社团,交换不同社团内的节点,分解社团或者合并社团。

GA 算法通过计算候选解的 Q 值评价其优劣,并采用模拟退火策略的大都会(metropolis)准则决定是否接受它,允许以一定的概率接受较差的候选解而放弃较好的候选解,从而避免陷入局部最优解,增强了寻找全局最优解的能力,提高了算法精度。GA 采用的大都会准则定义如下:

$$p = \begin{cases} 1, & \text{if } C_{t+1} \leqslant C_t \\ \exp\left(-\dfrac{C_{t+1} - C_t}{T}\right), & \text{if } C_{t+1} > C_t \end{cases} \tag{6-7}$$

其中,$C_t = -Q_t$,p 表示接受$(t+1)$时刻候选解的概率,T 表示$(t+1)$时刻的系统温度。

GA 算法的效率完全取决于 SA 算法的效率,而后者的收敛速度通常很缓慢。此外,GA 算法对输入参数(如初始解、候选解搜索策略和降温策略等)非常敏感,不同的参数设置往往导致具有较大差别的聚类结果和运行时间。因此,GA 算法一般只能用于中小规模网络,为了提高 GA 算法的时间效率,纽曼提出了一种时间复杂度为 $O(n^2 \log n)$ 的 NE 算法。

6.3.4　极值优化算法

极值优化(extremal optimization,简称 EO)算法是一种求解模块度最优值的启发式搜索方法,其基本思想是:通过调整局部极值优化全局的变量,从而提高运算效率。杜赫(Duch)和阿瑞纳斯

(Arenas)使用该方法对模块度 Q 进行了优化,在这个优化问题中,局部变量的取值应该与每个节点对模块度的贡献大小有关。[26] 节点 v_i 的贡献大小 q_i 可表示为:

$$q_i = k_{r(i)} - K_i a_{r(i)} \tag{6-8}$$

其中,$k_{r(i)}$ 表示属于社团 r 的节点 v_i 与该社团内其他节点相连的边的条数,K_i 为节点 v_i 的度数,$a_{r(i)}$ 表示一端与节点 v_i 相连的边在整个网络所有边中所占的比例。模块度 Q 与 q_i 变量满足下面的关系式:

$$Q = \frac{1}{2m} \sum_i q_i \tag{6-9}$$

其中,m 表示网络的总边数。由于每个 q_i 都只与节点的度数有关,所以它显然是一个局部变量。为了与模块度 $Q \in [-0.5, 1]$ 保持一致,q_i 应处于 $[0,1]$ 区间内。为此作如下归一化处理:

$$\lambda_i = \frac{q_i}{k_i} = \frac{k_{r(i)}}{K_i} - a_{r(i)} \tag{6-10}$$

通过比较每个节点 λ_i 的大小,得到各个节点对社团结构的总的模块度的贡献大小。在定义局部优化变量 λ_i 以后,极值优化的启发式搜索算法的计算步骤如下:

(1) 初始化:把整个网络随机分成两部分,每个部分的节点数相同,视为网络的初始社团结构。

(2) 迭代:在每一次迭代中,将网络对所在社团贡献最小的那个节点移至与它相邻的另一个社团中。每一次移动后,都要重新计算网络中节点的新 λ_i 值。

(3) 重复步骤(2)的迭代,直到网络的社团结构达到"最优状态",也就是说,此时的模块度 Q 已经达到极值。

(4) 移除得到的社团之间的连边,将网络分裂成若干个社团;

(5) 在生成的每一个社团内部继续迭代,进一步分裂社团,直到整个网络的模块度达到最大。

当网络的模块度不再增加时,极值优化算法就停止迭代。但是,事实上,模块度是否会继续增加难以定量判断。在具体算法实现过程中,如果模块度 Q 在 an 步内都没有继续增加,就认为此时模块度已经达到一个局部极大值,这里 a 是一个设定的常数,n 为网络的节点个数。EO 算法存在一个明显的缺陷:一方面,算法的结果很大程度上依赖初始网络的划分情况;另一方面,这样很有可能仅仅得到局部极大值而非全局最优值。此外,EO 算法其实是一种二分算法,每一次分裂并不能保证得到最好的分裂结构,即不能保证得到最好的社团结构。虽然极值优化算法在大规模网络中会产生较差的结果,但它的最大特点是实现了精度和速度的平衡。

6.3.5 模块度的局限性

模块度优化方法也存在一些缺陷,即较大的模块度不一定意味着存在显著的社团结构。雷查特(Reichardt)和博恩霍尔特(Bornholdt)深入研究了这个问题,他们发现模块度优化算法存在局限性,即无法识别规模相对较小但十分明显的社团结构。[27] 模块度对个体之间的连接十分敏感,如果两个小社团被一些假阳性连边所连接,模块度优化算法会将它们合并为一个社团,即便它们根本不相关。

鉴于模块度在社团识别中的重要作用,必须意识到它存在的局限性。[28]

1. 分辨率极限

最大化模块度使得小社团必须被并入大社团。事实上,如果把社团 A 和社团 B 合并为一个社团,则网络的模块度变为:

$$\Delta Q_{AB} = \frac{l_{AB}}{L} - \frac{k_A k_B}{2L^2} \tag{6-11}$$

其中,l_{AB} 是社团 A 中节点和社团 B 中节点之间的连接数,社团 A 中所有节点的度之和为 k_A,社团 B 所有节点的度之和为 k_B。若 A 和 B 是完全不相连的社团,那么最大化 M 后,它们依旧分属社团。

如下所示,社团 A 和社团 B 完全不相连的情况并不总会发生。

考虑 $\dfrac{k_A k_B}{2L} < 1$ 的情况。根据公式(6-11),若两个社团之间存在至少一条连接($l_{AB} \geqslant 1$),则有 $\Delta Q_{AB} > 0$。因此,要最大化模块度就必须合并社团 A 和社团 B。简化考虑,假设 $k_A \sim k_B = k$,若这两个社团的节点的度之和满足以下公式:

$$k \leqslant \sqrt{2L} \qquad (6\text{-}12)$$

那么即使社团 A 和社团 B 完全不相连,合并它们依然会使模块度增加,这是模块度最大化的产物。若 k_A 和 k_B 确实小于公式(6-12)的阈值,这两个社团之间的连接的期望值小于 1。因此,即使两个社团之间只存在一条连接,也会在最大化模块度 Q 的时候使得两个社团合并。分辨率极限导致如下后果:

(1) 模块度最大化的方法无法检测到小于分辨率极限即满足公式(6-12)的社团。

(2) 真实网络中有大量小社团。根据分辨率极限公式(6-12),这些小社团会被系统地并入大社团,导致人们对社团结构的认识有所偏差。

若想避免分辨率极限的问题,可以通过进一步划分优化模块度得到的大社团实现。

2. 模块度的最大值

所有基于最大化模块度的算法都依赖一个假设:有清晰社团结构的网络一定存在对应最大 Q 的最佳划分。[29] 在实际操作中,我们希望最大值 Q_{max} 易于寻找,并且它给出的社团应异于所有其他划分给出的社团。然而,正如下面的内容所示,通常很难从一大群接近最优的划分中找到最优划分。

考虑一个网络有 n_c 个子图,连接密度 $k_c \approx 2L/n_c$。最优划分应该把每个子图划为一个单独社团,如图 6-5(a)所示,对应的模块度为 $Q = 0.867$。然而,如果把相邻子图两两合并为一个社团,将会得到一个更高的模块度 $Q=0.87$，如图 6-5(b)所示。一般来说，根据公式(6-11)，如果合并两个子图，模块度发生的改变为：

$$\Delta Q = \frac{l_{AB}}{L} - \frac{2}{n_c^2} \qquad (6\text{-}13)$$

也就是说，模块度 Q 的变化量小于 $\Delta Q = -\dfrac{2}{n_c^2}$。对于一个有 $n_c=20$ 个的社团网络来说，模块度的变化量最多为 $\Delta Q = -0.005$，与最大模块度 $Q=0.87$ 相比非常微小。随着社团数量增加，ΔQ_{ij} 趋近于零，因此找到最优划分会越来越难，因为最优划分和大量的次优划分的模块度几乎一样。换言之，模块度函数并不是在单一最优划分处存在峰值，而是存在一个如图 6-5(d)所示由高模块度值构成的高台。

图 6-5 展示了一个有 24 个社团的环形网络，每个社团包含 5 个节点。图 6-5(a)展示了直观划分的结果：最好的划分应该与网络配置一致，每个团簇是一个单独社团。这一划分的模块度为 $Q=0.867$。图 6-5(b) 展示了基于模块度的最优划分结果：如果如图中节点颜色所示，把相邻的团簇两两合并，会得到 $Q=0.871$，高于直观划分所得的模块度。图 6-5(c) 展示了随机划分的结果：模块度相近的划分可以有截然不同的社区结构。如果对每个团簇随机分配社团标签，即使不相连的团也允许划入同一社团，如图 6-5(c)中所示的 5 个高亮的团簇被划入同一社团。这一随机划分也有很高的模块度，$Q=0.80$，与最优值 $Q=0.87$ 相差无几。图 6-5(d)展示了模块度高原，根据 997 种划分方式给出图 6-5(a)对应网络的模块度函数值。纵轴表示模块度 Q，可以看到一个具有高模块度的高台形成，周围是大量的低模块度的划分。因此，并没有一个明确的模块度最大值。此时，模块度函数是高度退化的。

总之，模块度给出了理解网络社团结构的一个基本理论。事实上，它把一系列基本问题表达成一个简洁的形式，包括如何定义

(a)

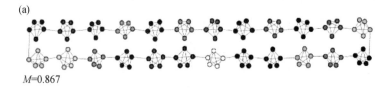

M=0.867

(b)

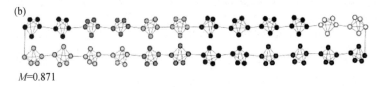

M=0.871

(c)

M=0.80

(d)

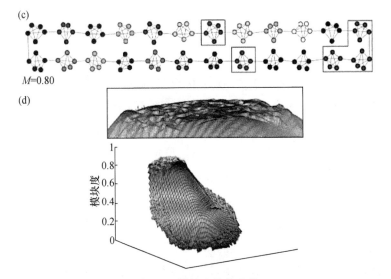

图 6-5　模块度的最大值

社团,如何选择合适的零模型,以及如何度量一个社团划分的优劣。因此,最优化模块度问题在社团识别领域中扮演着核心角色。

　　然而,模块度也存在一些众所周知的局限性。首先,它将弱连接的小社团强行合并。其次,网络通常没有明确的模块度最大值,而是存在一个模块度高台。高台中各个划分的模块度都很高,难以区分。高台解释了为什么很多最大化模块度算法能快速找到一

个高 M 值的划分,其实它们找到了接近最优 M 的诸多划分中的一个。最后,解析计算和数值模拟表明,即使随机网络也存在高模块度的划分,这与随机连接的网络没有内在社团结构的随机假设相矛盾,而模块度的概念恰恰源自后者。虽然模块度函数存在一定局限性,但它的出现对社团发现方法的发展起到极大的推动作用,仍然是社团划分质量的一个重要参考指标。

6.4 信息论方法

基于信息论(information theory)的观点,网络的模块结构可以被看作整个网络邻接矩阵的包含信息的压缩表示。基于这种思想,罗斯瓦尔(Rosvall)和伯格斯特伦(Bergstrom)基于最小描述长度(MDL)理论,提出映射方程(map equation)算法"Infomap"。[30] Infomap 算法的基本思想是:网络中的任何拓扑规律都可以被用来进行数据压缩。

Infomap 算法使用二进制的霍夫曼编码的方式编码节点、路径和社团,这样可以将社团发现问题转化为网络中随机游走路径编码长度的优化问题。优化问题的目标函数为网络中所有随机游走路径的编码总长度,这样具有最大编码压缩量的方式为最优社团划分。如图 6-6 所示,实际网络 X 通过编码器产生模块信号 Y,再通过解码器将信号 Y 解码,得到实际网络的一个还原估计模型 Z。从流程图来看,算法的关键是如何得到最优的模块 Y。从信息论的观点来说,当互信息 $I(X,Y)$ 最大时,模块 Y 能够最好地反映实际网络的拓扑结构。

Infomap 算法设计之初想解决的问题如下:如果在一张图上进行随机游走(不限步数的游走),如何用最短的编码来描述随机游走产生的路径?比如,图 6-7(a)展示了一段随机游走产生的路径,那怎么描述它先访问哪个节点,后访问哪个节点?

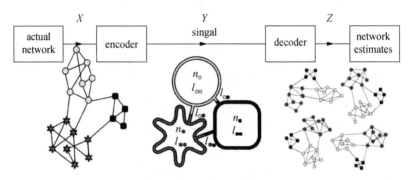

图 6-6　Infomap 算法检测社团的过程[30]

（1）原始做法：采用等长的二进制编码，每个节点一个编码，不同节点之间的编码不一样。

（2）高级做法：采用霍夫曼编码，每个节点一个编码，但是码的长度不一样。对于访问频率比较高的给予较短编码，对于访问频率比较低的给予较长编码。霍夫曼编码是一个数据压缩算法，根据随机游走访问每个节点的估计概率来给节点分配代码。图6-7(b)展示了这样的编码，显然，与等长编码相比，采用霍夫曼编码可以缩短描述的信息长度。

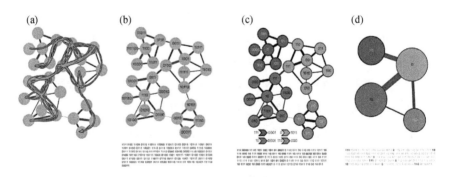

图 6-7　从数据压缩到社团

（3）进阶做法：采用双层结构，按不同节点划分社团，这样在编码时需要对两种信息编码。第一种是社团的名字，不同社团的名字编码不一样;第二种是每个社团内部的节点,不同节点的名字编码不一样。但是,不同社团内部的节点的编码可以重复使用。显然,在划分社团之后,每个社团内部的节点相对较少,可以采用短一些的编码。不同社团内部节点的编码重复使用,可以大幅缩短描述的信息长度。不同社团内部节点的编码重复使用,就好比不同城市里街道的名字可以相同一样,上海有南京路,武汉有南京路,青岛也可以有南京路。

在具体做法上,为了区分随机游走从一个社团进入另一个社团,除了社团的名字之外,Infomap 算法对于每个社团的退出动作也给予一个编码。考虑一个网络被划分成 n_c 个社团。我们希望以最高效的方式编码描述该网络上一个随机游走者的轨迹。也就是说,希望以最少个数的符号来描述轨迹。理想的编码应该利用这一事实:随机游走者往往会被困在社团内较长时间,如图 6-7(c)所示。

为了找到这样一种编码,建立如下规则:

(1)为每个社团赋予一个代码(索引代码本)。例如,图 6-7(c)中颜色最深的社团被分配了代码 111,颜色最浅的社团被分配了代码 0。

(2)为每个社团的每个节点分配一个代码。例如,图 6-7(c)中左上角节点被分配了代码 001。需要注意的是,一个节点代码可以在不同社团中反复使用。

(3)退出码表示随机游走者离开一个社团,不同深度颜色表示不同的社团,不同社团赋予不同退出码。例如,图 6-7(c)中颜色最深社团的退出码是 0001,颜色最浅社团的退出码是 1011。

这样在描述某个社团内部的一段随机游走路径的时候,总是以社团名的编码开头,以退出编码结束。Infomap 算法通过压缩网络上随机游走者的移动来识别社团。图 6-7(a)中灰色带箭头实线表示一个小网络上随机游走者的轨迹。为了以最少的符号描述这条轨迹,给重复访问的社团分配唯一的短名字。图 6-7(b)根据霍夫曼编码给每个节点分配唯一的名字,网络下方的 314 个比特描述了图 6-7(a)中所示的随机游走者的轨迹,从左上角第一个游走节点 1111100 开始,然后是第二个节点 1100,以此类推,最终停止在右下角的最后一个游走节点 00011。图 6-7(c)展示了随机游走的二级编码,每个社区有唯一的名字,社团内的节点名可以复用。这种编码平均减少了 32% 的编码长度。社团名字代码和退出每个社团的代码分别标注在图的左侧和网络下方箭头右侧。使用这种编码,可以用图 6-7(c)的网络下方给出的 243 个比特描述图 6-7(a)。前 3 个比特 111 表示游走从颜色最深社团开始,代码 0000 表示第一个游走节点,以此类推。图 6-7(d)只给出社团名字,忽略社团内各个节点的位置,就得到网络的一种高粗粒度表达,对应社团结构。

Infomap 的双层编码方式,把群组识别(社团发现)同信息编码联系在一起。一个好的群组划分,可以带来更短的编码。所以,如果能量化编码长度,找到使得长度最短的社团划分,那就找到了一个好的社团划分。

如何量化编码的长度? 假设现在有一种社团划分方式 M 将节点划分为 m 个社团,则描述随机游走的平均每步编码长度(average number of bits per step)可以通过寻找映射方程的最小值找到最优编码,用下面这个公式来度量:

$$L(M) = q_{\curvearrowright} H(Q) + \sum_{c=1}^{n_c} p_{\circlearrowright}^c H(P_c) \qquad (6\text{-}14)$$

公式(6-14)的第一项给出了描述社团间移动所需的平均比特数,其中,$q_{\curvearrowright}$ 表示随机游走者在某一步切换社团的概率,$H(Q)$ 表示编码社团名字所需的平均字节长度。第二项给出了描述社团内移动所需的平均比特数,$p_{\circlearrowright}^c$ 表示在编码中属于社团 c 的所有节点(包括跳出节点)的编码的占比,$H(P_c)$ 是社团内移动的熵,表示社

团 c 中所有节点所需的平均字节长度(注:跳出编码也作为一个虚拟节点放在了各自社团内一起编码)。需要注意的是,熵在一般的理解里是用来描述"系统的混乱程度",当一个随机变量为均匀分布时,它的状态最不确定,系统最混乱、不可预测,这个时候熵最大。而在编码理论里,熵还有一个解释是"编码每个状态所需的平均字节长度"。

公式(6-14)可简单理解为:平均每步编码长度 $L(M)$ 是两部分的加权和,一个是编码社团名字所需的平均字节长度,一个是编码每个社团中的节点所需的平均字节长度,权值是各自的占比。

如果要计算上述四个变量的值,只需要知道网络中每个节点的访问概率和每个社团的跳转概率。其中,访问概率的计算方法 Infomap 算法采取了类似 Pagerank 算法的做法:

(1) 初始所有节点都是均匀访问概率。

(2) 在每个迭代步骤里,对于每个节点有两种方式跳转:要么以 $(1-r)$ 的概率从节点 a 的连接边中选择一条边进行跳转,选每条边的概率正比于边的权重;要么以 r 的概率从节点 a 随机跳到网络上其他任意一点。

(3) 重复步骤(2)直到收敛。

当访问概率收敛后,即得到网络中每个节点的访问概率,这样每个社团的跳转概率便可以计算,更进一步地,$L(M)$ 也就可以计算。L 可视为品质函数,对网络的每一种社团划分赋予一个特定的值。为了找到最佳社团划分,必须在所有可能的划分上最小化 L。

Infomap 算法优化过程的实现方式与 Louvain 算法的步骤类似:

(1) 初始化,将每个节点都视作独立的社团;

(2) 对网络里的节点随机采样一个序列,按顺序依次尝试将每个节点赋给邻居节点所在的社团,取平均比特下降最大时的社团赋给该节点,如果没有下降,该节点的社团不变;

（3）重复步骤（2）直到 $L(M)$ 无法再被优化。

Infomap 算法将社团挖掘问题转化为信息压缩问题，这解决了分辨率极限问题。该算法运行速度快，不仅可以发现同配社团结构（社团内部连接紧密），还可以发现异配社团结构（社团内部连接稀疏），是一种能够实现快速识别社团的有效工具。Infomap 算法也存在一些诸如当社团结构不明显时，算法效率显著下降等问题，针对这些问题，人们也提出了一些改进方法，例如，有学者提出一种基于信息熵（information entropy）模块度的改进算法；也有学者结合信息熵和模块度，提出一种信息熵模块度的概念，并在此基础上给出社团划分的改进方案。

6.5　动力学方法

动力学方法（dynamic method）主要包括：随机游走模型（random walk model）、标签传播模型（label propagation model）和同步模型（synchronization model），等等。

6.5.1　随机游走模型

随机游走（random walk）的思想是休斯（Hughes）提出的。[31] 其基本思想是：从某个节点出发，按照一定的概率随机选择一个游走者所在节点的邻居节点作为游走路径，游走者处在网络上某一结点的概率，只与该结点的度有关，与游走者的起点无关。范东根（Van Dongen）于 2000 年提出基于马尔可夫随机游走模型的马尔可夫聚类算法（markov cluster algorithm，简称 MCL）。[32] MCL 的核心思想是：随机游走过程在拥有社团结构的网络上与完全随机的网络上存在显著差异。MCL 所依据的理论基础是：在网络 G 中的随机游走，如果它访问 G 的一个稠密子图（社团），除非子图中的大部分节点都被访问过，否则不会走出该社团。MCL 模拟了复杂网络中的随机游走概率,通过调整其对应的马尔可夫过程的转移概率计算方法,进一步强化较强的流,弱化较弱的流,使社团结构逐渐清晰。当社团内部的流较强,而社团间的流较弱甚至几乎不可见时,社团结构便呈现出来。MCL 算法在生物信息领域发挥了重要作用,许多学者运用该算法对蛋白质相互作用网络进行聚类研究,在蛋白质的相互作用、功能预测和结构分析等方面做出重要的贡献。

随机游走本质上是马尔可夫链的一种典型表现形式。令随机状态变量序列 $X_0, X_1, \cdots, X_n$ 为具有状态空间 Ω 的马尔可夫链,且对于每个状态 $X_0, X_1, \cdots, X_n \in \Omega$ 存在:

$$P[X_{t+1} = x_{t+1} \mid X_0]$$
$$= P[X_{t+1} = x_{t+1} \mid X_0 = x_0 \wedge X_1 = x_2 \wedge \cdots \wedge X_t = x_t]$$
$$= P[X_{t+1} = x_{t+1} \mid X_t = x_t] \tag{6-15}$$

则称该马尔可夫链是时齐的,即 $(t+1)$ 时刻的概率仅与 t 时刻的状态相关,且独立于参数 t。随机游走过程中的每一步状态转移都可以用概率进行描述,因此在网络 G 上的一次随机游走是指从某一结点开始,按照某一概率跳转到下一相连接的邻居节点,直到某一节点结束的过程。这一过程的实质是 MCL 算法的理论基础。

MCL 算法定义了三种矩阵操作,分别为扩展(expansion)、膨胀(inflation)及修剪(prune)。通过在随机矩阵上对以上三种操作进行迭代,将网络结构数据集划分成比较稠密的多个子网络,最终得到随机矩阵收敛。算法实现过程如下:

(1)扩展过程(expansion)是矩阵相乘的过程,用来模拟随机游走的扩展,使得随机矩阵具有齐次性。令 $G=(V, E)$ 是一个具有社团结构的网络数据集,其中,$V=\{v_1, v_2, \cdots, v_n\}$ 为网络的节点集合,E 为网络的连接边集合,对网络 G 进行加环,标准化使得邻接矩阵 E 中的元素 $0 \leqslant e_{ij} \leqslant 1$,且 $\sum_j e_{ij} = 1$,从而得到新的邻接矩阵

M 的公式：

$$M(i,j) = \frac{E(i,j) + I(i,j)}{\sum_{k=1}^{n} E(k,j)} \tag{6-16}$$

其中，$E(i,j) + I(i,j)$ 为矩阵加环，即各节点自身增加一条连接边，矩阵对角线元素增加 1。$E(i,j) \Big/ \sum_{k=1}^{n} E(k,j)$ 为矩阵标准化，$I(i,j)$ 为单位阵。

扩展操作如下：矩阵自乘，即两个矩阵相乘，表示为 $E_{\text{Exp}} = Z_{k,E}(v_i, v_j) = M^k$。当扩展值为 2 时，表示 $E(i,j)$ 通过节点 i 经过一步到达节点 j 的概率，类似地，当扩展值为 3 时，表示 $E(i,j)$ 通过节点 i 经过两步到达节点 j 的概率，即经历的步数越大，则游走出所在社团进入另一社团的可能性越大。因此，扩展值 k 增大，会减弱同一社团间的紧密性。

（2）膨胀过程（inflation）能够提高社团内流动概率，降低社团间流动概率，是随机游走收缩的过程，即使得社团内部随机游走的概率逐步增大，并且使社团之间随机游走的概率降低。

膨胀操作如下：矩阵点乘并归一化，即两个矩阵对应位置元素相乘，并执行矩阵列标准化。表示为：

$$T_{rM}(v_i, v_j) = \frac{(M(i,j))^r}{\sum_{k=1}^{n} ((M(k,j))^r)}, \quad r = 2, \quad E_{\text{Inf}} = T_{rM}$$

$$\tag{6-17}$$

（3）修剪过程（prune）是修剪社团节点连接的过程，包含三种修剪方式：

① 精确修剪（exact prune），即保存前 k 个概率较大的值，其余节点连接概率值归零；

② 临界值修剪（threshold prune），即取固定临界值 d，保留大于该临界值 d 的概率值，其余值置为零；

③ 精确修剪与临界值修剪融合,即先进行临界值修剪,再进行精确修剪并保留最终结果。精确修剪:$E_{Pru} = M'$,修建后的矩阵 E_{Pru} 的形成过程为:对称矩阵 $M(i,j)$ 中每一列的元素按从大到小排序,将第 k 个以后的元素的值置为 0,形成矩阵 M'。临界值修剪:当 $M(i,j) > d$ 时,$E_{Pru}(i,j) = M(i,j)$,否则 $E_{Pru}(i,j) = 0$。

(4)迭代以上操作,直至 $E_{Pru}(i,j) = (E_{Pru}(i,j))^2$。

MCL 算法的设计很简单,主要是由扩展过程、膨胀过程及修剪过程依次完成形成一次循环,在第 k 次循环中,计算得到的两个矩阵分别为 T_{2k} 和 T_{2k+1}。T_{2k} 是由 T_{2k-1} 经过扩展过程得到;同样地,T_{2k+1} 是由 T_{2k} 经过膨胀过程和修剪过程得到。根据以上算法分析可得,MCL 算法的时间复杂度为 $O(N^3)$。

6.5.2 标签传播模型

2007 年,拉加万(Raghavan)等人提出基于标签传播模型的代表性方法即标签传播算法(label propagation algorithm,简称 LPA)。[34] LPA 的基本思想是:节点的标签按照相似度传播给相邻的节点。节点标签传播过程中,每个节点都根据邻居节点的标签更新自己的标签。如图 6-8 所示,LPA 算法首先为每个节点初始化唯一的标签,然后在每次迭代过程中,每个节点将自身标签更新为当前它的邻居节点出现最多的标签。如果存在多个相同的最多标签,则随机选择一个执行更新。经过若干次迭代之后,具有相同标签的节点被归结为同一社团。

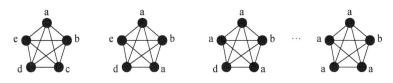

图 6-8 LPA 标签传播示意图[29]

LPA 算法的具体描述如下:

给定一个可以用 $G(V, E)$ 表示的网络，其中，V 是网络中节点的集合，而 E 是网络中边的集合。对于节点 $i(i \in V)$，用 L_i 表示节点 i 的标签，$N(i)$ 表示节点 i 邻居节点的集合。

在初始状态下，对每个节点赋予不同的标签，即 $L_i = i$。接下来，对每个节点的标签进行迭代更新，每次迭代中，节点的标签被更新为它的邻居节点标签中出现最多的那个标签，即：

$$L_i = \arg \max_l | N^l(i) | \qquad (6\text{-}18)$$

其中，$N^l(i)$ 表示邻居节点中标签为 l 的节点集合。如果有多个标签满足此条件，则随机选择一个标签作为节点 i 的更新标签。在每次迭代过程中，节点更新的次序完全随机。在标签的传播过程中，如果所有节点的标签都不再更新，则停止迭代，此时连接紧密的节点标签趋于一致，形成社团。

LPA 算法标签的传播次数与网络中社团的直径相关，与网络规模无关，因此能够快速收敛，该算法的时间复杂度为 $O(km)$，其中，k 是迭代次数，m 是网络中边的数目。LPA 方法的缺陷也十分明显，比如社团划分的结果不具备鲁棒性，无法发现重叠社团等。针对 LPA 算法存在的问题，人们相继提出改进算法，主要包括 COPRA[35]、SLPA[36]、Raghavan 等人的衰减参数控制算法[37] 和 DPA[38] 等。COPRA 为每个节点存储多个标签，标签以同步的方式进行传播，将每个节点的邻居节点的相同标签隶属度进行加和，并用标准化后的结果更新节点标签，它设定了额外的参数控制节点的隶属情况，可以产生重叠社团。SLPA 则将每个节点在更新迭代过程中的历史标签序列记录下来，在迭代结束后，对每个节点的历史标签序列中不同标签出现的频率进行统计。保留出现频率超过某一阈值的标签作为该节点的标签。由于 LPA 算法在标签传播过程中会形成特别大的社团，Raghavan 等人引入衰减参数来控制节点标签传播的距离，以有效防止大社团的形成。DPA 则是考虑到邻居节点对标签传播有正影响或负影响，首先快速确定社团的核心,然后扩展到整个网络中提取社团结构。目前,基于 LPA 算法的改进策略主要有两个:一是改进标签的更新策略,二是将标签传播与其他方法相结合。

6.5.3　同步模型

同步是在基本单元间具有相互作用的系统发生的一种涌现现象,在自然界和人类社会中普遍存在。在同步状态下,系统的基本单元处于相同或相近的状态。如果在网络的每一个节点上都放置一个处于随机初始状态的振子,则在最近邻相互作用下,处于同一个社团内节点上的振子将会很快达到同步状态。如果追踪整个同步过程,快速达到同步的社团状态将会稳定并且持续很久,因此可以很容易地对它们进行识别。该工作最早由阿雷纳斯(Arenas)等人进行,他们使用的是库拉莫托(Kuramoto)振子,即具有适当固有频率的二维矢量。[39]在原始的 Kuramoto 模型中,每个振子相位的演化遵循方程为:

$$\frac{\mathrm{d}\theta_i}{\mathrm{d}t} = \omega_i + \sum_j K\sin(\theta_j - \theta_i) \qquad (6\text{-}19)$$

其中,ω_i 是第 i 个振子的固有频率,K 是振子间的耦合强度,式中的求和遍历所有振子。如果耦合强度超过一个阈值(依赖于固有频率的分布宽度),则系统必定会达到同步状态。事实上,这个模型是定义在全连通网络上的,即每个振子都与其他所有振子耦合。然而,在一般网络中,每个振子只与少数几个最邻近振子耦合。为了揭示网络的局部同步效应,Arenas 等人引入度量振子 i 和 j 之间平均相关性(对不同的初始条件求平均)的局域序参量:

$$\rho_{ij}(t) = \langle\cos[\theta_i(t) - \theta_j(t)]\rangle$$

并使用特定阈值对相关系数矩阵进行二值化处理得到动态连接矩阵(dynamic connectivity matrix),进而获得网络的社团结构。当网络中出现度很大的枢纽节点时,该方法的表现不是很好。[40]另外,还有博卡莱蒂(Boccaletti)等人提出的 OCR(opinion changing rate)方法[41]以及 Li 等人提出的基于边界节点的重叠社团检测方法[42]等。需要指出的是,当社团大小差异很大时(大多数情况下如此),基于同步的方法一般不太可靠,因此这些方法倾向于找到一些大小均衡的社团。

6.6　数学物理方法

6.6.1　谱聚类

　　一些网络矩阵(如邻接矩阵、拉普拉斯矩阵、转移矩阵等)的特征值谱常包含一些网络结构的信息,如特征向量分量接近的节点更有可能属于一个社团。谱聚类(spectral clustering)是使用这些特征值谱对节点进行聚类的方法。图 6-9(b)显示了图 6-9(a)网络中的拉普拉斯矩阵;6-9(c)显示了该拉普拉斯矩阵最大的两个特征值所对应的特征向量;6-9(d)则显示了利用特征向量将节点映射到二维欧式空间,并用 k-均值聚类进而得到网络的社团结构。其一般流程为:首先计算网络某种矩阵前 k 大特征值对应的特征向量;其次以这些特征向量的分量为坐标将节点投影到一个 k 维欧式空间;最后使用标准聚类技术,如 k 均值聚类,将节点分组。使用不同的网络矩阵和不同的聚类方法可以构造出不同的算法。

　　根据不同策略,谱聚类方法主要分为以下三种:

　　(1)谱平分法构造相关矩阵,并计算其最小非零特征值所对应的特征向量,根据该特征向量中的分量符号对网络中的节点进行二分,重复该过程,直到社团个数达到指定数量,或者子网络无法继续再分;

　　(2)计算相关矩阵最小的(C−1)个非零特征值所对应的特征向量,利用这些特征向量将网络投影到(C−1)维度量空间,然后用

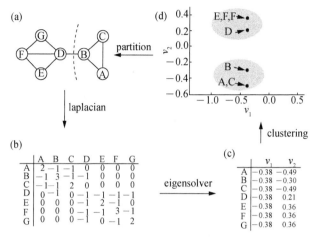

图 6-9　谱聚类方法示意图

聚类方法（如 k-means）进行划分；

（3）利用谱方法与核 k-means 聚类方法的等价性，将社团划分问题转化为对应的核 k-means 问题进行求解。

基于谱聚类的方法广泛应用于图分割问题，但该方法要么需要明确每次划分的社团大小，要么只能通过迭代二分实现社团划分，对于包含超过两个社团的网络来说，无法保证得到正确的结果，也难以确定迭代停止的条件。此外，谱聚类方法需要事先知道社团的个数 k，这在真实的复杂网络中基本是不可能的。通常情况下，一个实用的算法需要借助算法本身自主确定社团的个数，因此，这也限制了谱聚类在实际网络分析中的应用。

6.6.2　非负矩阵分解

1999 年，李（Lee）和宋（Seung）提出了非负矩阵分解（nonnegative matrix factorization，简称 NMF）模型，该方法被广泛应用于模式识别、图像处理和文本挖掘等领域。[44] NMF 模型可以描述为：给定一个大小为 $m \times n$ 的非负数据矩阵 D，该方法试图找到两个大小分别为 $m \times r$ 和 $r \times n$ 的非负因子矩阵 W 和 H 对 D 进行近似,即 $D \approx WH$。W 的每一列表示一个基矢,而 H 的每一列则描述这些基矢如何组合形成 D 中对应的样本。非负矩阵分解中的秩 r 通常满足 $(m+n)+r < mn$,实际上,r 的值通常满足 $r \ll \min(m,n)$。直观地,我们把 W 称为基本矩阵,而把 H 称为系数矩阵。

非负矩阵分解是一个具有不等式约束的非线性优化问题,即:

$$\min f(D, WH),$$

s.t. $$W \geqslant 0, \quad H \geqslant 0 \qquad (6\text{-}21)$$

其中,$f(D, WH)$ 是度量 D 和 WH 之间相异度的代价函数。在社团检测问题中,通常用网络的邻接矩阵 A 作为数据矩阵,用欧式距离 $f(A, WH) = \parallel A - WH \parallel^2$ 作为代价函数。

2011 年,Wang 等人利用 NMF 模型探测复杂网络中的社团结构,[45] 令 $X = W = H^{\mathrm{T}}$,则无向网络社团检测可以转化为下面的优化问题:

$$\min_{X \geqslant 0} \parallel A - XX^{\mathrm{T}} \parallel^2 \qquad (6\text{-}22)$$

其中,A 为邻接矩阵,非负矩阵 X 中的每一行代表每个节点的社团归属情况,X 可以通过以下乘法更新规则(multiplicative update rules):

$$X_{ij} \leftarrow X_{ij} \left(\frac{1}{2} + \frac{(AX)_{ij}}{(2XX^{\mathrm{T}}X)_{ij}} \right) \qquad (6\text{-}23)$$

求解模型。X 可以随机初始化,待其收敛后,对其每一行进行归一化,即 $\sum_j X_{ij} = 1$,则 X_{ij} 可以认为是第 i 个节点属于第 j 个社团的概率。

如图 6-10 所示,非负矩阵分解能自然识别重叠社团结构,为了得到非重叠划分,可以让每个节点归属到其所属可能性最大的那个社团。图 6-10(b)显示了图 6-10(a)中网络的邻接矩阵;图 6-10(c)显示了对邻接矩阵进行非负矩阵分解后得到的归一化 X,其中每个矩阵元素表示相应节点属于对应颜色社团的概率;图 6-10(d)

和图 6-10(e)分别显示了根据 X 得到的非重叠和重叠社团结构。

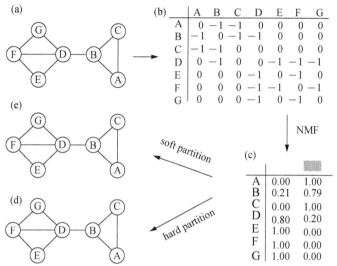

图 6-10 非负矩阵分解方法示意图

NMF 算法收敛速度慢,不适用大规模网络。2011 年,普索拉基斯(Psorakis)等人提出贝叶斯非负矩阵分解(Bayesian NMF)混合算法,在探测精度上有所提高,但它只能得到节点隶属的概率值,不能给出明确的节点划分。2013 年,张(Zhang)等人基于半监督学习的思想提出"must link"和"cannot link"的概念,该研究框架利用有关网络的先验信息,推广了 NMF 模型在社团结构检测中的应用,得到了更加准确的社团结构。[46]然而,需要指出的是,基于非负矩阵分解的社团检测方法需要社团个数作为输入参数,并且算法时间复杂度较高,这在一定程度上限制了其使用范围。

6.6.3 概率统计模型

若假定网络由某种潜在的网络模型产生,则通过定义适当的参数化变量可以将网络的社团结构探测看作数据拟合的问题。通过统计推断找到最可能的模型参数,以此拟合给定的网络结构,检测其中的社团。统计推断(statistical inference)是在观测结果和模型假设的基础上推断数据的属性。对于网络模型来说,就是要建立能够适应实际网络拓扑结构的算法模型。统计推断主要包括两种网络模型:贝叶斯推断(Bayesian inference)模型和随机块模型(stochatstic block model,简称 SBM)。

1. 贝叶斯推断

贝叶斯推断是使用一些生成网络模型(generative network model)对网络数据进行拟合,然后利用统计方法(如最大似然估计)对模型参数进行推断,进而得到网络社团结构的方法。[47]2006年,黑斯廷斯(Hastings)将社团检测问题转换成统计推断问题,在给定社团数目、社团内部连接概率以及社团之间连接概率的条件下,寻找具有最大似然估计的社团划分。[48]该算法需要预先给定上述参数,因此限制了该算法处理实际问题的有效性。2007年,纽曼和莱希特(Leicht)基于概率混合模型和 EM 算法对网络进行划分,这样不仅能够探测社团结构,还可以探测网络中按某种边的连接模式定义的其他结构。[49]纽曼和莱希特从有向网络的社团结构出发,通过引入社团内节点与网络其他节点连接的偏好参数,将网络的社团结构定义为具有相似连接模式的节点的集合。通过将无向网络中的边看作有向网络中两条连接同一节点的有向边,将其推广到无向网络。在给定社团数目的条件下,从所有可能的模型参数和社团划分中,寻找具有最大似然估计的结果。[50]该算法也需要预先指定社团个数,因此限制了其实际使用效果。2008年,霍夫曼(Hofman)和威金斯(Wiggins)采用与黑斯廷斯类似的方法,假设社团内部节点的连接以及不同社团节点之间的边的连接由两个参数化的概率确定,采用变分的方法进行贝叶斯推断,将网络的社团个数包含在关于网络结构的似然函数中,使得算法能够自动确定网络中存在的社团的个数,但该算法的时间与空间复杂度都比较高。[51]另外,贝叶斯推断存在一些困难的计算问题,特别是先验分

布 $P(\{\theta\})$ 不具有显著性。

2. 随机块模型

随机块模型(SBM)是一种常用的网络生成模型,由社会学领域的角色分析模型——块模型(block model)发展而来,根据概率对等性对具有相似角色的节点进行分类。[52]然而,这个基础模型没有考虑到大多数真实网络的异质性,因此不能很好地描述真实的社团结构。2007 年,汉德科克(Handcock)等人指出以往模型没有描述社团内部的传递性(有公共邻居节点的两个节点更有可能相连)和同质性(具有相似属性的节点更有可能相连),于是利用潜空间模型提出具有传递性和同质性的 SBM 模型。[53]类似用直线拟合非线性数据,基于后验概率的 SBM 模型缺乏适应性,无法精确拟合复杂的网络结构。为了改善这种状况,2011 年,卡雷尔(Karrer)和纽曼提出修正的随机块模型(DCSBM),通过引入适当的额外参数,使节点的度保持不变,并利用目标函数的启发式算法求解该模型,使得检测社团结构的精度显著提高。[54]与谱聚类和非负矩阵分解方法一样,基于统计推断算法的最大缺点是:需要设定社团个数作为输入参数。

6.6.4　物理模型

基于物理理论的社团检测方法主要包括:流方法、电阻网络方法以及自旋模型等。流方法的基本思想是:把网络看作一个流网络,网络中的边是能够通过单位流的管道,将所有不属于同一个社团的节点对分别作为源节点和目标节点,则不同社团间的边成为网络流的瓶颈,去除这些边就可以呈现社团结构。在实际运算中,通常根据最大流最小割定理,直接求解使得源节点和目标节点位于不同社团的最小二分解。与流方法类似,电阻网络方法把网络中的边看作单位电阻,把网络看作电路,将所有不属于同一个社团的节点对分别看作正负电极,当正负电极间存在单位电位差时,求解基尔霍夫方程,便可得到其他节点的电位值。如果网络中存在两个社团,当正负电极位于不同社团间的电阻两端时,节点间的电阻两端的电位谱间隙较大。根据这一原理,找出电位谱间隙最大的边,判断任意节点处的电位是否大于该边对应的间隙值,从而最终判定节点所属的社团。自旋模型则给每个节点分配一个自旋变量 s_i, $i=1,2,\cdots,n$,然后通过最小哈密顿量 $H(\{s\})$ 探测社团结构。社团检测的目标是找到使哈密顿量最小的自旋配置 $\{s\}$,这样就可以根据节点自旋对它们进行分组,将具有相同自旋的节点分配到一个社团。

基于物理相关理论的社团检测方法通常具有较小的算法复杂度,但是这类算法所检测的社团结构往往与实际社团结构差异较大,检测结果存在准确度不高的问题。例如,电阻网络方法虽然具有线性时间复杂度,但只能用于二分社团,且要求社团结构比较明显才有效。

6.7　机器学习方法

网络嵌入技术的出现,将深度学习技术引入网络分析中。网络嵌入通过从目标网络中每一个节点的若干个固定长度的随机游走中获得足够多的基于该节点的局部信息,克服了网络具有稀疏性的障碍。网络嵌入将从某一个节点开始的随机游走所得到的节点集合视为该节点所对应的一个句子,同时认为不同节点对应的句子之间具有独立同分布的特性。网络嵌入利用"word2vec"等词向量嵌入技术,输出对应网络中的节点在某一向量空间中的一个固定长度的表达。该表达能够捕获邻居的相似性和位于相同社团中的节点的潜在特征。近年兴起的 GNN 方法也能够直接通过对目标网络建立神经网络模型,使用监督或半监督的训练方式,对目标网络中节点的标签进行分析。

随着深度学习技术的出现,使得我们具备了自动寻找特征的能力。比如,深度学习中的卷积神经网络(convolutional nerual network, 简称 CNN)模型,能够直接以图像作为输入,输出图像对应的类别;在语音识别领域,深度学习的循环神经网络(RNN)模型,能够直接以语音为输入,输出对应的文字;在自然语言处理领域,深度学习中的词嵌入方法(word embedding),能够直接以文本作为输入,输出其中若干单词在某向量空间中的嵌入表达,从而实现对文本的精准理解;等等。通过深度学习对目标网络进行分析,主要分为基于网络嵌入的社团发现与基于图神经网络的社团两种方法。

6.7.1　基于网络嵌入的模型

DeepWalk 首次将基于深度学习的语义分析方法引入网络分析,它利用随机游走将网络的拓扑结构抽象为每一个节点对应的一串邻居序列,将网络中的节点投影到向量空间中。[55]LINE 通过将均匀随机游走推广到一阶和二阶加权随机游走,能够在数小时内将一个拥有数百万顶点和数十亿条边的网络投射到向量空间,从而解决扩展性的问题。[56]然而,这两种方法都有局限性,DeepWalk 使用均匀随机游走进行搜索,因此,它不能提供对已探索社团的控制。LINE 则采用一种广度优先搜索策略,没有考虑深度方向上的拓扑特征。需要指出的是,不同的搜索策略适用的网络结构不同,没有策略能够适用于所有网络拓扑。

格罗弗(Grover)等人提出了 node2vec 技术,他们通过设计一个有偏的二阶随机游走过程,将广度优先搜索(BFS)和深度优先搜索(DFS)策略结合起来,有效地对目标网络中的不同结构特征进行探索,生成每一个节点对应的邻居序列,然后采用 Skip-gram 模型,将目标网络中的节点嵌入一个向量空间中。[57]他们引入两个超参数 p 和 q 来控制该二阶随机游走过程。假设存在一个随机游走过

程正通过节点 t 到达节点 v,那么该随机游走需要通过评判从节点 v 到节点 x 的转移概率 π_{vx},决定下一步的目的地。在这里,转移概率 π_{vx} 定义如下:

$$\pi_{vx} = \alpha_{pq}(t,x)\omega_{vx} \tag{6-24}$$

其中,ω_{vx} 表示节点 v 和节点 x 之间的边权重,$\alpha_{pq}(t,x)$ 表示当前时刻下的权重,其定义式为:

$$\alpha_{pq}(t,x) = \begin{cases} 1/p, & \text{if} \quad d_{tx} = 0 \\ 1, & \text{if} \quad d_{tx} = 1 \\ 1/q, & \text{if} \quad d_{tx} = 2 \end{cases} \tag{6-25}$$

从上述两个公式可以看出,超参数 p 和 q 控制着随机游走过程的行为。这两个参数允许搜索过程在 BFS 和 DFS 之间进行插值,从而能够形成契合该目标的网络情况的节点序列。然后,采用 Skip-gram 模型中的负采样技术,node2vec 就能够通过这些节点序列对目标网络的节点进行学习,从而将这些节点映射到一个位于欧式空间的向量空间中。这样,通过节点嵌入技术,node2vec 构建了非欧空间中的拓扑分析和欧式空间中的机器学习之间的桥梁。然而,这种方法的缺点在于它们只关注节点之间的拓扑关系,忽略了节点具有属性这个普遍特征。为了解决这个问题,库玛(Kumar)等人将节点属性和拓扑结构看作两种不同的信息源,提出将共正则化谱聚类(co-regularized spectral clustering)应用于多种信息数据,对节点拓扑结构和属性进行聚类分析。[58]李(Li)等人提出利用 DANE 来捕获节点的拓扑结构和属性之间的相关关系,该方法强制统一节点对在原空间和向量空间中的相似性,通过最大化拓扑空间和节点属性相似性的向量空间的共性,寻找一个统一的向量空间,使其既能表征节点拓扑结构信息,又能包含节点的属性信息。[59]黄(Huang)等人在 DANE 的基础上,提出一种基于标签信息的带属性网络嵌入框架(LANE),将拓扑结构、节点属性和标签信息共同嵌入低维表示中。[60]然而,该方法需要进行矩阵分解,时间复杂度较高。廖(Liao)等人提出基于具有侵入层的神经网络的 ASNE 算法,通过神经网络将拓扑信息和节点属性信息分别嵌入对应的向量空间中,将这两个空间进行拼接。[61]在此拼接向量的基础上,叠加多个非线性层,并将最终输出转换为概率向量,其中包含输入节点到所有节点的预测链路概率。

6.7.2 基于图神经网络的模型

基于图神经网络的社团发现方法可以分为两大类:基于空间域(spatial domain)的方法和基于谱域(spectral domain)的方法。

基于空间域的方法主要是将现有的神经网络扩展到对图的拟合上。2017 年,哈密尔顿(Hamilton)等人提出 GraphSAGE 方法,该方法在网络邻居中抽取固定数量的节点并聚合这些节点特征于目标点上,为每一个节点生成其向量空间上的嵌入表达方法。[62] GraphSAGE 方法引入了三种聚合方式:平均聚合、基于长短时记忆网络 LSTM 的聚合和基于池化的聚合。这些聚合方式能够嵌入方法本身,从而形成端到端的训练系统。但是,其缺点在于不能显式过滤信息,从而可能受到噪声的影响。为了解决这个问题,韦利科维奇(Velickovic)等人提出了图注意网络算法即 GAT 算法。[63] GAT 算法允许对邻居节点采用不同的聚合权重,提高了算法的性能。

基于谱域的方法主要利用图的谱表示对网络的节点进行分析。2013 年,布鲁纳(Bruna)等人通过将卷积算子推广到谱域,得到一种新的卷积算子,并基于此定义一个对角矩阵作为神经网络中每层的可训练参数。[64] 2015 年,赫纳夫(Henaff)等人提出了一种新的参数化方法,他们通过引入平滑核(smoothing kernel)来更好地捕获节点在网络结构中的空间局域性。[65] 2016 年,德费拉德(Defferrard)等人采用切比雪夫多项式对拉普拉斯矩阵进行近似展开,从而递归地对图的拉普拉斯矩阵进行运算,使其不再需要进行矩阵特征分解。[66]同年,基普夫(Kipf)等人提出对这些图的拉普拉斯矩阵进行多项式展开,且仅仅采用一阶近似谱卷积也是有效的,并提出图卷积网络(GCN),能够快速地提取出节点的有用信息。[67]

6.8   重叠社团发现方法

前面讨论的大部分方法只能实现对复杂网络的硬划分(hard partition),即每个节点只能属于一个社团。然而,在实际网络中,一些节点可以属于不同社团,这种节点称为"骑墙节点"(overlapping nodes)。例如,图 6-11 展示了一个由虚线包围的三个社团构成的网络,其中,灰色表示的 4 个节点为骑墙节点。

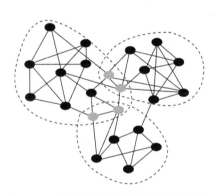

图 6-11   具有重叠性的社团结构示意图

6.8.1   派系过滤方法

社团之间相互重叠的现象比较普遍,帕拉(Palla)等人提出一种派系过滤(clique percolation,简称 CP)算法,可以发现社团的重叠结构,该算法的应用软件 CFinder 在生物网络中也有应用。[68]CP 算法的基本思想是:处于同一个社团内部的节点之间连接相对紧密,更容易形成派系结构。CP 算法是首先采用由大到小、迭代回归的方法寻找网络中所有不同大小的派系,再根据这些派系得到相应的重叠矩阵,最后利用重叠矩阵求得任意k-派系社团。

1. k-派系社团的定义

k-派系(k-clique)是网络中包含k个节点的全耦合子图,即这k个节点中的任意两个节点之间都有边相连。如果两个k-派系有($k-1$)个公共节点,那么就称这两个k-派系是相邻的。如果一个k-派系可以通过若干个相邻的k-派系到达另一个k-派系,就称这两个k-派系是彼此连通的。网络中由所有彼此连通的k-派系构成的集合就称为一个k-派系社团。例如,网络中的3-派系社团即代表彼此连通的三角形的集合,其中任意相邻的两个三角形都具有一条公共边。

如果某个节点属于多个不相邻的k-派系,那么该节点就会位于不同的k-派系社团的重叠部分。图 6-12 展示了一个包含 4-派系社团的网络,从图中可以看出,右侧的两个社团之间有一个重叠节点,左下方的深灰色和右下方的浅灰色社团之间有三个重叠节点。

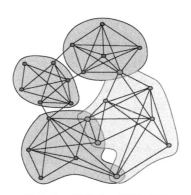

图 6-12 重叠的 4-派系社团

2. 寻找网络中的派系

CP 算法首先从网络中各节点的度可以判断网络中可能存在的最大全耦合子图的大小 s。从网络中一个节点出发,找到所有包含该节点的大小为 s 的派系后,删除该节点及连接它的边(这是为了避免多次找到同一个派系)。其次,另选一个节点,再重复上面的步骤直到网络中没有节点。至此,找到了网络中大小为 s 的所有派系。最后,逐步减小 s(每一次 s 值减小 1),再用上述方法便可寻找到网络中所有不同大小的派系。

CP 算法的关键问题是:如何从一个节点 v 出发寻找包含它的所有大小为 s 的派系? 为了解决这个问题,CP 算法采用了迭代回归的策略:

对于节点 v,定义两个集合 A 和 B。其中,A 为包括节点 v 在内的两两相连的所有点的集合,而 B 则为与 A 中各节点都相连的节点的集合。为了避免重复选到某个节点,在算法中,对集合 A 和 B 中的节点都按节点的序号顺序排列。

在定义集合 A 和 B 的基础上,步骤如下:

(1) 初始集合 $A=\{v\}$,$B=\{v$ 的邻居$\}$。

(2) 从 B 中移动一个节点到集合 A,同时调整集合 B,删除 B 中不再与 A 中所有节点相连的节点。

(3) 如果 A 大小未达到 s 前集合 B 已为空集,或者 A、B 为已有一个较大的派系中的子集,则停止计算,返回递归的前一步。否则,当 A 达到 s 时就得到一个新的派系,记录该派系,然后返回递归的前一步,继续寻找新的派系。

由此,就可以得到从 v 点出发的所有大小为 s 的派系。

3. 利用派系寻找 k-派系社团

找到网络中所有的派系以后,就可以得到这些派系的重叠矩阵。与网络连接矩阵的定义类似,该矩阵是一个对称的方阵,每一行(列)对应一个派系。对角线上的元素表示相应派系的大小(即派系所包含的节点数目),而非代表两个派系之间的公共节点数。

在派系重叠矩阵中将对角线上小于 k 而非小于$(k-1)$的那些元素的值置为 0,其他元素的值置为 1,就可以得到 k-派系的社团结构连接矩阵。其中,各个连通部分分别代表各个 k-派系的社团。

图 6-13 给出了寻找 4-派系社团的一个例子，左上角的图表示原网络，右上角的图表示该网络的派系重叠矩阵，左下角的图表示对应 $k=4$ 的 k-派系社团连接矩阵，右下角是 k-派系社团连接示意图。

　　派系过滤算法中 k 的取值会影响 CP 算法所检测的社团，k 值越小，得到的社团规模越大，社团内的连接相对稀疏；反之，k 值越大，社团结构内部连接越紧密，社团规模会变小。派系过滤算法面临的问题是，一般没有先验信息或者合理的方法指导参数 k 的选取，而且时间复杂度较高，计算时间随着网络规模呈指数增长。

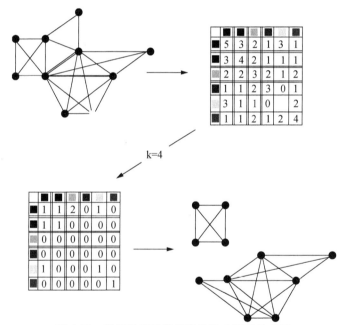

图 6-13　利用派系重叠矩阵寻找 4-派系的社团

　　为了提高派系过滤算法的运行效率，昆普拉（Kumpula）等人提出了一种快速的改进方法，称为序列派系过滤（sequential clique percolation）算法。[69]它从一个空网络开始，然后依次把所研究网络的边添加进来。在添加的过程中，通过搜索新加边邻居中是否有$(k-2)$-派系，以确定新加边是否形成 k-派系。该算法的运算时

间随着 k-派系数目的增加呈线性增加,因此在实际应用中变化很大,但它比原始的派系过滤算法要快很多。

6.8.2 NeTA 算法

1. 社团属性

(1) 结构属性

NeTA 算法定义了两种类型的结构属性:强社团结构和弱社团结构。[70] 如果一个网络子图内部的连边数大于它外部的连边数,则称其具有强社团结构;如果一个网络子图不是强社团,但是它的内部连边数大于它与其他任意社团之间的连边数,则称其具有弱社团结构。

对一个包含 n 个节点和 m 条边的复杂网络,假设网络中存在 s 个社团 $C_i (i=1,\cdots,s)$,这里记社团 C_i 的内部连边数为 $L_{in}(i)$,社团内部的节点数记为 $node(i)$,社团外部的连边数记为 $L_{out}(i)$,社团 C_i 和社团 C_j 之间的连边数记为 L_{ij}。则对任意一个社团 C_i,弱社团结构函数定义如下:

$$g_{ij} = L_{in}(i) - L_{in} \quad (j=1,\cdots,s; i \neq j) \qquad (6-26)$$

如果所有的 g_{ij} 均大于零,则我们称社团 C_i 为一个弱社团。如果 C_i 是一个弱社团,并且同时满足强社团结构函数的定义:

$$f(i) = L_{in}(i) - L_{out}(i) > 0 \qquad (6-27)$$

则称社团 C_i 是一个强社团。如果一个网络子图既不满足强社团定义,也不满足弱社团定义,则认为这样的子图不具备社团结构。除此之外,NeTA 算法还规定任意社团 C_i 必须满足以下两个约束条件:

$$L_{in}(i) \geqslant 3; \quad node(i) \geqslant 3 \qquad (6-28)$$

即任意一个社团 C_i 至少包含 3 条边和 3 个节点,也就是说,最小规模的社团结构是一个三角形。

图 6-14 给出了一个社团结构属性的例子,在如图所示的网络

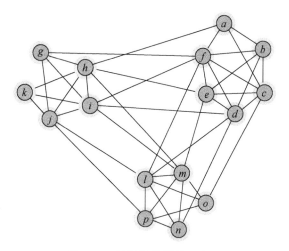

图 6-14 社团结构属性示意图

中存在 3 个社团 C_1（节点 a、b、c、d、e 和 f 组成的社团），C_2（节点 g、h、i、j 和 k 组成的社团）和 C_3（节点 l、m、n、o 和 p 组成的社团）。根据结构属性定义可知，社团 C_1 是一个强社团，而 C_2 和 C_3 则是弱社团。

（2）成员属性

社团的结构属性从网络结构整体特征上给出了社团的量化定义，而成员属性则是对社团内部成员应该满足局部条件的量化定义。社团成员有两种类型：一种是普通成员，另一种是重叠成员。它们具有不同的属性，特别是重叠成员属性比较复杂。下文中的社团成员属性定义仅针对普通成员，重叠成员属性将单独定义。

社团的普通成员可以根据它在社团内外的邻居数目来量化，即社团成员应具备如下属性：在该社团内部，它的邻居的数量应该多于在其他任何一个社团内它的邻居的数量。记节点 k 在社团 C_i 内的邻居数目为 $\mathrm{neigh}_k(i),(i=1,\cdots,s)$，则社团成员函数定义如下：

$$h_{ij} = \mathrm{neigh}_k(i) - \mathrm{neigh}_k(j),\ (j=1,\cdots,s;i \neq j)\ \mathrm{node}(i) \geqslant 3$$

$$(6\text{-}29)$$

如果所有 $h_{ij}(j=1,\cdots,s;i\neq j)$ 均大于零,则称节点 k 为社团 C_i 的内部成员。也就是说,每个节点应该加入它的多数邻居所在的社团,除非它是重叠节点。

（3）重叠成员属性

社团的重叠成员属性是一种特殊的成员属性,已有的方法大都基于某个指标对重叠节点进行量化。为了更好地鉴定重叠节点,NeTA 算法整合了三个不同的指标来量化定义重叠节点属性。记节点 k 与社团 C_i 之间的连边数为 $l_k(i)$,记它到社团 C_i 的核心成员的距离为 $d_k(i)$,社团的核心成员是指一个社团内部具有最多邻居的成员。

若节点 k 到社团 C_i 和社团 C_j 之间的连边如图 6-15 所示比较稀疏,则分别用连边指标 θ_1 和最短路径指标 θ_2 来量化重叠节点,定义:

$$\theta_1 = l_k(i) - l_k(j); \quad \theta_2 = d_k(i) - d_k(j) \quad (6\text{-}30)$$

如果存在一个较小的数 ε,满足条件 $\theta_1 < \varepsilon$ 或 $\theta_2 < \varepsilon$,则节点 k 是社团 C_i 和社团 C_j 的一个重叠成员。

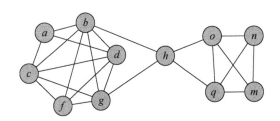

图 6-15　重叠成员

若节点 k 到社团 C_i 和社团 C_j 之间的连边如图 6-16 所示比较稠密,或者如图 6-17 所示与其中一个社团连接较为稠密,而与另外一个社团连接较为稀疏,则使用一个移除指标 θ_3 来量化重叠节点。θ_3 定义为若将节点 k 移除,相应的两个社团之间存在的连边的数量。若存在一个很小的数 ε,使得 $\theta_3 < \varepsilon$,则节点 k 也是社团 C_i 和社团 C_j 的一个重叠成员。这说明将节点 k 移除之后,社团 C_i 和

社团 C_j 之间存在数量很少的连边。

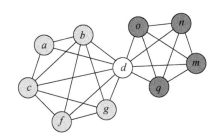

图 6-16　重叠成员(与两个社团均稠密连接)

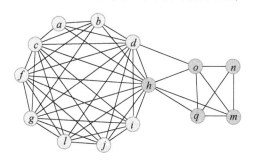

图 6-17　重叠成员(与一个社团稠密连接,与另一个稀疏连接)

综上所述,基于上文定义的 θ_1、θ_2 和 θ_3 三个指标,NeTA 算法定义社团的重叠成员属性如下:对任意一个节点 k,若存在一个很小的数 ε,使得 θ_1、θ_2 和 θ_3 三个指标满足条件:

$$\lambda_1\theta_1 + \lambda_2\theta_2 + (1-\lambda_1)\theta_3 < \varepsilon \qquad (6\text{-}31)$$

则节点 k 为社团 C_i 和社团 C_j 之间的重叠成员,其中,λ_1、λ_2 的取值为 0 或 1。θ_1 定义的重叠成员与 θ_3 定义的重叠成员在解空间上是互补关系。如果 $\lambda_1=1,\lambda_2=1$,则公式(2-11)退化为 $\theta_1+\theta_2<\varepsilon$,即连边指数误差与最短路径指标误差之和要小于一个给定的阈值 ε;如果 $\lambda_1=1,\lambda_2=0$,则公式(2-11)退化为公式(2-8);如果 $\lambda_1=0,\lambda_2=1$,则公式(2-11)退化为 $\theta_2+\theta_3<\varepsilon$,即最短路径指标误差与移除指标误差之和要小于一个给定的阈值 ε;如果 $\lambda_1=0,\lambda_2=0$,则公式(2-11)退化为公式(2-10)。

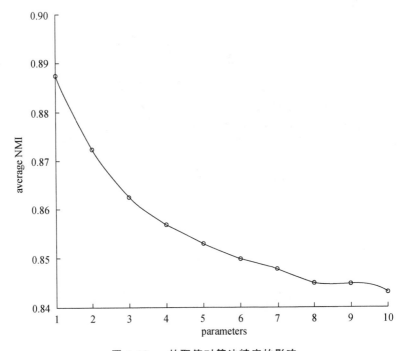

图 6-18   ε 的取值对算法精度的影响

在公式(2-11)定义的重叠节点中,一个关键问题是如何选取合理参数 ε。为了给出 ε 的一个合理取值范围,我们随机生成 100 个含有重叠节点的 LFR 基准网络,并在区间[1,10]上检验 ε 的不同取值对社团划分精度的影响。图 6-18 给出了在 100 个随机基准网络中,不同 ε 取值对应的算法社团划分精度均值的变化曲线。从图中可以看出,随着 ε 的逐渐增大,算法的社团划分精度逐渐下降。需要指出的是,不但是算法精度的均值,而且对每一个网络,随着 ε 的逐渐增大,算法的社团划分精度也都是逐渐降低的。因此在 NeTA 算法中,默认 ε 的取值为 1。

2. 算法描述

网络中的社团结构可以分为显式社团结构和隐式社团结构两种类型。显式社团结构的发现相对比较容易,隐式社团结构的发现则是当前社团挖掘问题的难题。NeTA 算法的基本思想是:根据社团结构属性定义,通过比较局部子网络的内部和外部连边数发现社团结构,并利用成员属性和重叠成员属性调整社团成员。NeTA 算法主要包括 4 个部分:初始化所有节点的邻接列表作为初始社团;从初始社团中基于结构属性提取强社团;以发现的强社团作为种子社团,基于结构属性提取弱社团;根据成员属性与重叠成员属性调整错分节点。对一个含有 n 个节点、m 条边的复杂网络,若记节点 k 的度数为 $\deg(k)$,发现的社团数量为 s,则 NeTA 算法的具体步骤如下:

第一步:初始化节点 $k(k=1,\cdots,n)$ 的邻接列表,记为初始邻接列表集合 $c\{k\}(k=1,\cdots,n)$。如果 $\deg(k)=0$,则节点 k 为孤立节点,可直接输出,无需生成初始列表。

第二步:从初始邻接列表集合 $c\{k\}(k=1,\cdots,n)$ 中,根据公式 (2-1) 分别提取 $f(k)>0$ 的所有邻接列表 $c\{k\}$,将它们记为强社团 $P\{t\}(t=1,\cdots,s)$,并将相应的列表 $c\{k\}$ 从初始邻接列表集合中删除。

第三步:将发现的强社团 $P\{t\}(t=1,\cdots,s)$ 作为"种子社团",从剩下的邻接列表集合 $c\{k\}(k=1,\cdots,n_t$,n_t 表示剩下的邻接列表的数量)中,根据公式 (2-2) 分别提取所有 g_{kt}(t 表示当前迭代步所发现的社团 $P\{t\}$ 的索引)均大于零的邻接列表 $c\{k\}$,并依次将它们记为弱社团 $P\{t\}(t=s+1,\cdots)$,然后将相应的列表 $c\{k\}$ 从这一阶段开始时剩下的邻接列表集合中删除。

第四步:检验是否存在节点 k 仍未被分配给任何社团,如果存在,则根据公式 (2-5) 将它分配给相应社团。

第五步:如果存在两个社团 $P\{t_1\}=P\{t_2\}$,则 $P\{t_2\}$ 为冗余社团,可将其删除。如果 $P\{t_2\}\subset P\{t_1\}$,则 $P\{t_2\}$ 是 $P\{t_1\}$ 的一个子集。记社团 $P\{t_1\}$ 和 $P\{t_2\}$ 的重叠节点数量为 $\mathrm{ovl}\{t_1,t_2\}$,社团 $P\{t\}$ 中含有的节点数记为 $\mathrm{node}\{t\}$,若 $\mathrm{ovl}\{t_1t_2\}\geqslant\mathrm{node}\{t_2\}/2$,则将

$\text{ovl}\{t_1 t_2\}$ 从 $P\{t_2\}$ 中移除。

第六步：根据成员属性公式检验是否存在节点 k 的社团划分不正确的情况，如果存在则予以纠正。

第七步：如果一个节点 k 同时在多个社团中出现，则根据公式 (2-11)，检验它是否满足重叠成员属性，如果满足，则保留节点 k 为重叠节点，否则按普通成员属性公式将它分配给相应的社团。

第八步：检验社团 $P\{t\}$ 是否满足社团的结构属性。如果满足，则保留 $P\{t\}$ 为结构社团，否则将 $P\{t\}$ 与其连接最为紧密的社团进行合并。

第九步：重复第六、第七和第八步，直到最终生成的社团不再变化。

第十步：检验是否还存在节点没有被分配给任何社团，如果存在，则说明网络中存在孤立的稀疏网络子图，按照邻接属性依次将它们提取出来。

NeTA 算法克服了已有算法存在的大多数缺陷，具有较强的通用性，这是对复杂网络社团检测通用性算法的一种有益探索。NeTA 算法不但可以发现凝聚的和规模较大的社团，还可以发现稀疏的和规模较小的社团，这是很多方法不具备的特性。众所周知，目前社团挖掘的一个困难问题就是如何有效发现规模较小的和稀疏的社团结构，而人们已经在真实网络中发现了大量的稀疏社团和规模较小的社团，比如生物网络中的"motif"结构，因此识别稀疏的和规模较小的社团也是非常重要的。NeTA 算法只是在探索规模较小的社团方面迈出了一步，但要实现从现实复杂系统中精确提取真实的功能子模块仍然十分困难，主要是复杂系统中还存在许多未知的、复杂的拓扑构型。

6.9　动态网络方法

现有的社团挖掘方法大都以静态网络为研究对象,然而在现实生活中,很多网络是随时间不断演化的,例如,在线社交网络、万维网、合作网络和引文网络等。在这些网络中,时刻都会有新节点产生,也会有老节点消亡,社团的规模和数量都有可能随时间发生变化,小的社团可能会合并为较大的社团,大社团也可能分裂为几个小的社团,一个节点所属的社团也可能并非固定不变。例如,Palla 等人将派系过滤算法用于科学家合作网络和移动手机用户网络的社团结构分析后发现如下特征:如果大型社团的内部人员发生动态变化,反而能够使得社团维持更长的时间,而小型社团则应尽可能保持人员的相对固定以维护整个社团的稳定性。

动态社团检测的简单方法是捕获与之对应的不同时间窗口的静态网络快照,然后用静态网络社团检测算法对这些快照进行分析。该方法的关键是如何跟踪社团的演化,主要有以下两种策略:

(1) 先利用静态网络算法对不同时间窗口的网络快照分别进行处理,然后找相邻快照社团对之间的相关性。标准的做法是通过寻找前后两个连续时间窗口中最相似的社团来追踪社团的演化。社团在演化过程中会出现多种情况(如图 6-19 所示),如消亡、新生、扩张、收缩、分裂、合并等。然而,由于每个快照都是单独处理的,该策略通常在时间接近的两个快照上难以产生显著不同的划分,特别是在噪音较多时,会导致追踪这种演化变得十分困难。

(2) 利用之前的结果对当前时间步的检测进行指导。例如,演化聚类(evolutionary clustering)的目标是找到既忠于当前网络结构,又相似于之前结果的划分。该方法具有很大的灵活性,很多已知的静态方法都可以纳入这个方法。

2004 年,霍普克罗夫特(Hopcroft)等人采用聚合式层次聚类

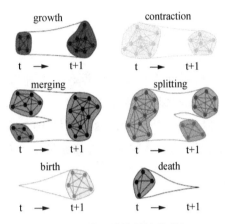

图 6-19　社团结构的演化特征

方法作为静态社团发现算法，[71]聚类中使用余弦夹角计算节点之间以及社团之间的相似度。该算法选取网络变化较小的部分作为自然社团，寻找自然社团在时序网络中的最优匹配，该算法在动态社团结构研究领域具有开创性，但其获得的社团结构往往也会有较大偏差。2006 年，基于网络在相邻时刻变化较为缓慢的假设，查克拉巴蒂（Chakrabarti）等人提出著名的静态快照质量和历史开销的概念，[72]该算法要求社团检测结果不仅满足当前时刻静态划分，也要与之前时刻的社团检测结果相差较小，但其时间复杂度提高了。2008 年，林（Lin）等人提出一种基于网络中节点和连边进行划分的 FaceNet 方法，[73]该方法从社团演化的角度研究社团检测问题，同样假定社团检测结果与当前时刻网络状态和历史时刻社团检测结果相关，FaceNet 方法对节点、边的增加与减少情况进行处理。2009 年，单波等人提出一种基于增量的动态社团检测策略，[74]该算法仅对改变的节点和连边进行处理并对社团检测结果进行调整，从而避免了对全局网络进行重新划分，效率较高。2010 年，格林（Greene）等人考虑到网络演化过程中有新的社团出现，提出一个更一般的社团演化算法。[75]2011 年，塔卡福尔（Takaffoli）

等基于社团演化的结果进一步分析不同演化路径的特点，对不同类型的演化模型给出相应的实际意义。[76]2014 年，凯文（Kevin）等人提出一种自适应进化聚类算法来探测社团结构。[77]

人们时常对动态网络中一些长时间存在的社团感兴趣，因为这些稳定的社团通常在网络的演化过程中扮演重要的角色。识别这些稳定社团的一种自然方法是一致聚类。为了保证临近快照划分之间的连续性，该方法通常使用滑动窗口（即有重叠的时间间隔）对动态网络进行切割。每个快照网络可以使用任何可靠的静态方法进行处理，然后对连续若干个快照的划分进行一致聚类以找到稳定社团。如果网络规模很大，且拓扑结构变化迅速，则使用上述快照方法将很费时。因为每当网络的拓扑结构发生一个微小的改变，如一个节点或者一条边的删除或者添加，都需要重新计算整个网络结构。此时，一个更为合适的方法是在线聚类（online clusering），即根据网络拓扑结构的改变自适应地对已得到的社团结构进行调整。该方法的优点在于：网络拓扑结构的微小改变只会影响很少一部分社团，而对这些社团的调整通常很快。

后续的研究主要从进化聚类和增量聚类两个方面进行。进化聚类要求历史时刻的社团结果与当前时刻划分的结果尽量保持一致，算法复杂程度较高；增量聚类只对变化相关的节点和边进行处理，算法效率较高。

6.10　多层网络方法

多层网络的本质就是多个简单网络的集合，其中每一个简单网络都表示节点间的某一种关系。1994 年，瓦瑟曼（Wasserman）等人在著作《社会网络分析：方法和应用》中曾明确指出，在计算多层网络中的节点中心性和节点威望时，应对每一个网络进行单独分析，而不应该进行多层网络融合。[78]但多层网络下的单层网络独立分析存在以下问题：

（1）多层网络的每一层网络中的节点之间的连接并非相互独立，而是相互关联的。

（2）多层网络的每一个网络的重要性可能不同，也就是说，多层网络中的一个网络拓扑结构可能会影响该多层网络中其余网络的拓扑结构。例如，对于社交网络而言，好友关系在一定程度上可以决定推文转发网络的拓扑结构，如果只是单独分析推文转发网络，那么可能就会因为两个本身是朋友的节点之间没有推文转发对分析结果造成误判。

（3）多层网络下的单层网络独立分析不能揭示信息的转移过程。

针对多层网络下单层网络独立分析的不足，人们意识到应该将多层网络进行聚集，从系统的角度对多层网络进行联合分析。多层网络聚集的主要研究思想是对多层网络中的所有单层网络进行聚集，从而生成一个新的"整合拓扑网络"（aggregated topological network），该网络中的边实质上表示所有单层网络的边的集合。一些隐藏的信息在单层网络中无法体现，而"整合拓扑网络"能够发现那些隐藏的信息通路，进而能够更好地解释信息扩散等现象。然而，多层网络聚集存在以下问题：

① 多层网络聚集同样没有解决"每一个单层网络下的节点之间的连接并非相互独立，而是相互关联"的问题。

② 多层网络聚集同样没有解决"每一个网络的重要性可能不同"的问题。

③ 多层网络聚集方法将所有连边都看作同质的，但实际上，根据观测角度的不同导致这些单层网络下的连边具有异质性。例如，图 6-20 左侧网络中的每一条连边都代表一种关系，但是由于每种社交网络的具体性质不同，如节点 A 和节点 B 之间通过 Facebook 存在联系，B 和 C 之间存在联系的原因是因为一起吃午

图 6-20 多层网络聚集的边同质性缺陷示意图

餐。因此如果对该网络进行聚集,形成如图 6-20 右侧所示的网络,从中可以明显看出,原本具有异质性的边都变成完全一样的,因此网络聚集没有办法将边的异质性体现出来。

除此之外,也有一些研究采用社团聚合的思想,通过对目标多层网络中每层网络的社团发现结果继续聚集,从而得出目标多层网络的社团结构。显然,网络聚合会削弱甚至丢失每层网络独特的拓扑结构,并且社团聚合方法没有考虑到节点在不同层的网络中的结构可能完全不同这一基本事实。

目前,多层网络分析方法通常集中于不同网络层面(节点层面、社团层面以及网络层方面等),且具体取决于研究问题。在节点分析层面,2010 年,布罗德卡(Brodka)等人提出用多层局部聚类系数(MLCC)和跨层聚类系数(CLCC)来描述多层网络中节点的聚类系数;[79]在社团层面,人们已经发展了一些相关的社团检测方法;在网络层方面,2016 年,班森(Benson)等人[80]主要关注于这些层之间的相互作用。基于多层网络模块度的社团发现方法是效果最好的多层网络社团发现方法之一。该方法的核心思想是:采取某种独立方法从每一个网络中提取所需特征,并利用这些特征对多层网络进行分析。2009 年,唐(Tang)等人提出"特征融合"思想,通过将多层网络看作多个维度下的集合,对每个维度提取结构特征,之后将所有维度的特征进行融合。[81]2010 年,Tang 等人提出"网络融合"思想,通过计算多层网络下的节点对在所有单层网络中的连接数量的均值将这些多层网络进行融合。2010 年，穆萨（Mucha）等人将每一个单层网络看作一个"片"（slice）[82]，通过定义节点 i 在某片 p 上的片上强度、片间强度以及节点在多个网络中的总强度来描述不同片网络之间的相关性，将模块度的定义由单层网络推广到多层网络，进而研究了多层网络的社团划分。在此基础上，卡基奥洛（Carchiolo）等人将 Arenas 等人提出的"节点合并不会导致网络模块度的变化"这一性质应用于多层网络，证明了多层网络下属于同一社团的节点相互合并不会影响多层网络模块度。[83]之后，Louvain 方法被扩展到多层网络中，并出现了 multi-Louvain 算法。2015 年，多米尼克（Domenico）等人也将 Infomap 方法扩展到多层网络，挖掘多层网络中的重叠社团。[84]2016 年，马格纳尼（Magnani）等人将派系过滤算法扩展到多层网络中，探索发现多层网络中的重叠社团结构。[85]然而这种直接将单层网络扩展到多层网络的方法仍然无法解决多层网络社团挖掘面临的问题，这也将是今后人们关注的一个重点研究课题。

参 考 文 献

［1］汪小帆、李翔、陈关荣：《网络科学导论》，高等教育出版社 2012 年版。

［2］汪小帆、李翔、陈关荣：《复杂网络理论及其应用》，清华大学出版社 2006 年版。

［3］S. Fortunato. Community Detection in Graphs. *Physics Reports*，2010，486(3-5).

［4］S. Milgram. The Small World Problem. *Psychology Today*，1967，1(1).

［5］D. J. Watts，S. H. Strogatz. Collective Dynamics of "Small-World" Networks. *Nature*，1998，393(6684).

［6］M. E. J Newman，D. J. Watts. Renormalization Group Analysis of the Small-World Network Model. *Physics Letters A*，1999，263(4-6).

[7] A. L. Barabási, R. Albert. Emergence of Scaling in Random Networks. *Science*, 1999, 286(5439).

[8] X. F. Wang, G. Chen. Complex Networks: Small-World, Scale-Free and Beyond. *IEEE Circuits and Systems Magazine*, 2003, 3(1).

[9] N. Parekh, S. Parthasarathy, S. Sinha. Global and Local Control of Spatiotemporal Chaos in Coupled Map Lattices. *Physical Review Letters*, 1998, 81(7).

[10] M. E. J. Newman. Finding Community Structure in Networks Using the Eigenvectors of Matrices. *Phys. Rev. E*, 2006, 74(3).

[11] M. Girvan, M. E. J. Newman. Community Structure in Social and Biological Networks. *Proc. Natl. Acad. Sci.*, 2002, 99(12).

[12] J. R. Tyler, D. M. Wilkinson, B. A. Huberman. Email as Spectroscopy: Automated Discovery of Community Structure within Organizations. *The Information Society*, 2005, 21(2).

[13] J. Chen, B. Yuan. Detecting Functional Modules in the Yeast Protein-Protein Interaction Network. *Bioinformatics*, 2006, 22(18).

[14] S. Fortunato, V. Latora, M. Marchiori. Method to Find Community Structures Based on Information Centrality. *Physical Review E*, 2004, 70(5).

[15] F. Radicchi, C. Castellano, F. Cecconi, *et al*. Defining and Identifiying Communities in Networks. *Proc. Natl. Acad. Sci.*, 2004, 101(9).

[16] H. Tsuchiura, M. Ogata, Y. Tanaka, *et al*. Electronic States Around a Vortex Core in High-Tc Superconductors Based on the t-J Model. *Phy. Rev. B*, 2003, 68(1).

[17] H. Zhou. Distance, Dissimilarity Index and Network Community Structure. *Phys. Rev. E*, 2003, 67(6).

[18] S. A. Gregory. A Fast Algorithm to Find Overlapping Communities in Networks. *Lecture Notes in Computer Science*, 2008, 5211.

[19] R. L. Breiger, S. A. Boorman, P. Arabie. An Algorithm for Clustering Relational Data with Applications to Social Network Analysis and Comparison with Multidimensional Scaling. *Journal of Mathematical*

psychology，1975，12(3).

[20] W. Day，H. Edelsbrunner. Efficient Algorithms for Agglomerative Hierarchical Clustering Methods. *Journal of Classification*，1984，1.

[21] M. E. J. Newman. Fast Algorithm for Detecting Community Structure in Networks. *Physical Review E*，2004，69(6).

[22] A. Clauset，M. E. J. Newman，C. Moore. Finding Community Structure in Very Large Networks. *Physical Review E*，2004，70(6).

[23] M. E. J. Newman，M. Girvan. Finding and Evaluating Community Structure in Networks. *Physical Review E*，2004，69(2).

[24] V. D. Blondel，J. L. Guillaume，R. Lambiotte，*et al*. Fast Unfolding of Community Hierarchies in Large Networks. *J. Stat. Mech.*，2008，10.

[25] R. Guimera，L. Danon，A. Arenas. *et al*. Self-Similar Community Structure in a Network of Human Interactions. *Physical Review E*，2003，68(6).

[26] J. Duch，A. Arenas. Community Detection in Complex Networks Using Extremal Optimization. *Physical Review E*，2005，72(2).

[27] J. Reichardt，S. Bornholdt. Statistical Mechanics of Community Detection. *Physical Review E*，2006，74(1).

[28] A. L. Barabási. *Network Science*. Cambridge University Press，2016.

[29] B. H. Good，Y. A. de Montjoye，and A. Clauset. The Performance of Modularity Maximization in Practical Contexts. *Physical Review E*，2010，81(4).

[30] M. Rosvall and C. T. Bergstrom. Maps of Random Walks on Complex Networks Reveal Community Structure. *PNAS*，2008，105(4).

[31] B. D. Hughes. *Random Walks and Random Environments：Random Walks*. Clarendon Press. 1974.

[32] S. Van Dongen. *Graph Clustering by Flow Simulation*. Phd Thesis University of Utrecht，2000.

[33] Y. Bo，J. Liu，J. Feng. On the Spectral Characterization and

Scalable Mining of Network Communities. *IEEE Transactions on Knowledge & Data Engineering*，2012，24(2).

[34] U. N. Raghavan，R. Albert，S. Kumara. Near Linear Time Algorithm to Detect Community Structures in Large-Scale Networks. *Phys. Rev. E*，2007，76(3).

[35] S. Gregory. Finding Overlapping Communities in Networks by Label Propagation. *New J. Phys.* ，2010，12.

[36] J. Xie，B. K. Szymanski，X. Liu. Slpa：Uncovering Overlapping Communities in Social Networks via a Speaker-Listener Interaction Dynamic Process. Proc. Data Mining Technologies for Computational Collective Intelligence Workshop at ICDM，2011.

[37] I. X. Y. Leung，P. Hui，P. Lio，*et al*. Towards Real-Time Community Detection in Large Networks. *Physical Review E*，2009，79(6).

[38] L. Šubelj，M. Bajec. Unfolding Communities in Large Complex Networks：Combing Defensive and Offensive Label Propagation for Core Extraction. *Physical Review E*，2011，83(3).

[39] A. Arenas，A. Díaz-Guilera，C. J. Pérez-Vicente. Synchronization Reveals Topological Scales in Complex Networks. *Physical Review Letters*，2006，96(11).

[40] A. Arenas，A. Diaz-Guilera. Synchronization and Modularity in Complex Networks. *The European Physical Journal Special Topics*，2007，143.

[41] S. Boccaletti，M. Ivanchenko，V. Latora，*et al*. Detecting Complex Network Modularity by Dynamical Clustering. *Physical Review E*，2007，75(4).

[42] D. Li，I. Leyva，J. A. Almendral，*et al*. Synchronization Interfaces and Overlapping Communities in Complex Networks. *Physical Review Letters*，2008，101(16).

[43] 韩继辉：《基于传播动力学的复杂网络社团检测方法研究》，华中师范大学物理科学与技术学院 2017 年博士学位论文。

[44] D. D. Lee，H. S. Seung. Learning the Parts of Objects by Non-

Negative Matrix Factorization. *Nature*，1999，401(6755).

[45] F. Wang，T. Li，W. Xin，*et al*. Community Discovery Using Nonnegative Matrix Factorization. *Data Mining & Knowledge Discovery*，2011，22(3).

[46] Z. Y. Zhang，K. D. Sun，S. Q. Wang. Enhanced Community Structure Detection in Complex Networks with Partial Background Information. *Scientific Reports*，2013，3.

[47] R. L. Winkler. *Introduction to Bayesian Inference and Decision*. Rinehart and Winston，1972.

[48] M. B. Hastings. Community Detection as an Inference Problem. *Physical Review E*，2006，74(3).

[49] M. E. J. Newman，E. A. Leicht. Mixture Models and Exploratory Analysis in Networks. *Proceedings of the National Academy of Sciences*，2007，104(23).

[50] E. Leicht，P. Holme，M. E. J. Newman. Vertex Similarity in Networks. *Physical Review E*，2006，73(2).

[51] J. Hofman，C. Wiggins. Bayesian Approach to Network Modularity. *Physical Review Letters*，2008，100(25).

[52] P. Doreian，V. Batagelj，A. Ferligoj. *Generailized Blockmodeling*. Cambirdge University Press，2005.

[53] M. S. Handcock，R. Tantrum. Model-Based Clustering for Social Networks. *Journal of the Royal Statistical Society：Series A*，2007，170(2).

[54] B. Karrer，M. Newman. Stochastic Blockmodels and Community Structure in Networks. *Physical Review E*，2011，83(1).

[55] B. Perozzi，R. Al-Rfou，S. Skiena. DeepWalk：Online Learning of Social Representations. Proceedings of the 20th ACM SIGKDD International Conference on Knowledge Discovery and Data Mining，2014.

[56] J. Tang，M. Qu，M. Wang，*et al*. LINE：Large-Scale Information Network Embedding. Proceedings of the 24th International Conference on

World Wide Web, 2015.

[57] A. Grover, J. Leskovec. Node2vec: Scalable Feature Learning for Networks. Proceedings of the 22nd ACM SIGKDD International Conference on Knowledge Discovery and Data Mining, 2016.

[58] A. Kumar, P. Rai, H. Daume. Co-regularized Multi-View Spectral Clustering. Proceedings of the 24th International Conference on Neural Information Processing Systems, 2011.

[59] J. Li, H. Dani, X. Hu, et al. Attributed Network Embedding for Learning in a Dynamic Environment. Proceedings of the 2017 ACM on Conference on Information and Knowledge Management, 2017.

[60] H. Xiao, J. Li, H. Xia. Label Informed Attributed Network Embedding. Proceedings of the Tenth ACM International Conference on Web Search and Data Mining, 2017.

[61] L. Liao, X. He, H. Zhang, et al. Attributed Social Network Embedding [J]. IEEE Transactions on Knowledge & Data Engineering, 2018, 30(12).

[62] W. L. Hamilton, R. Ying, J. Leskovec. Inductive Representation Learning on Large Graphs. 31st Conference on Neural Information Processing Systems, 2017.

[63] P. Velikovi, G. Cucurull, A. Casanova, et al. Graph Attention Networks. International Conference on Learning Representations, 2018.

[64] J. Bruna, W. Zaremba, A. Szlam, et al. Spectral Networks and Locally Connected Networks on Graphs. International Conference on Learning Representations, 2014.

[65] M. Henaff, J. Bruna, Y. Lecun. Deep Convolutional Networks on Graph-Structured Data. arXiv:1506.05163, 2015.

[66] M. Defferrard, X. Bresson, P. Vandergheynst. Convolutional Neural Networks on Graphs with Fast Localized Spectral Filtering. Proceedings of the 30th International Conference on Neural Information Processing Systems, 2016.

[67] T. N. Kipf, M. Welling. Semi-Supervised Classification with Graph

Convolutional Networks. arXiv:1609. 02907, 2016.

[68] A. Balázs, P. Gergely, J. Illés. *et al*. CFinder: Locating Cliques and Overlapping Modules in Biological Networks. *Bioinformatics*, 2006, 22 (8).

[69] J. M. Kumpula; Kivel M; Kaski K. Sequential Algorithm for Fast Clique Percolation. *Physical Review E*, 2008,78(2).

[70] W. Liu, M. Pellegrini, X. F. Wang. Detecting Communities Based on Network Topology. *Scientific Reports*, 2014, 4.

[71] J. Hopcroft, O. Khan, B. Kulis, *et al*. Tracking Evolving Communities in Large Linked Networks. *Proc Natl Acad Sci USA*, 2004,101 (Suppl_1).

[72] D. Chakrabarti, R. Kumar, A. Tomkins. Evolutionary Clustering. Proceedings of the Twelfth ACM SIGKDD International Conference on Knowledge Discovery and Data Mining, 2006.

[73] Y. R. Lin, Y. Chi, S. Zhu, *et al*. Facetnet: A Framework for Analyzing Communities and Their Evolutions in Dynamic Networks. Proceedings of the 17th International Conference on World Wide Web, 2008.

[74] 单波,姜守旭,张硕等:《IC:动态社会关系网络社区结构的增量识别算法》,载《软件学报》2009 年第 20 期。

[75] D. Greene, D. Doyle, P. Cunningham. Tracking the Evolution of Communities in Dynamic Social Networks. International Conference on Advances in Social Networks Analysis & Mining, 2010.

[76] M. Taka Ff Oli, F. Sangi, J. Fagnan, *et al*. Community Evolution Mining in Dynamic Social Networks. *Procedia-Social and Behavioral Sciences*, 2011, 22.

[77] K. S. Xu, M. Kliger, A. H. Iii. Adaptive Evolutionary Clustering. *Data Mining & Knowledge Discovery*, 2014, 28.

[78] A. W. Wolfe. *Social Network Analysis: Methods and Applications*. Cambridge University Press, 1994.

[79] P. Brodka, K. Musial, P. Kazienko. A Method for Group

Extraction in Complexsocial Networks. Knowledge Management，Information Systems，E-Learning，and Sustainability Research - Third World Summit on the Knowledge Society，2010.

[80] Gleich，F. David，*et al*. Higher-order Organization of Complex Networks. *Science*，2016，353(6295).

[81] T. Lei，X. Wang，H. Liu. Uncovering Groups via Heterogeneous Interaction Analysis. The Ninth IEEE International Conference on Data Mining，2009.

[82] P. J. Mucha，T. Richardson，K. Macon，*et al*. Community Structure in Time-Dependent，Multiscale，and Multiplex Networks. *Science*，2010，328(5980).

[83] V. Carchiolo，A. Longheu，M. Malgeri，*et al*. Communities Unfolding in Multislice Networks. *Complex Networks*，2016，116.

[84] M. De Domenico，V. Nicosia，A. Arenas，*et al*. Structural Reducibility of Multilayer Networks. *Nature Communication*s，2015，6.

[85] N. Afsarmanesh，M. Magnani. Finding Overlapping Communities in Multiplex Networks. arXiv:1602.03746，2016.

第七章　边社团

7.1　引　　言

  大数据时代促进了网络科学的迅速发展,社团发现方法的研究也进入了发展快车道。虽然人们已经发展了各种各样的方法来寻找社团,但是一个有趣的现象是,大多数研究都聚焦点社团发现方法的探索,边社团的研究相对要少很多。在多数情况下,面对一个网络,人们很自然的想法是:采用什么样的方法,能够找到网络中稠密连接的节点,实现对网络的有效分割? 这是一种基于聚类分析思想的思考,符合人们的思维逻辑。然而,点社团划分网络的方法存在一些缺陷,例如,在许多现实网络中,一个节点可能同时属于多个社团,一个人可以同时属于多个社会群体,一项跨学科研究可以属于多个科学领域等,这使得节点社团往往不能有效描述网络的组织结构。

  边社团检测是近期才发展起来的新兴方法,随着对网络结构属性了解的深入,人们逐渐认识到连边具有比节点更好的性质,它天然集成了节点和连边的信息,可以更好地描述网络的拓扑结构。一对节点之间的连边通常是由于一个主要的原因存在的,并且社团在连边上的重叠比在节点上的重叠可能性要小很多。如图 7-1

所示,尽管边社团划分时,一条连边只能属于特定的社团,但是该连边的两个顶点可能属于不同的社团。这体现了边社团的优势,即在发现不重叠的连边社团划分的同时,给出重叠的点社团划分。

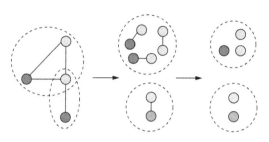

图 7-1　边聚类示意图

7.2　边　　图

基于边的社团挖掘方法起源于边图(line graph)划分的提出。边图划分的主要思想是:首先把原始网络转换为边图,其中,节点代表原始网络中的连边,如果两条边在原始网络中邻接的话,在边网络中将它们连接;然后,使用非重叠社团检测方法对边进行划分;最后,由边图的划分还原出原始网络的社团结构。因为多个邻接边之间可以共享节点,所以边图可以自然识别社团之间的重叠。2009 年,埃文斯(Evans)和兰比奥特(Lambiotte)首先提出在网络上基于随机游走的边图划分算法。[1]

边图考虑的是从边到边移动的随机游走。这类随机游走的每一步都有两个特征量需要考虑,即连边 e_{ij} 两端顶点 i 和 j 的度数,分别为 k_i 和 k_j。图 7-2 展示了两种类型的随机游走,其中,游走者在每一步从一条边移动到另一条边,这自然会产生两个不同的过程:

(1)"连边—连边"随机游走:如图 7-2(a)所示,游走者以相等的概率 $1/(k_i+k_j-2)$ 移动到所有可能的边上。当 $k_i \neq k_j$ 时,游走者以不同的概率通过节点 i 和 j。

（2）"连边—节点—连边"随机游走：如图 7-2(b)所示，游走者首先以相等的概率随机移动到边 e_{ij} 的两个顶点中的一个，如节点 i，然后再以相同的概率随机移动到与节点 i 相连的一条连边上（不包括 e_{ij}）。

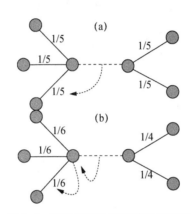

图 7-2　两种类型的随机游走示意图

一个简单图 G 的边图可以通过它的邻接矩阵 C 定义：

$$C_{\alpha\beta} = \sum_i B_{i\alpha} B_{i\beta}(1-\delta_{\alpha\beta}) \tag{7-1}$$

其中，B 表示简单图 G 的关联矩阵，如果节点 i 和边 α 相关，则 $B_{i\alpha}=1$，否则 $B_{i\alpha}=0$。

边图能够很好地对原始图的拓扑性质进行编码，除了三角形和只包含 4 个节点的星状网络之外，几乎所有简单图都可以从边图中恢复。边图的节点与原图的连边一一对应，但叶节点对应的边除外。

这样可以直接用邻接矩阵 C 表示连边随机游走的动力学过程：

$$p_{\beta,n+1} = \sum_\beta \frac{C_{\alpha\beta}}{k_\beta} p_{\beta,n} \tag{7-2}$$

其中，$k_\alpha = \sum_\beta C_{\alpha\beta} = (k_i + k_j - 2)$，节点 i 和 j 是原始图 G 中边 α

的两个节点。

　　然而,边图的最大缺点在于,原始图 G 中的每个节点 i 贡献 $[k(k-1)/2]$ 条边到 $C(G)$,即它在原始图 G 中的重要性可以用 k 来估计。也就是说,在边图中度数大的中心节点被赋予更大的突出性能。

7.3　边聚类算法

　　2010 年,安(Ahn)等人提出了一种基于连边而不是节点对网络进行社团划分的边聚类(link clustering,以下简称 LC)算法,该算法是边社团划分的代表性算法。[2] LC 给出了检测具有重叠性和层次性的社团结构新思路:把一个社团看作一组紧密相连的连边的集合,而不是通常定义的紧密连接的节点的集合。这样定义的好处是尽管一个节点可以属于多个组织,如家庭、同事和朋友圈子等,但一条边通常对应单个明确的含义,从而只能属于一个社团。在网络的树图表示中,如果每一片叶子表示一个节点,那么就无法用单棵树完整地表示网络的层次结构,如图 7-3 所示。而如果用树图的每一片叶子表示一条边,就可以把相应的分支作为社团。在连边树图中,由于每条边的位置是唯一确定的,因此只能属于一个社团。由于一个节点可以与多条边相连,如果这些边属于不同的社团,那么这个节点就相应属于这些不同的社团,从而有效解决重

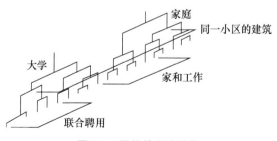

图 7-3　网络的层次结构

叠节点问题。此外,通过不同的阈值分割树图,就可以得到层次化的连边社团结构。

连边社团检测方法的基本步骤就是把具有一定相似度的连边合并为一个社团。为此需要给出连边相似度的定量刻画。假设初始时,把社团中的每一条边都单独视为一个社团,现在就要把其中的两条边合并为一个社团,一个自然的要求就是这两条边应该连在一起,即有一个公共节点。具有一个公共节点 k 的一对连边 e_{ik} 和 e_{jk} 之间的相似度的合理定义就是考虑节点对 i 和 j 之间的相似度。常用的度量方法就是计算两个节点所拥有的共同邻居的相对数量,如图 7-4 所示,LC 定义了相邻连边 e_{ik} 和 e_{jk} 之间的相似度为:

$$S(e_{ik}, e_{jk}) = \frac{|n_+(i) \bigcap n_+(j)|}{|n_+(i) \bigcup n_+(j)|} \tag{7-3}$$

其中,$n_+(i)$ 为节点及其所有邻居节点的集合。也就是说,节点 k 的两条相邻边之间的相似性等于两条边拥有的公共节点数量除以与两条边相连的所有节点的数量。[2]

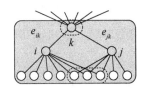

图 7-4   边相似性方法示意图

利用连边相似性定义,就可以用分级聚类方法检测网络社团结构,具体步骤如下:

(1) 计算网络中所有相连的连边对(至少有一个共同节点的连边对)的相似度,并根据相似度的值按降序排列这些连边对。

(2) 按排列次序依次将连边对所属社团进行合并,将合并过程以树图的形式记录下来。如果一些连边对具有相同的相似度,那么就在同一步进行合并。

(3) 社团合并过程可以进行到某一步为止,至多可进行到所有的连边都属于一个社团。

为了得到最佳的社团结构,需要确定分割树图的最佳位置,也即确定社团合并过程进行到哪一步是最佳的。为此,LC 基于社团内部连边密度定义了一个目标函数,称为划分密度(partition density)D,作为一种评估标准以寻找有意义的边社团划分,这种定义类似于点社团划分中的模块度评估标准。假设一个包含 M 条连边的网络被划分为 C 个社团 $\{P_1, P_2, \cdots, P_c\}$,其中,社团 P_c 包含 m_c 条连边和 n_c 个节点,它所对应的归一化密度定义为:

$$D_c = \frac{m_c - (n_c - 1)}{n_c(n_c - 1)/2 - (n_c - 1)} \qquad (7\text{-}4)$$

其中,$(n_c - 1)$ 是使得 n_c 个节点构成连通图所需的最小连边数,而 $n_c(n_c - 1)/2$ 则是 n_c 个节点之间的最大可能连边数。如果 $n_c = 2$,则定义 $D_c = 0$。整个网络的划分密度 D 就定义为 D_c 的加权和:

$$D = \frac{1}{M}\sum_c m_c D_c = \frac{2}{M}\sum_c m_c \frac{m_c - (n_c - 1)}{(n_c - 2)(n_c - 1)} \qquad (7\text{-}5)$$

由于式(7-5)求和的每一项都局限在社团内部,从而使得划分密度避免了模块度具有分辨率限制的问题。通过计算连边树图每一层所对应的划分密度或者直接优化划分密度就可以得到最佳的社团划分。可以看出,LC 较之点社团方法最大的优势在于它整合了发现重叠社团的特性,因为连边兼顾了节点和连边的属性,这一优势有利于发现重叠的社团结构。虽然 LC 在确定重叠社团检测方面有许多优势,但在矩阵变换过程中,原始的连边相似度(基于 Jaccard 距离计算)包含连边之间的部分信息。实际上,连边相似度只考虑了相邻连边,即具有公共节点的连边,而忽略了非相邻连边之间的相似度,这些信息的丢失对社团划分的结果会造成较大影响。

7.4 Map Equation 算法

映射方程(map equation)方法[3]根据最小描述长度(minimum

description length，简称 MDL)原理，通过基于信息传播的定义检测社团[4]。MDL 原理的基本思想是：数据中的任何规则性都可以用来压缩数据的长度。如果我们能找到一种方法对网络上随机游走的路径进行编码，并将社团结构看作网络的正则性，那么社团结构就可以通过找到给出路径最小描述长度的划分来检测。

如图 7-5 所示，第一步是让社团划分 C 描述连边社团而不是节点社团。连边被划分为多个社团，第一级代码被分配给每个连边社团。在此之后，第二级代码仍然被分配给节点。由于在这种情况下，某些节点可能属于多个社团，因此这些重叠节点中的每个节点将被赋予多个二级代码，与节点所属社团的数量相同。一旦根据假设的社团结构被分配了第一级代码和第二级代码，在映射方程方法中，路径编码规则就可以作如下描述：

（1）每一步中，随机游走者从源节点移动到目标节点，意味着随机游走者在连接源节点和目标节点的选定连边上移动；

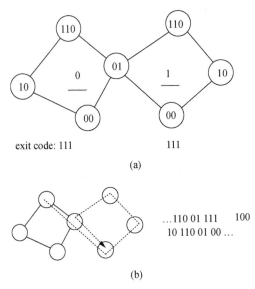

图 7-5　路径编码规则示意图

（2）如果当前步骤中的连边与其上一步所属的社团相比发生变化，则在记录目标节点的第二级代码之前记录社团的第一级代码；

（3）如果当前步骤的连边所属于的社团没有发生变化，则省略第一级代码，并且只记录目标节点的第二级代码；

（4）应在每个一级代码之前插入退出代码，以便区分第一级代码和第二级代码。

属于多个社团的节点具有多个第二级代码，这种冗余可能会增加路径描述的长度。然而，如果连边社团比节点社团更重要（许多节点属于多个社团），则可以通过降低使用第一级代码的频率来补偿冗余，特别是当随机游走者访问重叠的节点并移回前一社团时。

如果我们知道每个代码的使用概率，同时知道了编码规则，就可以得到连边社团的映射方程，并能借助 LinkRank 计算每个概率。[5]在无向二分网络中，LinkRank 的 $r_{\alpha\beta}$ 表示随机游走者在静止状态下访问连边 $\alpha \rightarrow \beta$ 的概率是 $1/2M$，其中，M 是网络中的连边数。$r_{\alpha\beta}^i$ 用来表示社团划分 C，如果 α 和 β 之间的连边属于社团 i，则 $r_{\alpha\beta}^i = r_{\alpha\beta}$，否则 $r_{\alpha\beta}^i = 0$。给定访问每条连边的概率，在社团 i 中对节点 α 使用二级编码的概率为：

$$p_\alpha^i = \sum_\beta r_{\beta\alpha}^i \qquad (7\text{-}6)$$

在社团 i 中对节点 α 使用一级编码的概率为：

$$q_\curvearrowright^i = \sum_\alpha p_\alpha^i \left(1 - \frac{\sum\limits_\beta r_{\alpha\beta}^i}{p_\alpha} \right) \qquad (7\text{-}7)$$

其中，p_α 是访问节点 α 的概率，$p_\alpha = \sum\limits_i p_\alpha^i = k_\alpha/2M$，其中的 k_α 表示节点 α 的度值。

连边社团的映射方程如下：

$$L_{\text{linkcom}}(C) = q_{\curvearrowright} H(Q) + \sum_{i=1}^{k} p_{\circlearrowleft}^{i} H(P^{i}) \qquad (7\text{-}8)$$

其中，$q_{\curvearrowright} = \sum_{i} q_{\curvearrowright}^{i}$，表示使用一级编码的总概率；$p_{\circlearrowleft}^{i} = q_{\curvearrowright}^{i} + \sum_{\alpha} p_{\alpha}^{i}$，表示使用二级编码和退出编码的总概率；$k$ 表示社团的数量；$H(Q)$ 表示一级代码对平均描述长度的贡献，它可以通过以下公式计算：

$$H(Q) = -\sum_{i=1}^{k} \frac{q_{\curvearrowright}^{i}}{q_{\curvearrowright}} \log\left(\frac{q_{\curvearrowright}^{i}}{q_{\curvearrowright}}\right) \qquad (7\text{-}9)$$

类似地，$H(P^{i})$ 表示社团 i 中的二级代码对平均描述长度的贡献，可通过以下公式计算：

$$H(P^{i}) = -\frac{q_{\curvearrowright}^{i}}{p_{\circlearrowleft}^{i}} \log\left(\frac{q_{\curvearrowright}^{i}}{p_{\circlearrowleft}^{i}}\right) - \sum_{\alpha} \frac{p_{\alpha}^{i}}{p_{\circlearrowleft}^{i}} \log\left(\frac{p_{\alpha}^{i}}{p_{\circlearrowleft}^{i}}\right) \qquad (7\text{-}10)$$

与检测其他社团的质量函数一样，这个边社团的映射方程可以作为寻找边社团的质量函数。因此，也可以修改为其他质量函数开发的大多数算法，以最小化等式(7-8)中的 $L_{\text{linkcom}}(C)$。映射方程使用罗斯瓦尔（Rosvall）和伯格斯特伦（Bergstrom）[6]开发的算法的改进版本进行社团检测（Louvain 方法的扩展版本[7]）。该算法与 Louvain 方法的不同之处在于，它将连边（而不是节点）局部分组以找到最小值，进而实现连边社团的划分。

7.5 ELPA 算法

在点社团方法中，我们介绍了标签传播算法（LPA），LPA 是一种快速、高效的点社团检测方法，然而它也存在一些缺陷。例如，它无法获得鲁棒的结果，无法发现重叠社团等。通常情况下，已有的边社团方法在社团划分精度上要略逊于点社团方法。但 ELPA 兼具连边算法的优势和 LPA 算法的高效，并克服它们的缺点，可以从网络中同时检测出边社团以及相应的点社团，是一种通用性较强的连边社团算法。

不同于 LPA 点标签更新的从众规则,ELPA 算法提出一种新的边标签更新规则:三角形法则。[8]三角形法则的基本思想是:三角形应该是构成社团核心拓扑构型的基本单元,找到了社团中的所有三角形,就找到了该社团的核心部分。相应地,ELPA 算法的核心思想是:复杂网络中紧密连接的边可以基于边标签的动态传播凝聚为不同规模的边社团,每一条边(节点)在每一个时间点根据其邻接边(邻居)的标签更新自己的标签。

ELPA 主要分为四个阶段:(1) 边标签的初始化;(2) 边标签的动态传播;(3) 节点标记的动态传播;(4) 桥的鉴定。边标签的动态传播主要处理边聚类,检测边社团,而节点标记的动态传播则主要处理节点聚类,检测点社团。那些介于两个社团之间的连边则是"桥"。ELPA 方法不需要先验知识和设置任何参数,它以无监督的方式检测社团,具有高效、鲁棒以及通用性较强等特点。

1. 边标签传播

对一个含有 n 个节点、m 条边的网络,假设网络中存在 s 个边社团,分别记这些边社团为 $E\{x\}(x=1,\cdots,s)$,社团 $E\{x\}$ 中包含节点的数量记为 n_x,在第 t 步迭代中,边 y 的标签记为 $L_y(t)(y=1,\cdots,m)$。将每条边 e_{uv} 初始化唯一的边标签记为 $L_{uv}(t)$。在第 t 步迭代中,每条边 y 根据它的邻居边在第 $t-1$ 步的标签 $L_y(t-1)$ 更新自己当前的标签 $L_y(t)$。

边标签的传播包括两个阶段,第一阶段是在执行边标签传播的同时,根据 ELPA 提出的三角形法则执行边聚类。我们可以这样理解三角形法则:如果一对朋友 b 和 c 拥有一个共同的朋友 a,并且 b 和 c 都在 a 的朋友圈中,这说明边 e_{ac} 和 e_{ab} 属于同一个边社团 $E\{x\}$,那么可以很自然地想到 b 和 c 之间的关系也应该属于边社团 $E\{x\}$ 的内部关系,即边 e_{bc} 也应该属于边社团 $E\{x\}$。这样,在每个时间步 t 中,每条边的标签 $L_y(t)$ 可以根据三角形法则更新,即

$$L_y(t) = f(L_{y1}(t-1), L_{y2}(t-1)) \tag{7-11}$$

其中，$L_{y1}(t-1)$ 和 $L_{y2}(t-1)$ 是边 y 在第 $(t-1)$ 步迭代结束时更新的标签，即如果存在三角形 uvw 满足下述条件：

$$L_{uv}(t-1)=j;\quad L_{uw}(t-1)=L_{vw}(t-1)=i \quad (7\text{-}12)$$

则将 t 时刻的 e_{uv} 的标签 $L_{uv}(t)$ 更新为 i。如果存在不止一个三角形满足三角形法则，则说明边 e_{uv} 可能属于不止一个边社团，那么可让它加入规模最大的边社团，因为规模越大的社团，最后保留下来的机会也就越大。例如，e_{uv} 可以加入 r 个边社团 $E\{x_1\}, \cdots,$ $E\{x_r\}$，则 e_{uv} 的标签更新规则是选择 $\max\{n_{x_1}, \cdots, n_{x_r}\}$ 所对应的社团标签为 e_{uv} 在 t 时刻所在社团的标签。

为了方便大家理解三角形法则，图 7-6 展示了一个具体的例子以演示三角形法则的边标签传播策略。在第 $(t-1)$ 步迭代完成后，连边 e_{bc} 的标签 L_{bc} 记为 j，即边 $e_{bc} \in E\{j\}$，并且顶点 b 和 c 拥有一个共同的邻居顶点 a，这意味着顶点 a、b 和 c 构成了一个三角形。在这个三角形中，边 e_{bc} 的两条邻接边 e_{ac} 和 e_{ab} 的标签 L_{ac}、L_{ab} 记为 i，即边 $e_{ac} \in E\{i\}$，且 $e_{ab} \in E\{i\}$。因此，根据三角形法则，在第 t 步迭代中，边 e_{bc} 也应该加入边社团 $E\{i\}$，即我们将边 e_{bc} 的标签 L_{bc} 更新为 i，即若节点 b 和 c 共享邻居 a，则 a、b 和 c 构成一个三角

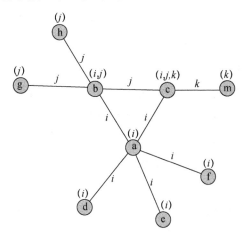

图 7-6　三角形法则示意图

形,如果三角形另外两条边共享相同的标签,则 b 和 c 之间的连边也采用该标签。

第二阶段则先为每个顶点添加一个"意向标签",再执行一遍类似第一阶段的边聚类。为每个节点添加"意向标签"的原因是,在第一阶段的边标签传播过程中,有的节点的有效边标签"信息"可能会因被覆盖而丢失,需要重新找回。因此,可以将第 $(t-1)$ 步迭代节点 k 的标签记为 $\ln k(t-1)$,则在第 t 步迭代中它的"意向标签"由函数:

$$\ln_k(t) = f(L_{k11}(t-1), \cdots, L_{k1l}(t-1), \cdots, L_{km1}(t-1), \cdots,$$
$$L_{kmr}(t-1)) \tag{7-13}$$

确定,其中,$L_{k11}(t-1), \cdots, L_{k1l}(t-1), \cdots, L_{km1}(t-1), \cdots, L_{kmr}(t-1)$ 表示节点 k 所有邻居对应的边在 $(t-1)$ 时刻的标签,即如果在 $(t-1)$ 时,它的邻居对应的大多数边的标签都集中于唯一的标签 i,则在 t 时,就将边标签 i 作为节点 k 的"意向标签"添加到它的标记中去。

例如,如图 7-7 所示,在经过第一阶段的边标签传播之后,在第 $(t-1)$ 步迭代中,顶点 a 只保留了一个边标签 j,即 $\ln a(t-1) = j$,但 $f(L_{k11}(t-1), \cdots, L_{k1l}(t-1), \cdots, L_{km1}(t-1), \cdots, L_{kmr}(t-1)) = i$,即在 $(t-1)$ 时,顶点 a 的所有邻居对应的绝大多数边的标签都是 i,因此在第 t 步迭代中,将 i 作为"意向标签"加入顶点 a 的标记中,顶点 a 在 t 时的标记 $\ln_a(t)$ 更新为 (i,j)。如果上述条件不成立,则基于公式(7-13),使用顶点 a 大多数邻居加入的边社团的标签作为"意向标签"。在为所有节点添加"意向标签"之后,再执行一次基于三角形法则的边聚类。

2. 点标签传播

如图 7-6 所示,在 ELPA 算法中,顶点通常是多标记的,即一个顶点可能在多个边社团中出现,需要将它们对应的边标签都进行表示。例如,顶点 b 的标记是 (i,j),而顶点 c 的标记是 (i,j,k)。

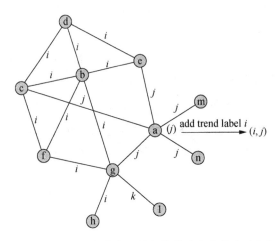

**图 7-7 添加意向标签,若节点 a 的邻居的绝大多数连边都标记为 i,
则给 a 添加一个意向标签 i**

点标签传播主要基于边聚类的结果继续进行点聚类,在第 t 步迭代中,节点 k 根据它的邻居在第 $(t-1)$ 步迭代结束时的标记更新自己当前的标记,即:

$$\ln_k(t) = f(\ln_{k1}(t-1), \cdots, \ln_{kr}(t-1)) \qquad (7\text{-}14)$$

也即如果节点 k 的大多数邻居在 $(t-1)$ 时刻都共享唯一的标签 i,则将它当前的标记 $\ln_k(t)$ 更新为 i。如果上述条件不成立,则采用公式(7-13)的函数更新它当前的标记,但不同的是,此处的 $L_{y1}(t-1), \cdots, L_{yr}(t-1)$ 表示节点 k 对应的所有边在 $(t-1)$ 时的标签,即如果它的大多数连边都共享唯一的标签 i,则将它当前的标记 $\ln_k(t)$ 更新为 i。如果上述条件都不满足,仍采用公式(7-13)的函数更新节点 k 的标记,其中,$L_{y1}(t-1), \cdots, L_{yr}(t-1)$ 表示节点 k 所有邻居所对应的边在 $(t-1)$ 时的标签。最终除了重叠节点之外,绝大多数节点都将被划分到唯一的社团中,从而实现点聚类,而重叠节点则属于多个社团。

3. 算法步骤

ELPA 算法包括四个主要步骤:边标签初始化、边标签传播、节点标记传播以及桥的鉴定。边标签初始化是给每条边初始化一个边标签,如图 7-6 所示,每条边都有唯一的标签,每个节点则用与该节点相连的所有边的标签标记,通常是用多标记的。边标签传播主要根据三角形法则进行标签更新以实现边聚类。节点标记的传播则是在边聚类形成的边社团基础上,根据从众规则调整在多个边社团中出现的节点以实现点聚类。在此之后,通过检验每一条边的两个节点的标记是否相同,判断该边是否为桥。将一个含有 n 个节点、m 条边的网络,在第 t 步迭代中边 y 的标签记为 $L_y(t)(y=1,\cdots,m)$,节点 k 的标签记为 $\ln_k(t)$。

(1) 令 $t=0$,根据节点的度值序列,依次为连边列表中的每一条边初始化唯一的边标签,生成初始边社团。假设网络中的节点标号是按照节点的度数大小降序排列,即 1 号节点是网络中度数最大的节点,n 号节点是网络中度数最小的节点。我们将 1 号节点对应的所有边分别记为 $e_{11},\cdots,e_{1r}$,将这些边的标签 $L_{11}(0),\cdots,$ $L_{1r}(0)$ 初始化为 1,并将这些边从边列表中删除;然后从剩下的边列表中提取 2 号节点对应的所有边,分别记为 $e_{21},\cdots,e_{2v}$,将这些边的标签 $L_{21}(0),\cdots,L_{2v}(0)$ 初始化为 2,并将这些边从边列表中删除;依此类推,直到所有的边都被分配到相应的初始边社团中。需要注意的是,相应的每个节点要用多个边标签标记。

(2) 令 $t=t+1$,执行边标签传播,并根据三角形法则进行边聚类。即每条边根据公式(7-11)更新标签 $L_y(t)$,并同步更新每个节点 k 的标签 $\ln_k(t)$。重复这个操作,直到没有标签发生改变。

(3) 令 $t=t+1$,根据公式(7-13)为每个节点 k 增加一个"意向标签",然后根据公式(7-11)再执行一次边聚类。重复上述操作直到所有边标签不再发生变化。

(4) 令 $t=t+1$,根据公式(7-13)或(7-14)对每个节点 k 更新节点标记,执行节点聚类检测点社团。

(5) 令 $t=t+1$,检验每一条边 e_{uv} 的两个顶点 u 和 v 的标签,如

果 $\ln_u(t)=\ln_v(t)$，则边 e_{uv} 应该属于某个边社团，如果 $\ln_u(t)\neq \ln_v(t)$，则它就是一个桥，将它从边社团中分离出来。

(6) 重复(4)(5)，直到所有的边社团(点社团)均不发生变化。

(7) 检测是否存在孤立的社团或节点。

ELPA 算法将边社团算法的优势跟动态标签传播算法的高效完美整合。该算法包括两种标签模式，一种是边标签，具有唯一性；另一种是节点标签，其标记的是连接该顶点的所有连边对应的标签，一般是多标记的。此外，ELPA 算法还克服了边社团方法和 LPA 算法存在的缺点，例如，多数动态标签的传播算法无法产生鲁棒的结果，多数边社团方法无法达到点社团方法的高质量划分结果。而 ELPA 算法既可以产生鲁棒的结果，又可以产生高质量的社团划分结果，它不仅可以有效预测边社团，而且可以有效预测点社团和桥，是一种非常具有发展潜力的社团检测方法。需要指出的是，从现实复杂系统中抽象出来的复杂网络的拓扑结构一般非常复杂，特别是重叠的社团结构很难区分，另外，数据噪声的存在也对边社团的划分造成一定的困难。虽然 ELPA 算法取得了一些较好的结果，但是这距离从复杂网络中精确提取社团结构的目标还有很大的差距，需要进一步研究连边的性质和特点，提高重叠节点的鉴别能力，尽可能还原网络的真实拓扑结构。

参 考 文 献

[1] T. S. Evans，R. Lambiotte. Line Graphs，Link Partitions，and Overlapping Communities. *Phys. Rev. E*，2009，80(1).

[2] Y. Y. Ahn，J. P. Bagrow，S. Lehmann. Link Communities Reveal Multi-Scale Complexity in Networks. *Nature*，2010，466.

[3] M. Rosvall and C. T. Bergstrom. Maps of Random Walks on Complex Networks Reveal Community Structure. *Proc. Natl. Acad. Sci.*

USA，2008，105(4)．

[4] Y. Kim，H. Jeong. Map Equation for Link Community. *Physical Review E*，2011，84(2)．

[5] Y. Kim，S. W. Son，H. Jeong. LinkRank：Finding Communities in Directed Networks. *Physical Review E*，2010，81(1)．

[6] M. Rosvall and C. T. Bergstrom. Mapping Change in Large Networks. *PLoS One*，2010，5(1)．

[7] V. D. Blondel，J.-L. Guillaume，R. Lambiotte *et al*. Fast Unfolding of Communities in Large Networks. *J. Stat. Mech.：Theory E*，2008，10.

[8] W. Liu，X. Jiang，M. Pellegrini，*et al*. Discovering Communities in Complex Networks by Edge Label Propagation. *Scentific Reports*，2016，6.

第八章　网络大数据结构分析应用

8.1　引　　言

近年来,网络中心性算法和网络社团检测算法得到快速发展,并且在很多大规模的实际网络中得到有效应用。然而,不同网络类型具有不同的应用背景,这导致如果直接将已有的算法应用到某些类型的网络中,真实的应用效果并不理想,特别是在一些复杂性比较高,而且节点本身具有相应的复杂背景的网络中,如社交网络、生物网络和疾病网络等。

BNC、NeTA 以及 ELPA 算法设计的初衷是为解决生物网络和医学网络中遇到的一些网络结构分析问题,具有很强的适用性。BNC 是一种综合性指标,整合了节点的网络位置和信息流量指标,从不同角度刻画网络中桥节点的中心性,可以更好地检测介于不同社团之间的"要害"节点,而这些节点可以理解为交通网络中的"咽喉要道",信息传输网络中的"瓶颈"以及疾病网络中的"致病基因",等等。NeTA 算法的基本思想类似于"钓鱼法",即先将所有节点的邻接列表的集合看作"鱼池",再从"鱼池"中提取一些强社团作为"饵",然后再用这些"饵"继续从"鱼池"中捕获剩下的所有"鱼"(弱社团)。ELPA 算法的基本思想是:从网络连边的角度出发,基于标签传播的策略,根据三角形法则更新标签。这就与在社交网络中,你的朋友的朋友,很大概率也是你的朋友类似。以上三种算法都是无参数、无监督的启发式算法,适用于大规模生物网络和疾病网络。因此,笔者主要基于这三种算法设计的初衷,介绍它们在复杂生物网络和医学网络中的一些应用。

8.2 网络中心性分析应用

8.2.1 在生物网络中的应用

网络中心性分析在生物网络中的应用主要是发现网络中的关键分子,已经有一些工作尝试使用网络中心性指标在复杂生物网络中检测关键分子,但是效果都不是特别理想。这从一个方面说明网络中心性指标在实际网络应用中应该考虑应用背景。下面以大肠杆菌的转录调控 E. Coli 网络为例,简单介绍 BNC 在生物网络中的应用。

E. Coli 网络的节点表示操纵子,连边表示一个转录因子对一个操纵子的调控作用。如图 8-1 所示,首先,基于 NeTA 算法,我们从 E. Coli 网络中发现 21 个操纵子模块。将这些模块使用DAVID 在线分析工具进行注释分析,可以发现这些模块中所包含的基因都可以构成具有显著意义的功能模块,证明了这些模块的有效性。其次,使用 BNC 算法检测网络中的桥节点,提取得分最高的前 20 个节点作为 E. Coli 网络的关键桥节点,通过与 NeTA算法发现的 21 个模块进行比对,可以发现这些节点全部位于功能模块之间,这意味着这些被发现的桥节点很可能是 E. Coli 网络中不同功能模块之间物质和能量交换以及通信的媒介物。我们还在蛋白质互作网络、基因互作网络、代谢网络等其他生物网络中检验了 BNC 算法的性能,结果表明 BNC 算法检测的关键桥节点都是介于不同分功能模块之间的桥接分子,这暗示了从结构出发检测网络拓扑的桥节点中心性,能够反映生物网络拓扑的真实背景,从而发现那些有意义的、介于功能模块之间的、发挥桥接作用的分子。

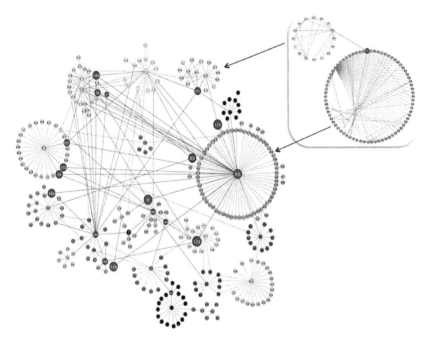

图 8-1　基于 BNC 算法的 E. Coli 网络的关键桥节点[1]

8.2.2　在网络医学中的应用

1. 网络医学

复杂疾病通常归因于单个分子的突变或功能失调,表明其是由相关调控网络的功能异常所造成。也就是说,复杂疾病在单个突变、单个基因上没有共性,但在网络的层面上却有很强的倾向。若从网络的层面来看,复杂疾病相关的突变会显著出现在特定信号通路的基因中。因此,以网络为基础分析疾病的分子机制非常重要,复杂疾病以及癌症的诊疗,其靶点不必是单个基因,也可以是特定的通路或模块,这就是"网络医学"的概念。生物体可以通过它改变自身代谢的方式从而适应环境的变化,它更是个体发育的基础,和遗传学也有着密切联系,这就使得它和一些疾病(尤其是遗传病)的治疗紧密挂钩。如何找到网络中的"靶点"准确投放药物以达到理想中的治疗效果,是网络科学需要解答的问题。近年来,网络医学研究得到长足发展,在全世界范围内引起科学家们的重视,而网络中心性分析在网络医学上的应用主要是发现复杂疾病的关键"致病基因",进而预测可能的治疗"靶点"。下面以肺癌为例,以 BNC 算法得出的指标为基础,介绍在网络医学中检测关键致病基因的方法。

肺癌是世界上最常见的恶性肿瘤,发病率和死亡率最高。在所有肺癌类型中,非小细胞肺癌(NSCLC)占总病例的 85% 以上。因此,探索非小细胞肺癌发生的分子机制,提出新的治疗策略具有重要意义。近年来,高通量测序技术发展迅速。为了研究复杂的生物学过程和分子在细胞活动中的作用,人们进行了大量的基因表达实验。构建差异表达基因的 PPI 网络已逐渐发展成为探索癌症发病机制的重要方法之一。PPI 网络已被广泛应用于研究各种生物学问题,包括癌症相关基因的识别、生物标志物和药物开发,并取得了许多重要发现。

2. 肿瘤数据

美国国家生物技术信息中心(National Center for Biotechnology Information, 简称 NCBI)是美国国家分子生物学信息资源中心,也是全球最有影响的生物学机构之一。NCBI 开发了 Genbank 等公共数据库,提供 Pubmed、BLAST、Entres、OMIM、Taxonomy 以及 Structure 等工具,可对国际分子数据库和生物医学文献进行检索和分析,并开发用于分析基因组数据和传播生物医学信息的软件工具。NCBI 还支持与推广多种医学及科技方面的数据库和项目,包括三维蛋白质结构的分子模型数据库(MMDB)、在线人类孟德尔遗传(OMIM)数据库、特殊人类基因序列集(UniGene)、人类基因组基因图(gene map of the human genome)、生物分类浏览器(taxonomy browser)等。NCBI 的所有数据库和程序软件都可从 NCBI 的匿名 FTP 服务器上获取。以下分析以 NCBI 数据库里的肺癌数据集为基础。

3. 差异表达分析

差异表达基因(differential expressed genes,简称 DEGs)被认为是非小细胞肺癌的候选生物标志物,但现有的数据集普遍存在样本量少、技术手段和实验平台不一致等问题。为了降低检测DEGs 的不确定性,我们选取 GPL570 平台中两个较大规模的NSCLC 微阵列数据集 GSE19804 和 GSE18842 进行交叉验证。GSE19804 数据集包含 120 个样本,其中 60 个样本是肺癌组织样本,另外 60 个样本是对应的癌旁对照样本。GSE18842 数据集包含 91 个样本,其中 46 个是肺癌样本,另外 45 个是对应的癌旁对照样本。首先,利用 NCBI 提供的差异表达基因分析工具 GEO2R 分别检测上述两个数据集中的 DEGs,然后将在两个数据集中均差异表达的基因作为 NSCLC 的 DEGs。交叉验证提高了差异基因筛选的可靠性,有效降低了噪声的影响。如果一个基因的假发现率(FDR)小于 0.01,log2-fold-changes 的绝对值大于 1,则该基因被视为 DEG,然后进行主成分分析(PCA)评估 DEGs 是否能区分NSCLC 和正常组织,如果能够有效区分则说明这些 DEGs 是有意义的。

4. 构建差异表达网络

蛋白质互作网络(PPIN)由蛋白通过彼此之间的相互作用构成,参与生物信号传递、基因表达调节、能量和物质代谢及细胞周期调控等生命过程的各个环节。系统分析大量蛋白在生物系统中的相互作用关系,对了解生物系统中蛋白质的工作原理,了解疾病等特殊生理状态下生物信号和能量物质代谢的反应机制,以及了解蛋白之间的功能联系都有重要意义。

研究蛋白之间的相互作用网络,有助于挖掘核心的调控基因。目前已经有很多蛋白相互作用的数据库,而 STRING 绝对是其中覆盖物种最多、相互作用信息量最大的一个。STRING 数据库是一个搜索已知蛋白质之间和预测蛋白质之间相互作用的数据库,该数据库可应用于 2031 个物种,包含 960 万种蛋白和 1380 万种蛋白质之间的相互作用。它除了包含实验数据、从 PubMed 摘要中挖掘文本和综合其他数据库数据外,还包含利用生物信息学方法预测的结果,是目前 PPIN 构建的可靠工具。

我们通过将筛选出的可靠的 1071 个 DEGs 输入 STRING 数据库,按照最小交互得分为 0.7 的规则,构建一个非小细胞肺癌差异表达基因的 PPIN,其中包含 515 个 DEGs 和 774 个相互作用。

5. Hub 基因检测

PPIN 构建完成后,接下来就要研究该网络中的关键基因,此处称其为 Hub 基因。我们使用 BNC 算法,并结合度中心性和介数中心性指标进行交叉验证,以发现高度可靠的 Hub 基因。首先,分别计算三种指标中心性得分;其次,将得分排序,分别提取得分较高的前 50 个基因;最后对这些基因进行比较,将那些至少在两种指标中同时出现在前 50 位的基因作为该 PPIN 的 Hub 基因。

使用三种中心性指标,通过交叉验证的方法,我们发现了 30 个高度可靠的 Hub 基因。如图 8-2 所示,30 个 Hub 基因在 PPIN 网络中用深色节点表示,其中,节点越大表示该节点就越重要。前 10 位的 Hub 基因分别是 CDK1、EGFR、FOS、GNG11、PPBP、RHOB、MMP9、CDC20、GNG2 和 RAP1A。其中,EGFR 是已知的肺癌致病基因,故将其移除,我们只分析剩下的 29 个 Hub 基因即可。再通过对 29 个 Hub 基因进行单因素 Cox 回归分析,预测 NSCLC 的关键致病基因。

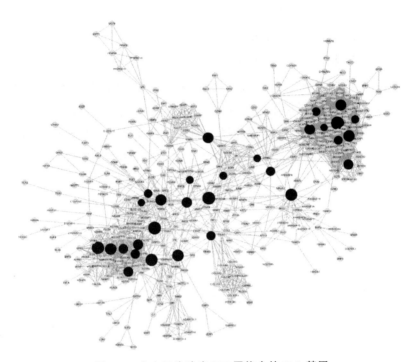

图 8-2　非小细胞肺癌 PPI 网络中的 Hub 基因

6. 功能富集与通路分析

通过对已鉴定的 29 个 Hub 基因进行 GO 功能富集和通路分析可以发现,这些基因与癌症高度相关。如图 8-3 所示,GO 富集分析显示这些基因富含有丝分裂纺锤体组织、组蛋白磷酸化、G2 DNA 损伤检查点、前列腺素反应、组蛋白激酶活性、泛素蛋白转移酶活性的正调节、有丝分裂纺锤体组装、泛素蛋白连接酶活性的调节等功能。对 KEGG 途径的富集分析表明,这些基因富集在趋化因子信号、松弛素信号、癌症、肿瘤坏死因子信号等通路中。从这些基因富集的功能以及通路可以看出,它们与细胞功能的有丝分裂和前列腺素、肿瘤、肿瘤坏死因子信号转导以及细胞周期途径有关,而这些功能和通路均与 NSCLC 密切相关,这意味着这 29 个 Hub 基因是 NSCLC 潜在的致病基因。

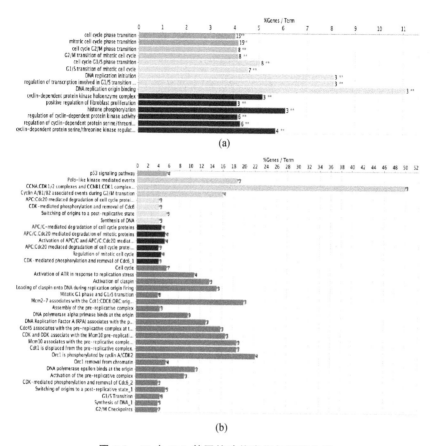

图 8-3　29 个 Hub 基因的功能富集与通路分析

8.3　网络社团分析应用

8.3.1　在生物网络中的应用

生物系统是现实生活中最复杂的系统之一,它的功能由大量的蛋白质功能模块或蛋白质复合物协调完成。蛋白质模块一般是指执行相同或相似功能的一组蛋白,蛋白质复合物和功能模块是两种典型的蛋白质模块(生物分子模块)。复合物是细胞分子中履行某种生物功能的结构子模块,如剪接机制、转录因子等。功能模块则是动态的分子功能结构子模块,如信号通路、代谢通路以及分子循环调控等。[4]准确有效预测蛋白质复合物和功能模块有助于揭示生物分子及其对应模块之间的关系,并促进对生物系统的了解和认知。目前,关于蛋白质复合物和功能模块的研究主要有两种方法,一种是实验的方法,具有很高的可靠性,缺点是受样本数量的限制以及很难进行像全基因组这样大规模的实验,但随着技术的进步,这种缺点有望被克服。[5][6]另一种是基于蛋白质相互作用(PPI)网络的蛋白质模块预测方法。[7]

蛋白质模块(protein module)一般可以分为拓扑模块(topological module)、功能模块(functional module)和疾病模块(disease module)。拓扑模块是指基于网络拓扑结构得到的一组蛋白质。功能模块则表示在分子细胞中执行相同或相似功能的一组蛋白质,人们通常也把通路模块(pathway module)看作一种功能模块。疾病模块是指可能诱发同种类型疾病的一组蛋白质。蛋白质复合物(protein complex)也可以看作一种蛋白质模块,复合物一般指细胞分子中履行某种生物功能的结构子模块。已有的基于PPI网络的模块检测方法,主要用于研究蛋白质拓扑模块和功能模块,其中也有一些涉及蛋白质复合物的预测。

1. 蛋白质模块检测方法

由于生物系统特有的复杂性、基因注释的不完备性和生物数据高噪声的存在,导致蛋白质网络中存在大量的假阴性和假阳性的相互作用。如果将已有的社团挖掘方法直接推广到蛋白质网络中,很难得到预期的效果。因此根据生物网络的特性,人们开发了一些适用于预测蛋白质模块的方法,主要包括贪婪搜索、随机搜索、派系过滤和核扩张等。

（1）贪婪搜索算法

MCODE 方法是巴德尔（Bader）等人提出的一种贪婪搜索算法（greedy algorithm），它可以在大规模的 PPI 网络中发现稠密连接的蛋白质功能模块。[8]MCODE 先根据节点的度值，为每一个结点赋一个权值，并把权值大的节点作为模块的种子节点，然后通过扩充这些模块形成网络的初步划分，最后通过"haircut"操作移除不合理的模块，并引入"fluff"操作生成重叠的功能模块。MCODE 方法可以得到重叠的功能模块，但也会产生一些不均匀的功能模块。MINE 算法是里索拉克拉伊（Rhrissorrakrai）和冈萨卢斯（Gunsalus）提出的一种类似于 MCODE 的凝聚性方法，它具有高度的灵活性，使用者可以自行调整几个参数的设置。[9]它还使用一种修正的蛋白质加权策略，可以有效提高算法的精度。

ClusterONE 也是一种贪婪搜索算法，它是基于重叠邻居扩张的方法，从 PPI 网络中预测重叠的蛋白质复合物。[10]ClusterONE 提出了最大匹配率（MMR）和凝聚性得分的概念，提供了一种评估预测蛋白质复合物的有效方法。ClusterONE 包括三个主要步骤：首先从一个种子节点开始，使用贪婪算法通过增加或移除顶点发现高度凝聚的子图；其次，如果两个子图的重叠得分达到给定阈值，则将这两个子图合并；最后移除那些含有少于 3 个蛋白质或者密度低于给定阈值的模块。

（2）随机搜索算法

金（King）等人提出一种邻接节点搜索（RNSC）算法，它是一种基于成本函数的局部搜索算法。[11]RNSC 根据模块内部以及模块之间的边数计算最小化的成本消耗。它首先将蛋白质网络随机划分为若干个独立的模块，然后通过将一个模块内的蛋白质不断移动到另一个模块来降低整体成本。如果移动次数超过事先设定的阈值仍不能使整体成本下降则结束算法。RNSC 是一种随机搜索算法，可靠性较高，其缺点是模块划分的质量与最初随机生成的模块的质量密切相关。

MCL 是一种随机游走方法,[12]它包括两种基本操作:扩张和膨胀。扩张操作用于为游走者从一个节点出发,到另一目的节点所有可能行走的路径所对应的节点对分配新的概率。膨胀操作用于改变所有可能路径的概率,主要用来提高游走者在社团内部游走的概率并降低社团之间游走的概率。MCL 的局限性在于它只能产生非重叠的蛋白质模块。

(3)派系过滤算法

CMC 是刘(Liu)等人提出的一种基于最大派系的算法,可以用来预测蛋白质复合物。[13]CMC 先用最大派系挖掘方法检测所有的最大派系,然后根据可靠性得分为每个相互作用打分,这样可以计算每个派系的加权密度的得分。最后,CMC 会移除或合并高度重叠的派系,并生成最终的蛋白质复合物。合并两个高度重叠的派系或者移除较低得分的派系,取决于它们之间的连接属性。CMC 减少了随机噪音的影响,改进了蛋白质复合物的预测质量。

李(Li)等人提出了 LCMA 算法,该算法采用局部的派系合并方法,可以处理不完整的 PPI 数据。[14]LCMA 先将每一个蛋白质根据它的邻居构成的子图,置于一个有效的局部派系中,然后合并那些高度相似的局部派系以预测蛋白质复合物。实验表明,LCMA 是一种高效的派系过滤方法。除此之外,CFinder 是 k-派系算法的应用软件,也可以用于蛋白质复合物的预测。

(4)核扩张算法

复合物一般只拥有一个中心核,位于中心核中的蛋白质通常具有较高的共表达特性以及相似的功能,还有一部分蛋白质处于中心核的外围。基于这种认识,梁(Leung)等人提出 CORE 算法来预测 PPI 网络中的蛋白质复合物。[15]该算法先计算两个蛋白质相互作用的概率,以及它们分享一定数量的公共邻居的概率;然后计算两者的联合概率,如果具有较小的联合概率,则暗示这两个蛋白质可能位于同一个复合物中,通过这种方式可以预测所有核心蛋白质的集合;最后根据一定的依附规则,将处于外围的蛋白质依附到相应的核心蛋白质集合中,生成的蛋白质集合即为预测的蛋白质复合物。

CORE 的局限性在于它不能处理复合物之间的重叠性问题。吴(Wu)等人提出 COACH 算法,解决了这个问题。[16]COACH 也是先预测蛋白质复合物的核心蛋白质,不同的是,COACH 是以那些度数大于邻居的平均度的蛋白质为核心蛋白质。对每一个核心蛋白质,那些度数至少是它的邻居的平均度的邻接蛋白质会被选出来构成一个或多个连接的子图。然后把核心蛋白质加入这些子图中形成蛋白质模块,最后选择那些有生物学意义的模块作为最终的预测模块。

2. 蛋白质模块检测应用

蛋白质功能模块已经得到了广泛深入的研究并趋于成熟,但有关蛋白质复合物的研究则相对较少,而且大都是基于实验的方法。通过生化实验可以较准确地测定某一环境下的蛋白质复合物,特别是那些比较稳定的复合物,但仍存在一定数量的不稳定复合物,复合物内蛋白质之间的相互作用是瞬时的和动态变化的,以实验为基础的研究方法很难捕捉到这些蛋白质复合物,而且实验成本十分昂贵,具有一定的局限性。受实验手段与技术的限制,经过人工矫正的可靠的蛋白质复合物的完备率非常低。因此,基于网络的方法预测蛋白质复合物可以作为实验方法的有效补充,为实验人员验证潜在的复合物提供可靠的参考。

下面以大肠杆菌(E. coli)转录调控网络为研究对象,介绍基于 NeTA 和 ELPA 在复杂生物网络中预测蛋白质功能模块和蛋白质复合物的应用。尽管 E. coli 是目前研究最为广泛的细菌模型,[17]但关于它的复合物研究较少,已有的文献也大都基于实验方法,基于网络方法的工作则更少。至今仍有大约 1/3 的 E. coli K-12 蛋白质编码基因功能没有被注释(一般称这些未被注释的基因为孤独基因[18])以及高通量的全基因组 PPI 数据长期缺失,这是导致人们长期以来无法通过网络方法进行有效分析的重要原因。近年来,E. coli 蛋白质相互作用数据集相继发布,[19][20]这为使用网络方法研究 E. coli 蛋白质复合物提供了可能。通过比较上述两种方法预测的结果可以发现,ELPA 预测蛋白质复合物的性能略优于NeTA,而 NeTA 预测的蛋白质功能模块的性能略优于 ELPA,并且它们的结果高度相似。为避免重复,这里只详细介绍 ELPA 预测的结果,NeTA 预测的结果将呈现在评估分析部分。

(1) 数据来源

E. coli 分子网络相互作用的数据来自高通量蛋白质相互作用数据库 Bacteriome. org,[17]该数据库整合了 E. coli 的生物分子之间的物理和功能的相互作用,这些数据来自胡(Hu)等人发布的蛋白质相互作用数据以及功能数据集。[20]这个整合的数据集含有2283 个蛋白质以及 7613 个相互作用。为了更好地预测蛋白质复合物,我们仅考虑与已知的 982 个蛋白质复合物相关的相互作用,构建了一个由 1263 个蛋白质和 3182 个相互作用构成的 E. coli 蛋白质相互作用网络。

蛋白质复合物数据来自权威的 E. coli K-12 蛋白质复合物数据库—EcoCyc 数据库,我们提取了其中 982 个人工矫正过的蛋白质复合物作为"金标准复合物"进行分析。为方便分析,从这 982个实证蛋白质复合物中筛选出 276 个至少含有 2 个蛋白质的复合物作为评估使用的基准复合物。为保证分析的一致性,我们采用EcoCyc 数据库中经过人工矫正的 GO 术语作为蛋白质模块的功能注释,此处只用到数据库中的蛋白质功能注释,包括 32355 条 GO注释。

(2) 预测与评估方法

基于网络方法预测蛋白质复合物的一个关键环节是从网络中

提取高质量的蛋白质拓扑模块。预测的基本步骤包括:首先,基于已构建的大规模蛋白质网络,使用 ELPA 和 NeTA 分别提取网络中的蛋白质拓扑模块;其次,将发现的蛋白质拓扑模块映射到 EcoCyc 数据库的标准蛋白质复合物数据集,预测有意义的蛋白质复合物;再次,将蛋白质拓扑模块映射到 EcoCyc 数据库的 GO 功能注释,预测有意义的蛋白质功能模块;最后,基于预测的蛋白质复合物和功能模块预测有意义的蛋白质拓扑模块,并与其他方法进行比较分析与评估。

要评估不同方法预测的蛋白质复合物的性能,需要明确的评估标准,生物统计中常用的三种精度指标有:Precision、Recall 和 f-measure,[21]这三种指标可以用来验证不同方法预测的蛋白质复合物的有效性,这三种精度指标的定义如下:

$$\text{Precision} = \frac{M_{\text{module}}}{P_{\text{module}}} \tag{8-1}$$

$$\text{Recall} = \frac{M_{\text{complexes}}}{T_{\text{complexes}}} \tag{8-2}$$

$$f = \frac{2(\text{Precision} \times \text{Recall})}{\text{Precision} + \text{Recall}} \tag{8-3}$$

其中,M_{module} 表示匹配的拓扑模块的数量,P_{module} 表示预测的拓扑模块的数量,$M_{\text{complexes}}$ 表示匹配的蛋白质复合物的数量,$T_{\text{complexes}}$ 表示真实复合物的数量。

蛋白质复合物预测的另一个重要评估标准是生物功能相关性分析。由于 E. coli 的蛋白质还存在相当一部分没有被注释,而且它的蛋白质复合物仍远未完备,还有很多复合物需要进一步探索,这也是基于网络方法预测蛋白质复合物的目的,它与实验方法是相辅相成的。为了进一步检验预测的蛋白质拓扑模块的有效性,下面继续对它们进行生物相关性分析,预测相应有意义的蛋白质功能模块,这些功能模块可能包含潜在的复合物,因此它可以作为蛋白质复合物预测的有效补充,此处的生物功能相关性分析是基于 EcoCyc 数据库中经过人工矫正的 GO 术语进行分析的。

（3）蛋白质复合物预测

根据构建的蛋白质相互作用网络，我们使用 ELPA 从该网络中发现了 111 个蛋白质拓扑模块。这些拓扑模块的规模最小，只有 2 个蛋白质。此处保留只有两个蛋白质的模块的原因是很多基准复合物只含有 2 个蛋白质。大多数方法一般只能发现较大规模的凝聚模块，而 ELPA 既可以发现大型模块，也可以发现小型的和稀疏的蛋白质模块。很多研究已经证明小型的或稀疏的蛋白质模块在细胞分子系统中也具有重要的生物学功能。另外，在这些蛋白质模块中，一些蛋白质在多个模块中出现，这意味着一些蛋白质可能涉及多个蛋白质复合物或者功能模块。这与蛋白质功能的真实背景吻合，而研究蛋白质在多个复合物中功能的重叠也是一个非常重要的研究课题。通过将预测的蛋白质拓扑模块映射到 276 个基准复合物集合，进行比较分析后可以发现，其中 198 个复合物被映射到了 89 个拓扑模块中，即每个拓扑模块可能匹配一个或多个真实的复合物。这是一个很正常的现象，因为大多数的真实蛋白质复合物只含有不到 10 个蛋白质，而多数情况下，不同算法预测的都是较大规模的蛋白质拓扑模块。

为了评估预测的复合物的质量，我们分别将每个拓扑模块跟基准复合物进行匹配分析。结果表明，大多数拓扑模块都能与相应的真实蛋白质复合物较好地匹配。例如，第 6 个拓扑模块包含 41 个蛋白质，主要由 3 个真实的复合物构成：鞭毛、鞭毛马达和鞭毛输出装置。真实的鞭毛复合物包含 28 个蛋白质，ELPA 准确地预测了其中的 26 个；真实的鞭毛马达复合物包含 14 个蛋白质，ELPA 预测了其中的 12 个；鞭毛输出装置复合物包含的 9 个蛋白质则全部被 ELPA 预测出来。如图 8-4 所示，第 40 个拓扑模块由 8 个蛋白质组成，其中，potF、potH 和 potI 是丁二胺 ABC 运输蛋白复合物的四个蛋白质中的三个，而 potA、potB、potC 和 potD 则覆盖了丁二胺、亚精胺 ABC 运输蛋白的全部四个蛋白质。上述结果表明,ELPA 可以有效预测 E.coli 的蛋白质复合物。

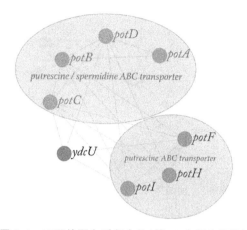

图 8-4　匹配的蛋白质复合物(第 40 个拓扑模块)

（4）功能相关性分析

为了进行生物功能相关性分析,我们继续将蛋白质拓扑模块直接映射到 EcoCyc 的蛋白质 GO 功能注释,预测有意义的蛋白质功能模块。人们通常将具有相同或相似功能的蛋白质看作一个功能模块,此处定义那些至少有一半以上的蛋白质享有相同 GO 术语的拓扑模块为有意义的蛋白质模块,那些分享相同功能的蛋白质则定义为功能模块。通过相关性分析可以发现,ELPA 预测的约 89% 的拓扑模块是有意义的蛋白质模块,包含相应的功能模块。另外,大约有 32% 的有意义的拓扑模块与相应的功能模块完全重合。如图 8-5 所示,第 19 个拓扑模块含有 18 个蛋白质,它们全都可以被 GO:0005886 注释;第 35 个拓扑模块的 8 个蛋白质则均可以被 GO:0008652 注释;而第 45 个拓扑模块的 7 个蛋白质则全部被 GO:0016021 所注释,等等。这些功能模块具有很好的生物学相关性,很有可能是潜在的蛋白质复合物,这为科学家进一步验证复合物提供了重要的参考信息。

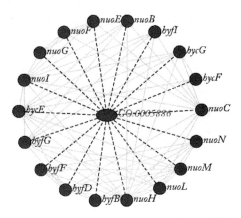

图 8-5   功能相关性分析(第 19 个拓扑模块)

(5) 评估分析

为进一步评估 ELPA 方法预测蛋白质复合物的性能,我们将 ELPA 和 NeTA 的预测结果与 MCL 的预测结果进行了比较分析。[22]MCL 是生物网络中常见的一种蛋白质功能模块和复合物预测方法,它是通过模拟随机流发现网络拓扑中稠密连接模块的一种有效方法。人们通过比较分析发现,[23]MCL 预测蛋白质功能模块以及复合物的效果一般要优于其他方法。另外,尽管已有一些方法被用于蛋白质复合物的预测,但是很少有算法被用于预测 E. coli 的蛋白质复合物。因此,我们下面将基于 E. coli 网络,比较分析 ELPA、NeTA 和 MCL 三种方法的性能,ELPA 和 NeTA 为无参数算法,MCL 则取它的默认参数,以下分别从复合物预测精度和生物功能相关性两个方面对不同算法进行分析与评估。

首先,我们基于三种精度指标比较分析三种方法预测复合物的精度。如图 8-6 所示,ELPA 和 NeTA 得到的三种精度指标均优于 MCL。ELPA 的 Precision、Recall 和 f-measure 得分分别是 72%、47% 和 57%,NeTA 的得分分别是 82%、37% 和 50%,而对应的 MCL 的得分分别是 44%、37% 和 40%。这说明在复合物预测精度上,ELPA 略优于 NeTA,而 ELPA 的性能则较 MCL 平均提高了 18.3%,这意味着 ELPA 和 NeTA 比 MCL 预测蛋白质复合物更加精确。

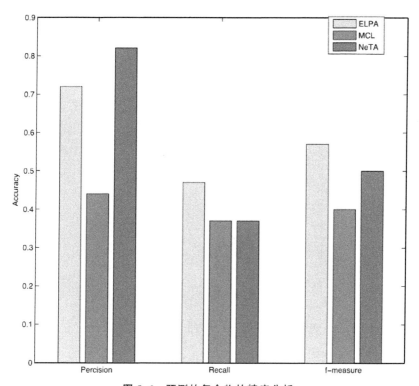

图 8-6 预测的复合物的精度分析

其次,为了评估三种算法预测蛋白质拓扑模块的生物功能相关性,我们分别分析了它们预测的有意义的蛋白质功能模块的映射频率以及相应的平均映射频率。如图 8-7 所示,ELPA、MCL 和 NeTA 预测的拓扑模块的有效映射频率以及平均映射频率分别是 90% 和 73%,83% 和 70%,95% 和 75%。ELPA 和 NeTA 的性能基本相当,NeTA 略好于 ELPA,但它们的性能都明显优于 MCL。上述比较分析表明,ELPA 和 NeTA 在 E. coli 蛋白质复合物以及

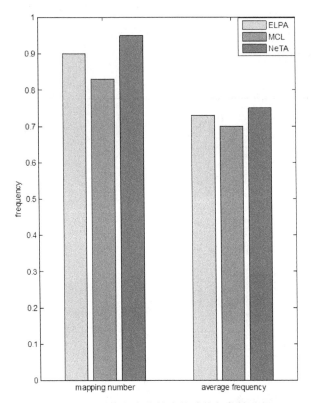

图 8-7   预测的复合物的生物功能相关性分析

功能模块预测中的性能均优于 MCL,这说明 ELPA 和 NeTA 能够有效预测生物分子模块。

8.3.2   在网络医学中的应用

虽然基于分子生物学的经典医学已经取得了重大进展,然而当前的方法仍然主要基于单个基因和蛋白质的研究,并不足以解决复杂疾病中产生的问题。因此,系统生物学新方法和新技术在设计及寻找用于预防、诊断和治疗疾病的新医疗解决方案方面有强烈的需求。网络医学是基于网络的方法,在分子水平上对复杂疾病进行研究,被认为是有效诊断、预后和治疗复杂疾病的有力手段。

　　网络医学的社团分析应用主要聚集于四种不同类型的分子模块:拓扑模块、功能模块、通路模块和疾病模块的检测。[24][25] 拓扑模块是指在 PPI 网络中稠密连接的一组蛋白质。功能模块表示网络中具有相关功能的一组蛋白质。通路模块是指在相同通路中出现的一组蛋白质。疾病模块则表示网络中享有共同疾病表型的一组蛋白质。上述四种蛋白质模块之间一般紧密相关且高度重叠。[24] 蛋白质的功能模块可能与某一个通路模块相关,也可能与特定的疾病模块相关,因此这些功能上的重叠是不可避免的。

　　蛋白质功能模块的预测已经取得很大进展,但已有的文献大都局限于某种模块的单一层次的分析上。比如,大多数蛋白质网络分析方法主要集中在分析拓扑模块的基因相关性、功能模块以及通路模块的富集度等方面。[26][27][28] 此外,大部分方法预测的拓扑模块一般只有部分能够与某个生物功能或通路显著相关,很难在大规模生物网络上取得较为理想的结果。大多数的疾病网络主要集中在疾病模块或致病基因的预测等方面。[29][30][31] 近几年,有一些团队开始研究大规模的疾病网络,[24][32] 他们从疾病组(diseasome)着手,致力于阐明致病基因和疾病网络的关系,并分析了致病基因及其功能属性,同时详细阐明了拓扑模块、功能模块和疾病模块之间的联系与区别,为人们进一步分析和了解复杂疾病奠定了基础。[33] 疾病组是一种基因—疾病网络,从疾病组出发,可引申出两种不同类型的疾病网络:疾病—疾病网络和致病基因网络。

　　基于 NeTA 和 ELPA,我们分析了网络医学中的四种分子模块。我们先在单一层次上分别对各种功能模块进行深入分析,然后将它们整合起来执行系统化的分析,将蛋白质网络的分析提高到系统层面,从而实现发现系统水平上的涌现现象的目的。通过比较分析可以发现,NeTA 和 ELPA 预测的蛋白质功能模块的相似性非常高,NMI 值为 0.93174,而 NeTA 的预测效果要略好于 ELPA,为了避免重复,下面仅对 NeTA 的预测结果进行详细分析,ELPA 的预测结果将展示在比较分析部分。

1. 数据来源

蛋白质相互作用数据来自 HIPPIE 数据库,HIPPIE 是一个大型的综合数据库,含有大约 14500 个人类蛋白质和超过 156000 个相互作用,整合了多个经专家矫正过的 PPI 实验数据库,并给每个相互作用赋予一个标准化的可信度得分以评估它的可靠性。HIPPIE 整合了多个大型人类 PPI 数据库,这里使用其中 6 个最常用的 PPI 数据库作为数据源进行整合,它们分别是:BioGrid、DIP、HPRD、IntAct、MINT 和 BIND。另外,为了降低噪音,基于 HIPPIE 的打分系统,这里提取了得分高于特定阈值的高可信度 PPI。同时,为了得到更加可靠的数据,只保留那些至少同时在两个数据库中均具有高可信度的相互作用作为进一步研究的数据源。

2. 单层网络分析

单层网络分析的基本思想是:首先基于构造的高度可靠的蛋白质相互作用网络,使用模块挖掘算法提取蛋白质拓扑模块作为基本模块;然后将这些拓扑模块分别映射到生物功能注释、通路注释和人类疾病/表型注释等数据库中,预测功能模块、通路模块和疾病模块并分别对每种模块进行生物相关性分析。

1. 网络的构建

(1) 拓扑网络:蛋白质数据库中的相互作用具有不同的属性,其中被人们广泛认可的可靠相互作用是直接的物理相互作用。因此为了进一步降低噪音,从 HIPPIE 中提取 PPI 映射到 IRefWeb 数据库(IRefWeb 是一个合并了 10 个公共数据库生成的大型蛋白质注释数据库)中,过滤出属性是直接物理相互作用的 PPI,并基于这些 PPI 构建了分析使用的蛋白质网络。在构建的蛋白质网络中,节点表示蛋白质,连边表示蛋白质相互作用。

(2)功能网络:为每一个功能模块构建一个相应的功能网络,节点为蛋白质或生物功能,边则表示一个蛋白质与某个生物功能是显著相关的。这种蛋白质—功能网络通过将功能模块中的每个蛋白质与相应的 GO 生物处理、细胞位置和分子功能相连接构成,这里统一使用 GO slim 的第三层次功能注释。

(3)通路网络:为每一个通路模块构建一个相应的网络,即蛋白质—通路网络。蛋白质—通路网络则是由通路模块中的每个蛋白质与相应的通路注释相连接构成。

(4)疾病网络:通过直接将发现拓扑模块映射到 OMIM 和全基因组关联研究(Genome-Wide Association Studies,GWAS)数据库中,构建两种类型的疾病网络。一种是疾病—基因网络,即将拓扑模块中的每个基因与其相关的疾病连接起来。另一种是疾病—疾病网络,即如果两种疾病共享至少一个致病基因,则将这一对疾病连接起来。

2. 模块预测

(1)拓扑模块:生物网络的一个重要特征是高度聚合性,这表现为基因网络具有较高的模块性。在执行进一步的分析之前,需要将 PPI 网络聚类成不同规模的拓扑模块。目前精确鉴定生物网络的拓扑模块仍然是一个巨大的挑战,分别使用 NeTA 和 ELPA 算法预测了蛋白质网络的拓扑模块,均取得了较好的结果,由于二者结果非常接近,下面仅基于 NeTA 的预测结果进行分析。

(2)功能模块:基于超几何检验(hypergeometric test),以及纠正过的本杰明尼–霍奇伯格错误发现率(Benjamini & Hochberg False discovery rate, FDR),截断阈值为 P-value <0.05,使用 Bingo 来分析每个拓扑模块的 GO 富集度。Bingo 可以根据 GO slim 生成层次性的功能注释,为了获得一致性的功能模块,只考虑第三层次的 GO 术语。如果同一拓扑模块中的一组蛋白质至少具

有一种相同的功能,则将这组蛋白质看作一个功能模块。

（3）通路模块:检验蛋白质模块的功能相关性的另一个有效手段是生物通路的富集度分析,通过使用 DAVID 在线分析工具,设定的阈值是矫正的 P-value$<$0.05,对每个拓扑模块执行通路富集度分析,预测了相应的蛋白质通路模块。这里选择使用的生物通路数据库包括 KEGG、REACTOME、PANTHER 和 BIOCARTA 四种。

（4）疾病模块:OMIM 是一个综合的、权威的人类基因和遗传表型数据库。GWAS 是一个通过检查人类的遗传变异来验证基因是否与某个疾病相关的疾病数据库。GWASdb 是涵盖了 GWAS 的基因功能注释和疾病分类的综合数据库。MalaCard 是一个在线疾病分类数据库。根据 OMIM 和 GWASdb 的致病基因注释以及 MalaCard 的在线疾病分类分别从拓扑模块中预测疾病模块。如果一个拓扑模块中存在一组蛋白质（至少三个）与同一种疾病类型相关,则将这组蛋白质看作一个疾病模块。通过整合 MalaCard 数据库和 Barabási 等人的疾病分类方法,[33]将疾病分为以下 15 种类型:神经系统疾病、眼科疾病、心血管疾病、骨骼疾病、皮肤病、内分泌疾病、代谢系统疾病、癌症、免疫系统疾病、精神系统疾病、血液病、肾病、呼吸道疾病、耳鼻喉疾病以及胃病。

3. 多层网络整合分析

多层网络整合分析具有单层网络无法比拟的系统化分析的优势,是目前网络医学以及系统医学发展的一个主要方向。这里提出一种多层网络分析流程来预测系统水平上有意义的蛋白质模块。具体的步骤如图 8-8 所示,首先在 HIPPIE 数据库中整合 6 个常用人类 PPI 数据集中提取的高可信度的 PPI;然后将提取的 PPI 使用 IRefWeb 数据库过滤出蛋白质的物理直接相互作用作为工作数据集构建相互作用网络;再根据本书提出的社团挖掘算法预测拓扑模块;在此基础上分别预测相应的功能和疾病模块,构建相应的功能和疾病网络;最后将不同层次的网络/模块整合到一个网络/模块中,从系统水平分析有意义的蛋白质模块。通过多层次的系统化分析,可以发现许多仅基于某种模块的单一层次网络分析无法获取的有趣蛋白质模块。例如,有的蛋白质模块可以将发炎性反应与阿尔茨海默氏病联系起来,这暗示这种病理现象具有较强的炎症成分。在许多蛋白质模块中,能够发现与特定功能或疾病表型相关基因的子模块,这些发现使我们可以根据功能失调来鉴定相应的基因和通路。多层网络的系统化分析方法相比于单一层次网络分析方法具有显著的优势,这为人们理解生命系统提供了一种全新的视角。系统化分析方法也是系统生物学倡导的发展方向,它将为疾病的预防、诊断和治疗提供有参考价值的信息。

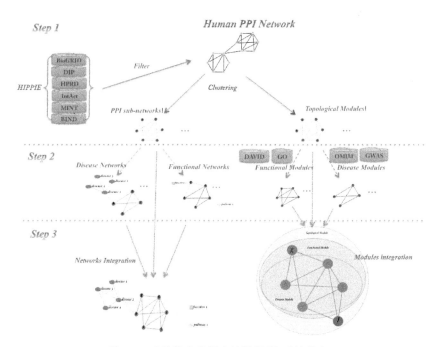

图 8-8 系统整合分析方法流程图,系统整合包括三步:聚类、映射和整合分析

4. 生物相关性分析

(1) 拓扑层次分析

基于前面构建的蛋白质相互作用网络,包括 1830 个蛋白质和 2484 个相互作用,我们使用 NeTA 方法预测了 136 个较大规模(至少包含 3 个蛋白质)的蛋白质拓扑模块以及 185 个小型稀疏蛋白质拓扑模块,这些稀疏的蛋白质小模块绝大部分只含有两个蛋白质。这里只分析如图 8-9 所示的 136 个较大规模的拓扑模块,可以看出该网络具有明显的模块结构。这些模块构成的子网络包含 1390 个蛋白质和 2228 个相互作用,这说明这个子网络包括了整个网络 76% 的网络节点和 89.7% 的网络相互作用,而剩下部分都是非常稀疏的小模块,不考虑它们对整个网络拓扑分析不会产生太大的影响。这些蛋白质拓扑模块的规模最少包含 3 个蛋白质,最多包含 88 个蛋白质。社团划分结果的模块度是 0.91385,这说明跟随机零模型相比,NeTA 预测的蛋白质模块具有显著的模块结构。

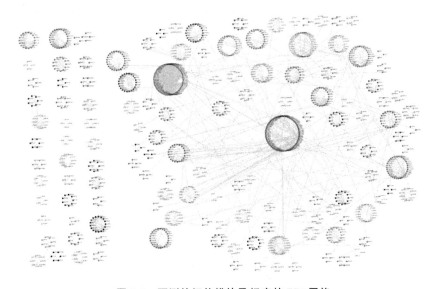

图 8-9　预测的拓扑模块及相应的 PPI 网络

（2）功能层次分析

对每个拓扑模块执行 GO 富集度分析,分别从生物处理(BP)、细胞成分(CC)和分子功能(MF)三个层次上进行注释,这里只考虑 136 个至少包含 3 个蛋白质的拓扑模块。如果不考虑未注释的蛋白质(这个网络中只有一个蛋白质没有功能注释),96 个(70.6%)拓扑模块可以被一个相应的功能模块完全覆盖。例如,拓扑模块 3 包括 8 个蛋白质:COPA、COPB、COPD、COPE、COPB2、COPZ1、COPG2 和 TMEDA。如图 8-10 所示,所有的这些蛋白质均具有 BP 功能"高尔基小泡运输"(P-value 值为 2.4E-16),同时也都具有相同的细胞成分"细胞质小泡膜"(P-value 值为 9.71E-15)。而剩下的其他拓扑模块则可以被最多两个相应的功能模块完全覆盖。如图 8-11 所示,拓扑模块 9 包括 4 个基因:BL1S1、BL1S2、BL1S3 和 SNAPN,其中 BL1S1、BL1S2 和 BL1S3 具有"细胞色素沉积"功

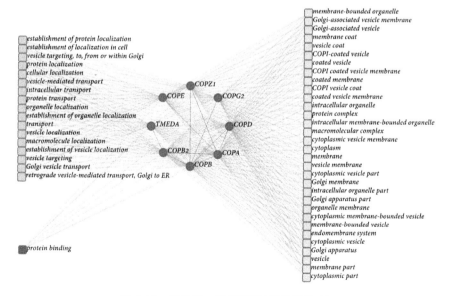

图 8-10　蛋白质—功能网络(拓扑模块 3)

能（P-value 值为 4.01E-7），而 BL1S1、BL1S3 和 SNAPN 则都具有"囊泡转运"功能（P-value 值为 3.63E-3）。

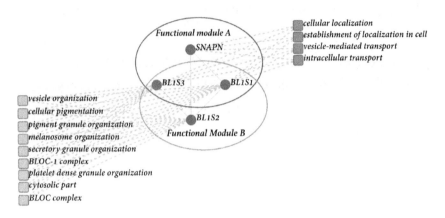

图 8-11　蛋白质—功能网络（拓扑模块 9）
圆形和正方形节点分别表示蛋白质和功能

（3）通路层次分析

通路也是一种重要的生物学功能，大部分通路注释都是经过实验矫正过的，具有极高的可信度。这里基于 DAVID 在线分析工具对每个拓扑模块进行通路分析，并构建了相应的蛋白质—通路网络。通过比较分析可以发现有 88 个拓扑模块与某个通路显著相关，而且这些通路相关基因也与相应的功能模块基因紧密相关，由于通路分析比 GO 功能分析更加精确，因此称这些模块为重要的功能模块。例如，如图 8-12 所示，拓扑模块 23 有 17 个蛋白质，所有这些蛋白质都是"DNA 复制通路基因"（P-value 值为 1.09E-25），同时它们的细胞成分（CC）也都是"核质"（P-value 值是 3.06E-20），因此拓扑模块 23 为一个重要的功能模块。

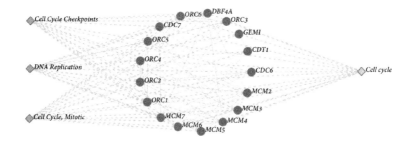

图 8-12　蛋白质—通路网络(拓扑模块 23)

圆形节点表示蛋白质,钻石形节点表示通路,左侧钻石形节点表示 KEGG 通路,右侧钻石形节点表示 Reactome 通路。

(4)疾病层次分析

通过将每个拓扑模块映射到 OMIM 以及 GWAS 疾病数据中,我们从拓扑模块中预测了 139 个疾病模块(一个拓扑模块可以对应多个疾病模块)。例如,如图 8-13 所示,拓扑模块 6 包含 6 个蛋白质,其中 EGLN、TGFB1、TGFR1 和 TGFR2 是与骨骼疾病以及心血管疾病相关的致病基因,因此将这 4 个基因看作一个疾病模块。同样,如图 8-14 所示,拓扑模块 11 包括 4 个基因,其中 MEIS1、MEIS2 和 PBX1 都是心血管、神经性、精神性、内分泌以及呼吸道等疾病的致病基因,因此可以把这 3 个基因也看作一个疾病模块。

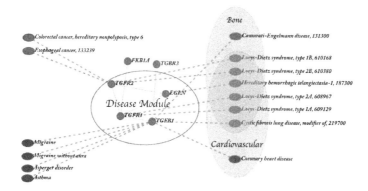

图 8-13　疾病—基因网络(拓扑模块 6)

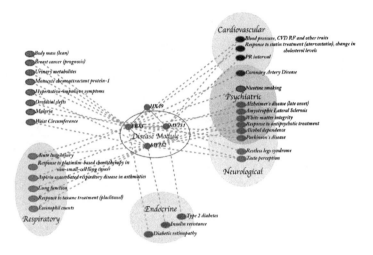

图 8-14　疾病—基因网络(拓扑模块 11)
圆形节点表示蛋白质,椭圆形节点表示疾病。

　　除了致病基因,人们对疾病之间的联系也非常关注,因为很多疾病的诱因并不是单一的,多数情况下是由于致病基因的相继故障引起的,这在临床上的表现为一种疾病通常伴随着多种疾病的并发症。因此这里也为每一个拓扑模块构建了相应类疾病—疾病网络,对疾病网络的研究可以帮助我们进一步理解和发现并发症之间的关联。在疾病网络中,节点表示与某个拓扑模块中的基因相关的疾病,疾病之间的连边则表示它们共享至少一个致病基因。紧密相关的疾病则暗示它们可能与某种综合征有关。这里发现了很多有趣的例子。例如,图 8-15 展示了拓扑模块 33 对应的疾病—疾病网络,可以看出,甲状腺癌、卡尼(carney)综合征、肾上腺皮质肿瘤、色素性肾上腺皮质病和黏液瘤都属于癌症,另外除了黏液瘤,其他疾病也都表现为内分泌病理学,从这个例子能够发现,与内分泌相关的癌症之间存在着关联,可能以较高的概率出现并发症。

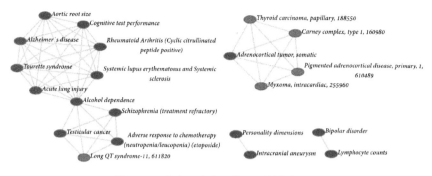

图 8-15　疾病—疾病网络(拓扑模块 33)
节点表示疾病,两个疾病之间的连边则表示它们至少共享一个致病基因。

(5) 多层次整合分析

上述分析仅从单一层次上分析某种蛋白质模块,无法充分发挥网络方法的分析能力。如果从系统的视角整合分析多个不同层次的蛋白质网络和模块,不但可以获得单一层次上蛋白质—功能/疾病的关系,还可以获得多个层次的蛋白质—功能—疾病之间的关系。如果一个疾病模块与一个功能模块高度重叠(超过一半的蛋白质相同),则称它们对应的拓扑模块为一个非平凡蛋白质模块;如果一个疾病模块与一个通路模块高度重叠,则称它们对应的拓扑模块为一个显著的蛋白质模块。通过系统化的整合分析,这里鉴定了 69 个非平凡蛋白质模块和 47 个显著的蛋白质模块,下面分析几个例子:

图 8-16 展示了一个有趣的非平凡蛋白质模块(拓扑模块 55),它将瘦蛋白和瘦蛋白受体与炎性细胞因子受体 IL6RB 联系起来。已有大量文献表明瘦蛋白跟肥胖和糖尿病有关,[33] 然而这个模块却表明这些疾病可能也与炎症有关,这是一个非常有意思的发现。现在人们已经逐渐认识到,许多代谢疾病,比如糖尿病也可能与高水平的炎症有关。[34] 通过对这个模块的系统水平上的整合分析,我们得到的启示是,临床上处理代谢疾病时,在注重减肥的同时,也

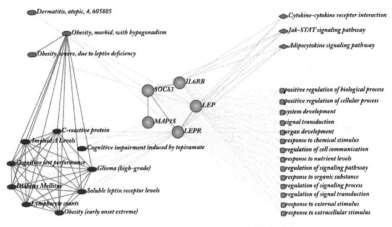

图 8-16 拓扑模块 55 的多层次整合分析

应该加上抗炎症的治疗。图 8-17 也展示了一个非平凡蛋白质模块（拓扑模块 82），它含有一个在造血发育过程中扮演一个重要角色的因子 Tal1。引起我们注意的是，Tal1 是 T 细胞发育的一个主要调控子，它能够抑制心肌细胞的产生。[35] 有意思的是，通过系统水平的整合分析，我们发现这个模块中的几个基因不但与 T 细胞发育有关，还与心脏病和心率有关。

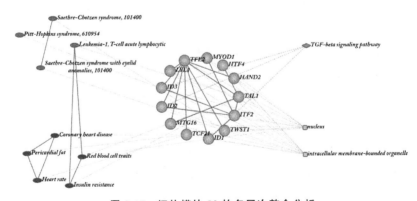

图 8-17 拓扑模块 82 的多层次整合分析

图 8-18 展示了一个与 NfkB 相关的蛋白质复合物（拓扑模块

113)，NfkB 是炎症反应的一个主要调控子。一个有趣的现象是，这个模块中的几个基因均与阿兹海默疾病有关。这个非常有意思，因为人们已经认识到阿兹海默疾病可能与炎症相关，以往这种病的风险性通常是以代谢紊乱程度来评估的，例如糖尿病。[36] 通过系统水平的整合分析，我们发现这个非平凡蛋白质模块可以将这两种重要的疾病与细胞的基底炎症反应联系起来。

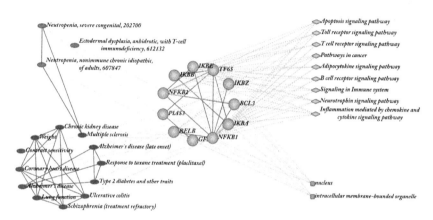

图 8-18　拓扑模块 113 的多层次整合分析

图 8-19 展示了一个显著的蛋白质模块（拓扑模块 24），包括四个基因：SYN1、SYN2、SYN3 和 CAPON。其中 SYN1、SYN2 和 SYN3 均与精神性疾病相关，同时它们还都具有突触传递功能，并均参与到突触小泡运输通路中。另外，拓扑模块 3 和 51 也都是有趣的非平凡模块，模块 3 的所有蛋白质均涉及高尔基体小泡运输功能，并且大都参与了膜转运通路，与阿兹海默疾病相关。模块 51 的所有蛋白质均与翻译起始因子活性有关，都参与了蛋白代谢通路，且大都与肝病有关。当然还有很多类似的蛋白质模块，这里不再一一列举，这些模块的发现充分体现了系统化分析的优势。

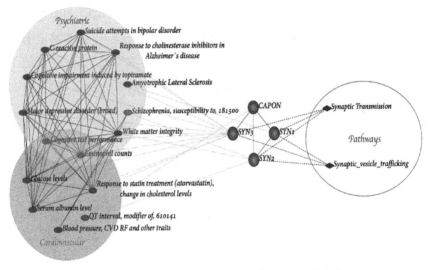

图 8-19　疾病—蛋白质—通路网络(拓扑模块 24)

5. 评估分析

(1) 基于构建的蛋白质网络

人们已经发展了很多方法从 PPI 网络中预测功能模块和疾病
模块。已有的疾病模块预测方法大都是基于致病基因的先验知识
发展而来的,而 NeTA 和 ELPA 方法则不需要先验知识。基于前
面构建的 PPI 网络,使用 NeTA 和 ELPA 两种方法分别预测相应
的蛋白质拓扑模块,然后在此基础上预测潜在的蛋白质功能模块
和疾病模块。为了检验 NeTA 和 ELPA 方法的性能,下面将它们
与两个有代表性的蛋白质功能模块预测方法进行对比分析。一种
方法是基于随机流马尔科夫聚类算法(MCL),这里使用它的默认
设置,膨胀参数设为 $r=2$。另一种是沿着连边随机游走的算法
(RW),[37] 也使用它的默认设置,设定在每一次游走之后,以概率 r
$=0.4$ 重新选择一个种子节点作为下一步游走的终点。

首先,比较分析了 NeTA、MCL、RW 和 ELPA 算法社团划分
结果的模块度,用来衡量它们提取的拓扑模块的聚类质量。结果

表明,NeTA 和 ELPA 方法在该网络中的拓扑聚类效果要好于其他方法。其次,对上述方法预测的功能模块、通路模块和疾病模块映射频率进行比较。可以发现,无论使用哪种方法,相比于通路模块和疾病模块,都可以得到更多的功能模块,这是因为已有的通路注释和疾病注释的基因数量要远小于功能注释的基因。ELPA 方法预测的功能模块和疾病模块的有效比例要优于其他方法,而NeTA 方法预测的通路模块的有效比例要优于其他方法。然后,平均映射频率可以用来衡量算法的有效预测精度,如果基于蛋白质模块平均映射频率来衡量,同样可以发现 ELPA 方法预测的功能模块和疾病模块的质量要优于其他方法,而 NeTA 方法预测的通路模块的质量要优于其他方法。最后,非平凡和显著的蛋白质模块的匹配比例是衡量算法有效性的一个重要参考指标,如果基于非平凡蛋白质模块和显著的蛋白质模块的映射频率指标来评价,可以发现,NeTA 方法可以预测更高比例的非平凡蛋白质模块和显著蛋白质模块,明显优于其他方法,而 ELPA 方法的预测效果则仅次于 NeTA 方法。因为 MCL 和 RW 是两种优秀的蛋白质功能模块预测方法,它们的有效性已经在大量的生物网络中得到了验证。据此可以得出结论,NeTA 和 ELPA 方法均可以从蛋白质网络中有效地预测蛋白质功能模块,具有稳定高效的性能,具备了与已有的其他优秀的蛋白质功能模块预测方法相竞争的能力。

（2）基于功能—疾病基准网络

为了进一步检验 NeTA 和 ELPA 方法的有效性和无偏性,根据 OMIM 数据库和人类蛋白质复合物（MIPS）数据库构建了一个基准功能——疾病网络,并基于它进一步评估算法的性能。首先,从（MIPS）数据库的 PPI 网络中过滤出疾病相关基因,即这个网络的每条连边对应的节点至少有一个致病基因,构建了一个由 1460个蛋白质和 4107 个 PPI 构成的基准网络；然后,基于这个网络,使用上述四种方法分别预测了相应的疾病模块,蛋白质复合物以及疾病—复合物模块;最后,对预测的结果进行了比较分析与评估。

　　如图 8-20 所示,从模块度的角度来看,NeTA 和 ELPA 方法的聚类效果仍然要优于 RW 和 MCL 方法,其中 NeTA 方法的效果最好。图 8-21 比较了四种算法预测的拓扑模块、疾病模块、蛋白质复合物和复合物—疾病模块的数量,可以看出,ELPA 方法预测了最多的拓扑模块,MCL 方法预测了最多的蛋白质复合物,而NeTA 方法则预测了最多的疾病模块和复合物—疾病模块。

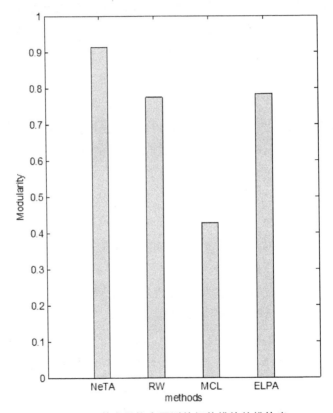

图 8-20　基准网络中预测的拓扑模块的模块度

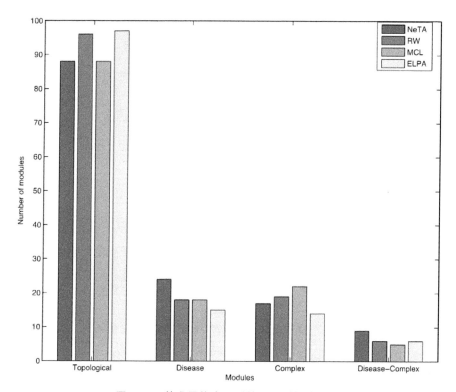

图 8-21　基准网络中预测的蛋白质模块数量

图 8-22 则比较了四种方法预测的疾病模块,复合物以及疾病—复合物模块的匹配频率。由于疾病模块最多只能映射不到 30% 的拓扑模块,而蛋白质复合物最多只能映射大约 20% 的拓扑模块,因此只能得到更少比例的疾病—复合物模块。同样,可以发现 NeTA 和 ELPA 方法预测的疾病—复合物模块的效率要优于其他两种方法。

综上所述,NeTA 和 ELPA 方法在预测功能模块、疾病模块以及功能—疾病模块中均表现出了稳定的良好性能。由于 MCL 是一种优秀的蛋白质复合物预测方法,已有文献证明它在大多蛋白质网络中可以得到比其他方法更好的预测效果。通过与 MCL 和

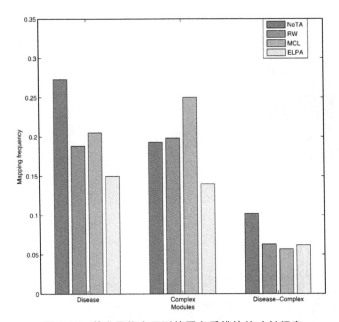

图 8-22　基准网络中预测的蛋白质模块的映射频率

RW 两种预测蛋白质功能模块的优秀算法的比较分析,可以看出 NeTA 和 ELPA 是两种有效的蛋白质功能模块预测方法,并能在此基础上实现多层网络的系统化整合分析,预测高质量的蛋白质模块和蛋白质复合物。

参 考 文 献

［1］ W. Liu, M. Pellegrini, A. Wu. Identification of Bridging Centrality in Complex Networks. *IEEE Access*, 2019, 7.

［2］ W. Liu, M. Pellegrini, X. F. Wang. Detecting Communities Based on Network Topology. *Scientific Reports*, 2014, 4.

［3］ W. Liu, X. P. Jiang, M. Pellegrini, *et al*. Discovering Communities in Complex Networks by edge label propagation. *Scientific Reports*, 2016, 6.

［4］ V. Spirin, L. A. Mirny. Protein Complexes and Functional Modules in Molecular Networks. *Proc. Natl. Acad. Sci. USA*, 2003, 100 (21).

［5］G. Butland, J. M. Peregrin-Alvarez, J. Li, *et al*. Interactioon Network Containing Conserved and Essential Protein Complex in Escherichia Coli. *Nature*, 2005, 433.

［6］S. V. Rajagopala, P. Sikorski, A. Kumar, *et al*. The Binary Protein-Protein Interaction Landscape of Echerichia Coli. *Nat. Biotechnol.*, 2014, 32.

［7］P. Z. Hu, S. C. Janga, M. Babu, *et al*. Global Functional Atlas of Escherichia Coli Encompassing Previously Uncharacterized Proteins. *PLoS Biol.*, 2009, 7(4).

［8］G. D. Bader, C. W. Hogue. An Automated Method for Finding Molecular Complexes in Large Protein Interaction Networks. *Bmc Bioinformatics*, 2003, 4(2).

［9］K. Rhrissorrakrai, K. C. Gunsalus. MINE: Module Identification in Networks. *BMC Bioinformatics*, 2011, 12(1).

［10］T. Nepusz, H. Yu, A. Paccanaro. Detecting Overlapping Protein Complexes in Protein-Protein Interaction Networks. *Nature Methods*, 2012, 9 (5).

［11］A. D. King, N. Pržulj, I. Jurisica. Protein Complex Prediction via Cost-based Clustering. *Bioinformatics*, 2004, 20(17).

［12］A. J. Enright, D. S. Van, C. A. Ouzounis. An Efficient Algorithm for Large-scale Detection of Protein Families. *Nucleic Acids Research*, 2002, 30(7).

［13］G. Liu, L. Wong, H. N. Chua. Complex Discovery from Weighted PPI Networks. *Bioinformatics*, 2009, 25(15).

［14］X. L. Li, S. H. Tan, C. S. Foo, *et al*. Interaction Graph Mining for Protein Complexes Using Local Clique Merging. *Genome Informatices Series*, 2005, 16(2).

［15］H. C. Leung, Q. Xiang, S. M. Yiu, *et al*. Predicting Protein Complexes from PPI Data: A Core-Attachment Approach. *Journal of*

Computational Biology, 2009, 16(2).

　　[16] M. Wu, X. Li, C. K. Kwoh, *et al*. A Core-Attachment Based Method to Detect Protein Complexes in PPI Networks. *BMC Bioinformatics*, 2009, 10.

　　[17] J. Geryk, F. Sianina. Modules in the Metabolic Network of Ecoli. with Regulatory Interactions[J]. *Int. J. Data Min. Bioinform*, 2013, 8(2).

　　[18] P. Z. Hu, S. C. Janga, M. Babu, *et al*. Global Functional Atlas of Escherichia Coli Encompassing Previously Uncharacterized Proteins. *PLoS Biol.*, 2009, 7(4).

　　[19] J. M. Peregrin-Alvarez, X. Xiong, C. Su, *et al*. The Modular Organization of Protein Interactions in Echerichia Coli. *PLoS Comput. Biol.*, 2009, 5(10).

　　[20] I. M. Keseler, A. Mackie., M. Peralta Gil, *et al*. EcoCyc: Fusing Model Organism Databases with Systems Biology. *Nucl. Acid. Res.*, 2013, 41(D1).

　　[21] L. Shi, X. J. Lei, A. D. Zhang. Protein Complex Detection with Semi-Supervised Learning in Protein Interaction Networks. *Proteome Science*, 2011, 9.

　　[22] A. J. Enright, D. S. Van, C. A. Ouzounis. An Efficient Algorithm for Large-scale Detection of Protein Families. *Nucleic Acids Res.*, 2002, 30 (7).

　　[23] T. Barrett, S. E. Wilhite, P. Ledoux, *et al*. NCBI GEO: Archive for Functional Genomics Data Sets-update. *Nucleic Acids Res.*, 2013, 41 (D1).

　　[24] A. L. Barabási, N. Gulbahce, J. Loscalzo. Network Medicine: A Network-based Approach to Human Disease. *Nat. Rev. Genet*, 2011, 12.

　　[25] Furlong L. I. Human Diseases through the Lens of Network Biology. *Trends Genet*, 2013, 29(3).

　　[26] S. Pinkert, J. Schultz., J. Reichardt. Protein Interaction Networks-more than Mere Modules. *Plos Computational Biology*, 2010, 6

(1).

[27] J. Y. Lee, S. P. Gross, J. Y. Lee. Improved Network Community Structure Improves Function Prediction. *Sci. Rep.*, 2013, 3.

[28] Q. J. Jiao, Y. Huang, W. Liu, *et al.* Revealing the Hidden Relationship by Sparse Modules in Complex Networks with a Large-scale Analysis. *PLoS One*, 2013, 8(6).

[29] M. Gustafsson, C. E. Nestor, H. Zhang, *et al.* Modules, Networks and Systems Medicine for Understanding Disease and Aiding Diagnosis. *Genome Med.*, 2014, 6(10).

[30] K. I. Goh, M. E. Cusick, D. Valle, *et al.* The Human Disease Network. *Proc. Natl. Acad. Sci. USA*, 2007, 104(21).

[31] X. Z. Zhou, J. Menche, A. L. Barabási, *et al.* Human Symptoms-Disease Network. *Nat. Commun.*, 2014, 5.

[32] X. J. Wang, N. Gulbahce, H. Yu. Network-based Methods for Human Disease Gene Prediction. *Brief Funct. Genomics*, 2011, 10(5).

[33] J. S. Flier. Hormone Resistance in Diabetes and Obesity: Insulin, Leptin, and FGF21. *Yale J. Biol. Med.*, 2012, 85(3).

[34] M. Y. Donath, S. E. Shoelson. Type 2 Diabetes as an Inflammatory Disease. *Nat. Rev. Immunol*, 2011, 11(2).

[35] C. Porcher, W. Swat, K. Rockwell, *et al.* The T Cell Leukemia Oncoprotein SCL/tal-1 is Essential for Development of All Hematopoietic Lineages. *Cell*, 1996, 86(1).

[36] H. Akiyama, S. Barger, S. Barnum, *et al.* Inflammation and Alzheimer's Disease. *Neurobiol. Aging.*, 2000, 21(3).

[37] S. Kohler, S. Bauer, D. Horn, *et al.* Walking the Interactome for Prioritization of Candidate Disease Genes. *Am. J. Hum. Genet.*, 2008, 82(4).